高等院校计算机应用技术系列教材

网页设计教程

刘启明　韩庆田　主编

清华大学出版社

北京交通大学出版社

·北京·

内容简介

本书是针对普通用户学习制作网页的相关问题而编写的，是一本内容丰富、实用性较强的网页设计教程。注重网页设计基本知识的培养，适合读者进行循序渐进的学习。本书结合实例，以视觉、操作、实用为导向，系统详细地介绍了 Dream weaver CS 制作网页的全部知识和各种设计技巧。

本书共分 15 章，内容由浅入深，风格活泼，通俗易懂，在讲解时对操作过程中的每一个步骤都有详细的说明，并配有适当的图形，以帮助读者理解。每一个实例均可结合初学者的特点。

第 1 和第 2 章主要介绍 Dream weaver CS、站点的创建与管理，包括 Dream weaver CS 的新特性，以及建站的基本知识。

第 3 章至第 5 章介绍了建站的基本知识、文本与图像、在网页中使用超级链接、利用表格排版，通过学习使读者能够掌握建站的基本本领。

第 6 章至第 11 章使读者建立的网页丰富，美观，功能全面。第 6 章主要阐述了网页配色与结构设计，第 7 章主要介绍了页面的布局结构，层的使用，第 8 章创建表单元素可以为创建运态网页打基础，第 9 章将之前章节涉及的 HTML 代码一一列举，第 10 章介绍了模板和库的创建，可使整个网站风格整齐划一，第 11 章阐述了“动作”和“事件”的概念与应用。

第 12 章和第 13 章用一些技巧实例和一个综合网站的实例来阐述建站的基础。

第 14 章和第 15 章是建立动态网站，第 14 章介绍建动态站点的准备 IIS 的安装与设置，第 15 章介绍用户注册功能的创建方法与步骤。

本书适用于网页设计与制作的初学者，自学爱好者，网站建设与开发、维护等工作人员学习参考，同时也可供各大中专院校、职业院校和各类培训学校作为网页设计与制作的教材使用。

图书在版编目（CIP）数据

网页设计教程 / 刘启明，韩庆田主编．—北京：清华大学出版社；北京交通大学出版社，2010.1

（高等院校计算机应用技术系列教材）

ISBN 978-7-81123-854-9

Ⅰ．网…　Ⅱ．①刘…　②韩…　Ⅲ．主页制作-高等学校-教材　Ⅳ．TP393.092

中国版本图书馆 CIP 数据核字（2009）第 185126 号

责任编辑：谭文芳　　特邀编辑：石晓飞

出版发行：清 华 大 学 出 版 社　　邮编：100084　　电话：010-62776969　　http://www.tup.com.cn

　　　　　北京交通大学出版社　　邮编：100044　　电话：010-51686414　　http://press.bjtu.edu.cn

印 刷 者：北京东光印刷厂

经　　销：全国新华书店

开　　本：185×260　　印张：17.5　　字数：445 千字

版　　次：2010 年 2 月第 1 版　　2010 年 2 月第 1 次印刷

书　　号：ISBN 978-7-81123-854-9/TP · 530

印　　数：1～4 000 册　　定价：28.00 元

本书如有质量问题，请向北京交通大学出版社质监组反映。对您的意见和批评，我们表示欢迎和感谢。

投诉电话：010-51686043，51686008；传真：010-62225406；E-mail：press@bjtu.edu.cn。

前 言

随着互联网的快速发展，网络正逐步改变着人们的工作和生活方式。越来越多的企业和个人建立起自己的网站，作为在网络上的一种形象展现和相互交流信息的一种手段。而且网页制作已经不再是简单意义上的图文的叠加，网页制作已经上升到一个新的层次，所以它的制作工具，在功能上也有大踏步的飞跃，Dreamweaver 就是在此环境下的产物，并且已经成为当前最流行的网页设计软件。

Dreamweaver 是目前世界上最受推崇的专业级网页制作编辑工具，是第一套针对专业网页开发者的视觉化网页设计工具，许多国际型网站都将它作为网页制作软件中的首选。它有着先进的设计和规划的工具，可以完全由用户自己定制，具有极其强大的扩展功能，使网页制作变得轻松无比。Dreamweaver 强调的是更强大的网页控制、设计能力及创意的完全发挥，界面友好，容易上手，可快速生成跨平台和跨浏览器的网页和网站，可以安装在所有常用操作平台上，并能在各类浏览器中快速检查所创建的网页。

本书从基础和实用的角度出发，讲解了使用 Dreamweaver CS3 进行网页设计、制作的基本知识及实践实例，每一章内容由浅入深，结合实际操作阐明 Dreamweaver CS3 的使用方法及网页的制作和使用方法。

本书的主要内容基于“起点低、入门快、易学、实用”的原则，根据读者实际使用的需要取材谋篇，以应用为目的，配合实例，使读者真正达到学以致用、举一反三之功效。全书共 15 章，每个章节都有精彩翔实的内容。基于 Dreamweaver 工具，系统详细地介绍了网站的设计和制作过程，并且采用全新的图文结合方式，全面展现了网页设计与制作过程中的细节，尤其通过大量详尽的图解为读者化解了阅读和学习上的障碍，使得读者可以更加快速和高效地提升自己的网页制作技能。

本书的特色：在书中安排了实例，在讲解详细操作步骤的同时，融入了网页设计与网站建设的思想，使读者不仅能学会网页设计制作技术，还能学会网页和网站的整体创意与策划技巧。收录了书中所有实例的源文件和最终效果文件，为读者的学习和以后的网页设计提供了必要的支持。

本书适用对象：网页设计与制作的初学者，自学爱好者，网站建设与开发、维护等工作人员学习参考，同时也可供各大中专院校、职业院校和各类培训学校作为网页设计与制作的教材使用。

本书由刘启明、韩庆田担任主编，高晓燕、贾春朴、邢茹、孙秋霞、王海霞担任副主编，吴文国、田世壮、陈守森、陶强、邵燕、关红峰、乔阳参与编写。作者在高校从事计算机应用技术教学、科研工作，取得一系列重要成果，获得教育厅优秀教材一等奖，有较高的知名度。在本书的编写过程中，作者力求做到严谨细致、精益求精，但难免有考虑不周之处，欢迎读者予以批评、指正。

作　者

2009 年 8 月

目　录

第 1 章　初识 Dreamweaver CS3

本章要点：

- ☑ Dreamweaver CS3 的简介
- ☑ Dreamweaver CS3 的工作界面
- ☑ Dreamweaver CS3 的新增功能

1.1　Dreamweaver CS3 简介

Dreamweaver 和 Flash、Fireworks 本来是 Macromedia 公司推出的一整套网页制作软件，在国内被合称为“网页三剑客”。其中，Flash 用来生成矢量动画，Fireworks 用来制作 Web 图像，而 Dreamweaver 可以进行各种素材的集成和发布。在 2005 年该公司被 Adobe 公司收购以后，网页三剑客就成为了 Adobe 软件家族的主要成员。

Dreamweaver CS3 是专业的 HTML 编辑工具，也是网络浏览文件的一个开发工具，它具有强大的功能和简便的操作平台。中文版包括帮助文件在内，全部实现中文化。该软件集网页制作、网站管理、程序开发于一身，可以帮助用户在同一个软件中完成所有网站建设的相关工作。Dreamweaver 采用“所见即所得”的编辑方式，利用行为、CSS、模板等技术对 Web 应用程序进行设计、编码和开发。

Dreamweaver 软件是目前网页制作行业中比较流行和实用的一款工具。因此，为了推广和适应广大学习网页制作者的要求，本书将以各种实例的制作过程讲解 Dreamweaver CS3 的各项功能和使用方法，帮助读者进入 Dreamweaver 的世界，成为网页制作高手。

1.2　Dreamweaver CS3 的工作界面

Dreamweaver 工作区中集合了一系列的窗口、面板和检查器，让整个过程尽可能简单，在进行网页创建之前要先对 Dreamweaver 的工作区有一些基本的概念，并且了解如何选择选项、如何使用检查器和面板及如何设置最适合用户工作风格的参数。

1.2.1　界面布局

Dreamweaver 工作区可以查看文档和对象属性。工作区还将许多常用操作放置于选项卡中，可以快速更改文档。

Dreamweaver 提供了一个将全部元素置于一个窗口的集成布局。在集成的工作区中，全部窗口和面板都被集成到一个更大的应用程序窗口中。首次启动 Dreamweaver 时，会弹出一个【默认编辑器】对话框，如图 1-1 所示，单击【全选】按钮后，再单击【确定】按钮，将出现 Dreamweaver CS 初始页，如图 1-2 所示，在 Dreamweaver 初始页中可打开已有的 HTML 页面，也可新建一个页面，在此单击【新建】栏中的 HTML，即可打开 Dreamweaver CS 主界面，如图 1-3 所示。

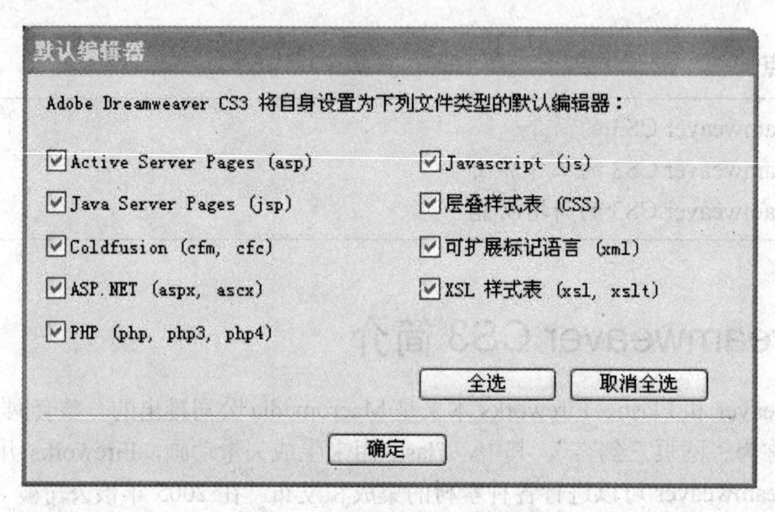

图 1-1 【默认编辑器】对话框

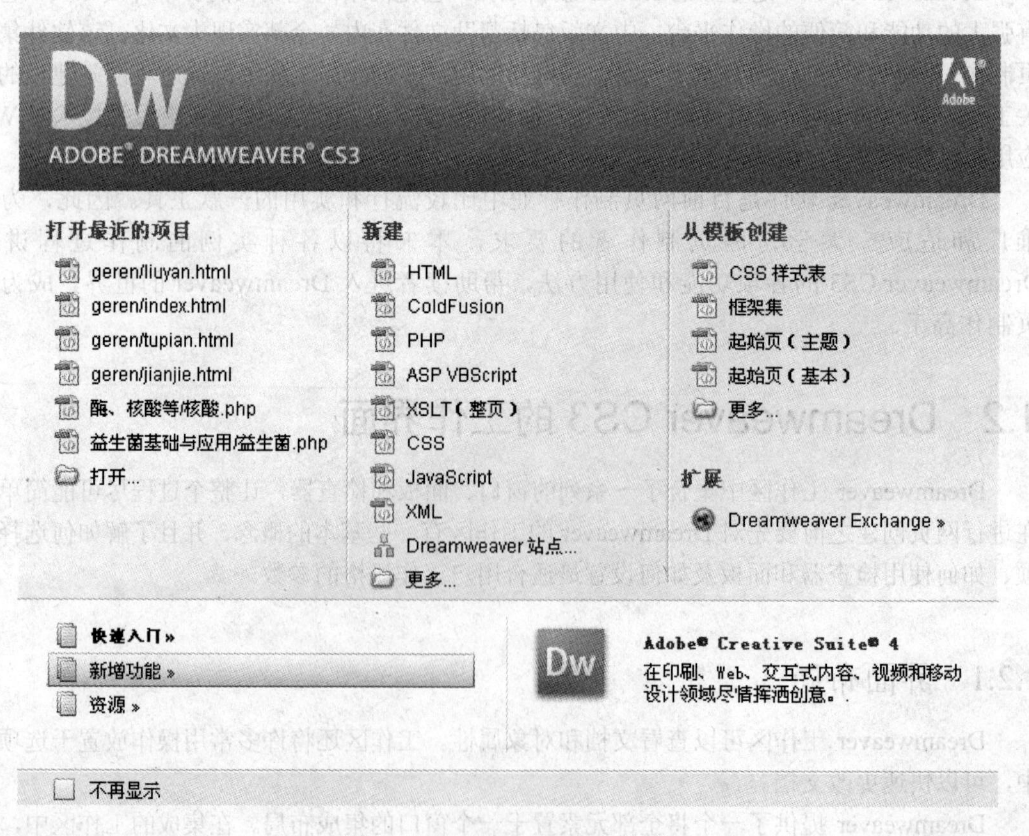

图 1-2 Dreamweaver CS 初始页

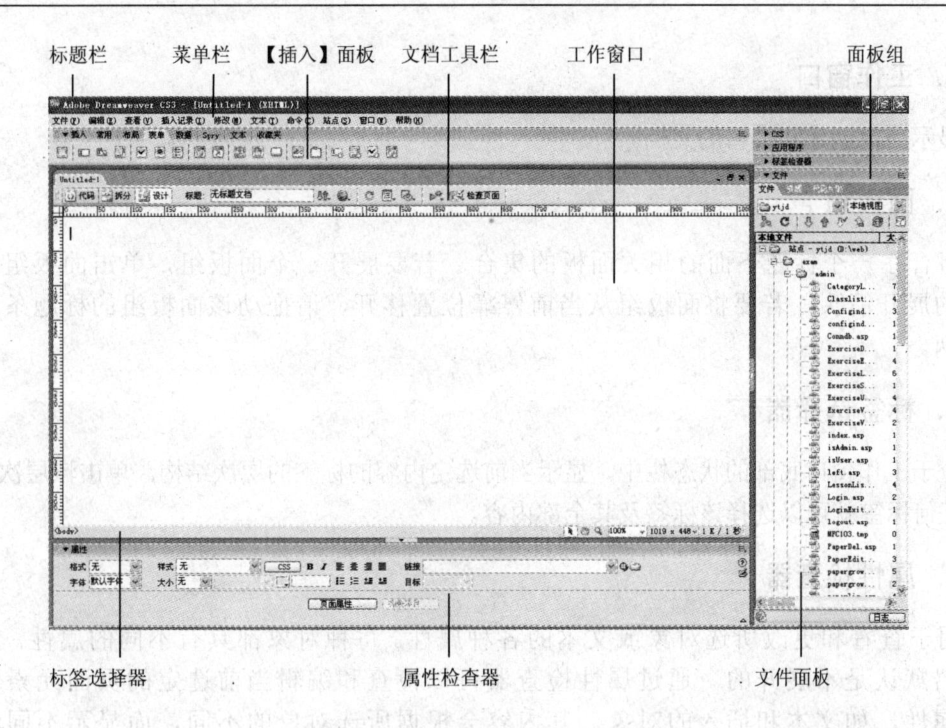

图 1-3　Dreamweaver CS 主界面

工作区中包括以下元素。

1．标题栏

标题栏显示的内容为 Adobe Dreamweaver CS3-[Untitled-1（XHTML）]，其中 Adobe 代表研发此软件的开发公司，CS3 代表 Dreamweaver 的版本，Untitled-1 是默认文件保存名，在标题栏的最左边是控制按钮Dw，单击它会弹出控制菜单，双击它会执行关闭操作。

2．菜单栏

Dreamweaver CS3 菜单栏包括 10 个下拉式菜单，即【文件】、【编辑】、【查看】、【插入记录】、【修改】、【文本】、【命令】、【站点】、【窗口】、【帮助】。

3．【插入】面板

包含用于将图像、表格和 AP 元素（Dreamweaver 将带有绝对位置的所有 div 标签视为 AP 元素）等各种类型的对象插入到文档中的按钮。例如，可以在【插入】栏中单击【表格】按钮，插入一个表格。此外还可以使用【插入】菜单插入对象。

提示：隐藏或显示【插入】面板：执行【窗口】→【插入】操作。

4．文档工具栏

包含一些按钮，它们提供各种工作窗口视图（如设计视图和代码视图）的选项、各种查看选项和一些常用操作（如在浏览器中预览）。

5．工作窗口

显示当前创建和编辑的文档。

6．面板组

组合在一个标题下面的相关面板的集合。若要展开一个面板组，单击面板组名称左侧的展开箭头；若要将面板组从当前停靠位置移开，请拖动该面板组的标题条左边的手柄。

7．标签选择器

位于工作窗口底部的状态栏中。显示当前选定内容的标签的层次结构。单击该层次结构中的任何标签就可以选择该标签及其全部内容。

8．属性检查器

用于查看和更改所选对象或文本的各种属性。每种对象都具有不同的属性。属性检查器默认是不展开的。通过属性检查器可以检查和编辑当前选定的页面元素最常用的属性，如文本和插入的对象。其内容会根据所选对象的不同，而显示不同的信息。如果当前选择了一幅图像，那么属性检查器中将会出现该图像的相应属性，如文件大小、尺寸等。当然，如果选择的是文字，就马上又会显示出与文字相关的属性设置。

9．文件面板

用于管理文件和文件夹，无论它们是 Dreamweaver 站点的一部分还是位于远程服务器上。文件面板还可以访问本地磁盘上的全部文件，非常类似于 Windows 资源管理器。

10．标准工具栏（在默认工作区布局中不显示）

包含一些按钮，可执行【文件】和【编辑】菜单中的常用操作：【新建】、【打开】、【保存】、【保存全部】、【剪切】、【复制】、【粘贴】、【撤销】和【重做】。若要显示标准工具栏，请选择【查看】→【工具栏】→【标准】。

11．编码工具栏（仅在代码视图中显示）

包含可用于执行多项标准编码操作的按钮。

12．样式呈现工具栏（默认为隐藏状态）

包含一些按钮，如果使用了依赖于媒体的样式表，则可使用这些按钮查看设计在不同媒体类型中的呈现效果。它还包含一个允许启用或禁用层叠样式表（CSS）样式的按钮。

Dreamweaver CS3 除了在制作界面上可以灵活选择以外，各个对象面板也比较灵活，使用它在制作网页和开发代码程序时，可以将当前使用的面板脱离主体，浮动在工作界面上，方便各个功能的使用，如图 1-4 所示。

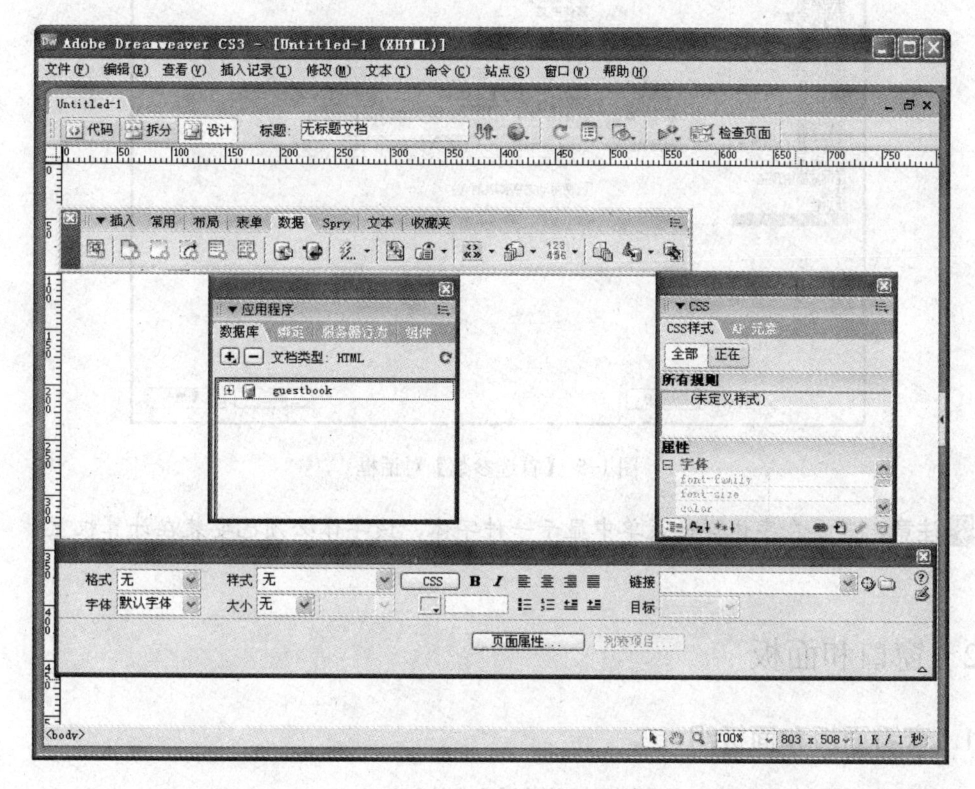

图 1-4　浮动面板

提示：Dreamweaver 另外提供了许多面板、检查器和窗口。若要打开面板、检查器和窗口，请使用【窗口】菜单。如果找不到某个标记为已打开的面板、检查器或窗口，请选择【窗口】，再单击相应面板，这样可以整齐地打开面板。

13. 首选参数

Dreamweaver 具有用来控制 Dreamweaver 用户界面的常规外观和行为的首选参数设置及与特定功能（如层、样式表、显示 HTML 和 JavaScript 代码、外部编辑器和在浏览器中预览等）相关的选项。

文档的编码决定了如何在浏览器中显示文档。Dreamweaver 字体首选参数能够以适当的字体和大小查看给定的编码。下面是在 Dreamweaver 中设置文档字体首选参数的步骤。

（1）选择【编辑】菜单后，将弹出【首选参数】对话框，如图 1-5 所示。

（2）在对话框左侧的【分类】列表中选择【字体】。

（3）从【字体设置】列表中选择一种编码类型（如西欧语系或日语）。

（4）为所选编码的每个类别选择要使用的字体和大小。

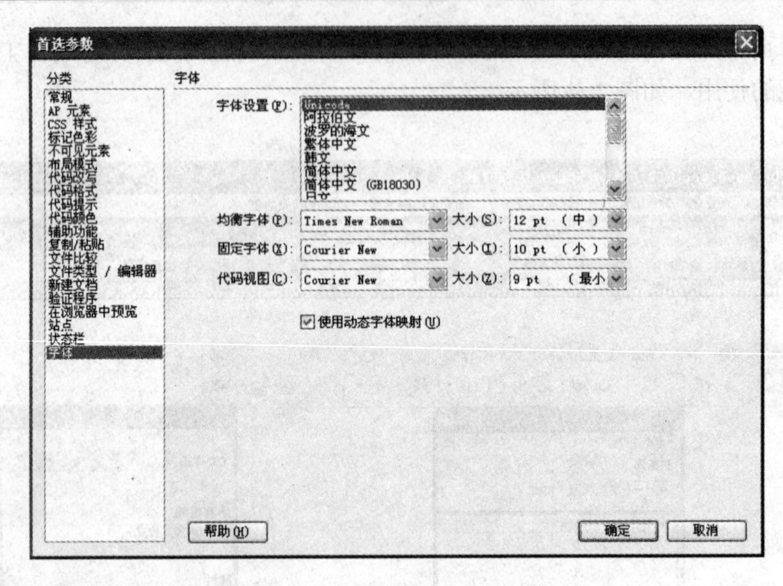

图 1-5 【首选参数】对话框

注意：若要在字体弹出菜单中显示一种字体，该字体必须已安装在计算机上。

1.2.2 窗口和面板

1. 查看面板和面板组

可以按需要显示或隐藏工作区中的面板组和面板。

1）展开或折叠一个面板组

（1）单击面板组标题栏左侧的展开箭头，可展开或折叠面板组。

（2）双击面板组标题，可展开或折叠面板组，如图 1-6、图 1-7 所示。

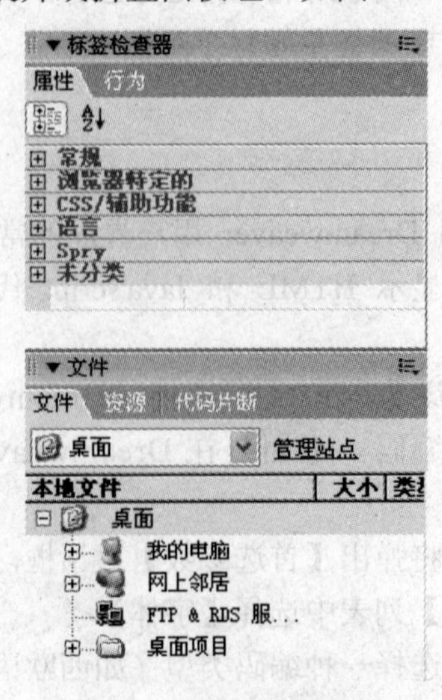

图 1-6 展开的面板

图 1-7　折叠的面板

2）关闭面板组使之在屏幕上不可见

从面板组标题栏中的【选项】菜单中选择【关闭面板组】。

3）打开屏幕上不可见的面板组或面板

如从【窗口】菜单中，选择【AP 元素】面板名称。

注意：窗口菜单项目旁的复选标记表示指定的项目当前是打开的（虽然它可能隐藏在其他窗口后面）。

2．状态栏

状态栏位于工作窗口的底部，它用于提供与当前文档有关的信息，如图 1-8 所示。

<body><table><tr><td>　100%　488 x 416　1 K / 1 秒

图 1-8　状态栏

（1）选取工具：用于显示环绕当前选定内容 HTML 标签的层次结构，单击该层次结构中的任何标签可以选择该标签及其全部内容。

（2）手形工具：当网页被放大后，该工具可用在 Dreamweaver 界面中拖动网页画面来查看设计细节。

（3）缩放工具：使用该工具可以放大和缩小文档。在老版本的网页设计软件中，网页是不能够被放大和缩小的。

（4）调整工作窗口的大小 100%：在状态栏中显示当前工作窗口的当前尺寸（以像素为单位）。如果要对工作窗口的大小进行设置，可以单击右下角的【窗口大小】并从它的下拉列表框中选择一种大小。对于精确度要求不高的调试，可以使用调整操作系统标准窗口大小的方法，常用的如拖动窗口的右下角等。

（5）下载文件大小/下载时间 1 K / 1 秒：显示页面（包括所有相关文件，例如，图像和其他媒体文件）的预计文档大小和预计下载时间。

3．文档工具栏

文档工具栏如图 1-9 所示，位于工作窗口的上方。 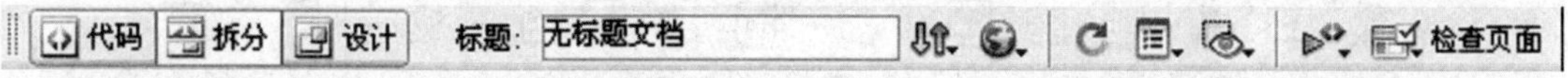

代码　拆分　设计　标题：无标题文档　检查页面

图 1-9　文档工具栏

1）切换到代码窗口

在文档工具栏中，单击“显示代码视图”按钮 代码，即可打开代码窗口。

2）切换到设计窗口

在文档工具栏中，单击“显示设计视图”按钮 设计，即可打开设计窗口。

3）显示代码窗口和设计窗口

在文档工具栏中，单击“显示代码视图和设计视图”按钮 拆分，即可同时打开代码窗口和设计窗口，并将横向平铺代码窗口和设计窗口。

4）浏览器中“预览调试”按钮

该按钮用于将工作窗口中创建好的网页进行预览，并能够进行浏览器的设置。

5）标题

用于设置页面的标题名，如在标题文本框中输入“DreamW CS3”，当预览页面时，标题栏显示：DreamW CS3。

6）“视图选项”按钮

在该选项中可以为代码视图和设计视图设置选项，以及添加辅助线、网格和标尺的设置。

7）“可视化助理”按钮

用来在网页设计过程中辅助设计师的操作，如标识某些对象或显示一些数据等。选择“可视化助理”按钮 的下拉菜单中的选项【隐藏所有可视化助理】，用于一次性显示或关闭这些可视化助理。

提示：

该选项仅在设计视图中可用。它的一系列选项可以打开和关闭网页相关的助理工具。

8）“验证标记”按钮

用于验证当前文档或选定的标签及当前的本地站点。

9）“检查浏览器兼容性”按钮 检查页面

该按钮用来检查用户创建的网站内容是否能够兼容各种浏览器。

4.【插入】面板

【插入】面板包含用于创建和插入对象，如表格和图像等按钮。【插入】面板由多个独立的对象组成：常用、布局、表单、文本、Spry、数据、收藏夹。其他高级的类别用于各种不同的服务器端脚本语言：ASP、Asp.net、CFML、Basic、JSP、PHP 等。这些高级的类别只有在打开相应文件类型的文档时才会出现在【插入】面板中。

1）【常用】选项卡

该选项卡是【插入】面板中的默认选项，为用户准备了最常用的插入对象，如图像和表格，如图 1-10 所示。

图 1-10 【常用】选项卡

2）【数据】选项卡

该选项卡主要用来添加与网站后台数据库相关的动态交互元素，如记录集、重复区域及插入记录表单和更新记录表单等，如图 1-11 所示。

图 1-11 【数据】选项卡

3)【布局】选项卡

【插入】面板中的【布局】选项卡，用于处理表格、div 标签、AP Div 和框架，通过这些对象可以定义页面布局，如图 1-12 所示。Dreamweaver 提供了两种方式来使用表格，它们分别是标准视图和扩展视图。另外，还可以进行单元格的布局和表格的布局。

图 1-12 【布局】选项卡

4)【Spry】选项卡

Spry 构件是 Dreamweaver CS3 新增的用户界面对象，包括 XML 驱动的列表和表格、折叠构件、选项卡式面板等元素，如图 1-13 所示。

图 1-13 【Spry】选项卡

5)【表单】选项卡

表单是实现 HTML 互动性的一个主要方式。【表单】选项卡如图 1-14 所示，它为用户提供了用来创建基于 Web 表单的基本构建块。表单仅仅是表单元素的容器，除非执行了【查看】→【可视化助理】→【不可见元素】菜单命令，否则表单边框在工作窗口中是看不到的。

图 1-14 【表单】选项卡

6)【文本】选项卡

该选项卡包含了最常用的文本格式 HTML 标签，如强调文本、改变文本字体或创建项目列表所需要的选项，如图 1-15 所示。文本类别包含了一个字符按钮和一些特殊字符。Dreamweaver 用字符对象将这些复杂难记的代码实体进行简化。最常用的字符将作为独立对象包含在其中，而一些特殊的字符，则被放置在“其他字符”按钮的对话框中。在文本类别里还包含了可以插入换行符和不间断空格的对象。

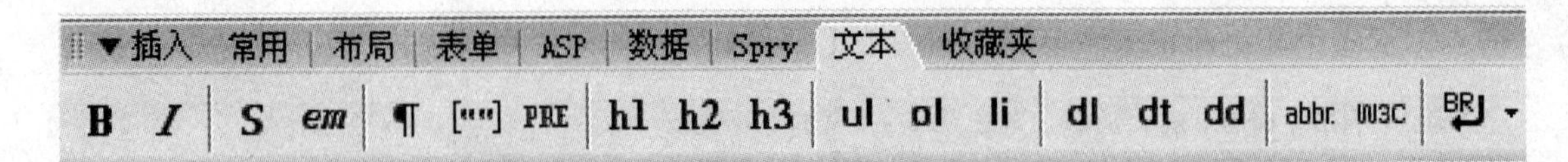

图 1-15 【文本】选项卡

5.【文件】面板

它是面板组之一，用来管理文件和文件夹，无论它们是 Dreamweaver 站点的一部分还是在远程服务器上。文件面板还可以访问本地磁盘上的全部文件，非常类似于 Windows 资源管理器，如图 1-16 所示。

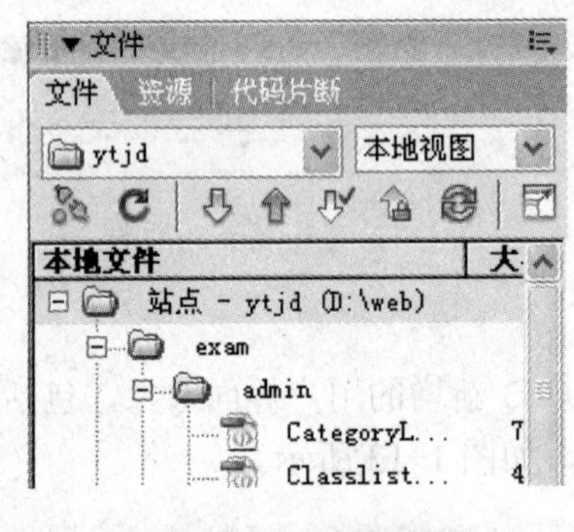

图 1-16 【文件】面板

6.【属性】检查器

【属性】检查器如图 1-17 所示，可以检查和编辑当前选定页面元素，如文本和插入的对象，是网页设计者最常用属性。【属性】检查器中的内容根据选定的元素不同会有所不同。

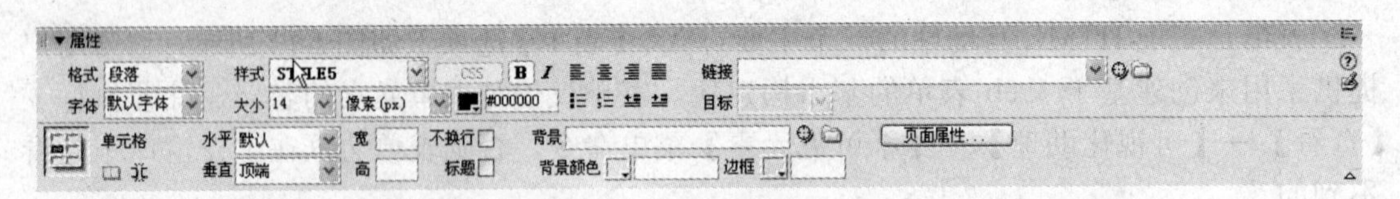

图 1-17 【属性】检查器

提示：

默认情况下，【属性】检查器位于工作区的底部，但是如果需要的话，可以将它停靠在工作区的顶部。或者，还可以将它变为工作区中的浮动面板。

（1）若要显示或隐藏【属性】检查器，选择【窗口】→【属性】。

（2）若要展开或折叠【属性】检查器，单击【属性】检查器右下角的扩展箭头。

（3）若要查看页面元素的属性，在工作窗口中选择页面元素，【属性】检查器中就会显示所选取元素的所有属性，如想查看图片属性，单击页面中的图片，即可在【属性】检查器中显示所有属性。

（4）若要更改页面元素的属性，在【工作】窗口中选择【页面元素】，在【属性】检查器中更改任意属性。

注意：

有关特定属性的信息，请在【工作】窗口中选择一个元素，然后单击【属性】检查器右上角的帮助图标。

（5）对属性所做的大多数更改会立刻应用在工作窗口中。如果所做的更改没有被立即应用，请执行以下操作之一：

- 在属性编辑文本字段外单击。
- 按 Enter 键。
- 按 Tab 键可以切换到另一属性。

7．浮动面板

Dreamweaver 提供很多面板，这些面板均可变为单独的浮动面板，如需要时可按上述面板操作折叠、展开。

1）展开或折叠面板组

如果需要展开或折叠一个面板组，在该面板的左上角的黑三角符号上进行单击就可以轻松实现。

2）拖动面板组

在众多面板组集合的部分，如果希望将其中一个面板组拖出来，用户可以将光标放在需要拖出的面板组左上角，在那里会有个控制手柄。只要光标放在这个控制手柄上，按下左键就可以进行拖动了。

拖出来的面板组如果需要再拖回原来的位置，直接将它向原来的位置进行拖动是没有任何效果的，必须按照之前将它拖出来的方法才能再次拖回去。

3）查看面板组的【选项】菜单

在每个面板和面板组的右上方都会有一个选项按钮，单击就会出现一个相关的列表，如图 1-18 所示。

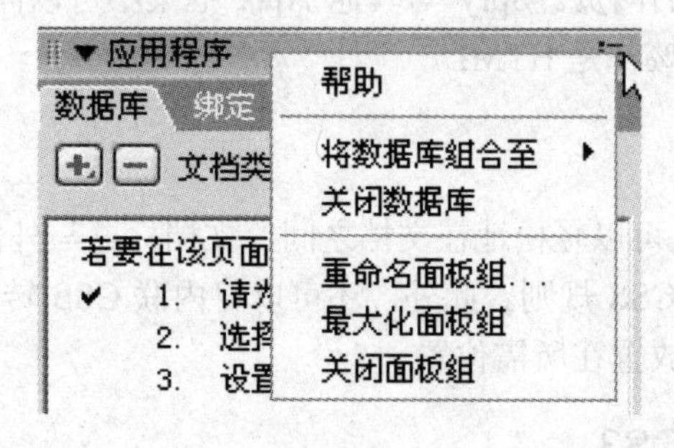

图 1-18　面板选项列表

不过这个选项列表只有在当前的这个面板展开时才会出现。在这里 Dreamweaver 为用户提供了一些网页方面的设置，如【新建】和【打开文件】、【复制】和【粘贴】等选项。除了这些网页内容方面的设置选项，还有关于面板的一些设置，如【关闭面板组】和【最大化面板组】等。

4）重命名面板组

单击该面板组的选项列表，选择【重命名面板组】选项，在弹出的【重命名面板组】对话框中输入新名称，然后再单击【确定】按钮就可以了，如图 1-19 所示。

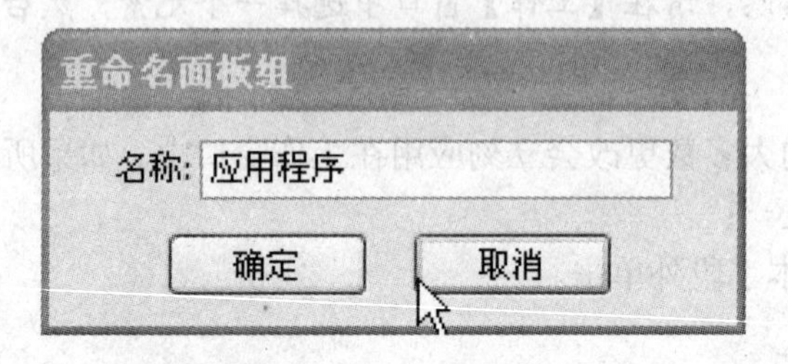

图 1-19 【重命名面板组】对话框

5）组合和拆分面板组

拆分面板时，选择需要被拆分出来的面板，在面板组中这个面板应该显示的是一个选项卡，在它的选项卡单击右键，在弹出的菜单中单击【将组件组合至】选项，又弹出二级菜单，选择【新组合面板】选项就可以了，这样，被选中的那个面板就会被单独从面板组中拆分出来。

组合面板和拆分面板的方法基本上相同，也是选中需要被组合到别的面板或面板组的选项卡，在它的选项卡上单击右键，在弹出的菜单中单击【将组件组合至】选项，又弹出二级菜单，接下来出现的菜单中选择需要组合到的面板或面板组即可。

1.3 Dreamweaver CS3 新增功能

1. Ajax 的 Spry 框架

通过 Adobe® Dreamweaver® CS3，可以使用 Ajax 的 Spry 框架进行动态用户界面的可视化设计、开发和部署。Ajax 的 Spry 框架是一个面向 Web 设计人员的 JavaScript 库，用于构建向用户提供更丰富体验的网页。Spry 与其他 Ajax 框架不可以同时为设计人员和开发人员所用，因为实际上它的 99%都是 HTML。

2. 管理 CSS

借助管理 CSS 功能，可以轻松地在文档之间、文档标题与外部表之间、外部 CSS 文件之间及更多位置之间移动 CSS 规则。此外，还可以将内联 CSS 转换为 CSS 规则，并且只需通过拖放操作即可将它们放置在所需位置。

3. Adobe Bridge CS3

将 Adobe Bridge CS3 与 Dreamweaver 一起使用可以轻松、一致地管理图像和资源。通过 Adobe Bridge 能够集中访问项目文件、应用程序、设置及 XMP 数据标记和搜索功能。Adobe Bridge 凭借其文件组织和文件共享功能及对 Adobe Stock Photos 的访问功能，提供了一种更有效的创新工作流程，可以驾驭印刷、Web、视频和移动等诸多项目。

4．Spry 构件

Spry 构件是预置的常用用户界面组件，可以使用 CSS 自定义这些组件，然后将其添加到网页中。使用 Dreamweaver 可以将多个 Spry 构件添加到自己的页面中，这些构件包括 XML 驱动的列表和表格、折叠构件、选项卡式界面和具有验证功能的表单元素。

5．Spry 效果

Spry 效果是一种提高网站外观吸引力的简洁方式。这种效果差不多可应用于 HTML 页面上的所有元素。可以添加 Spry 效果来放大、收缩、渐隐和高亮显示元素，在一段时间内以可视方式更改页面元素及执行更多操作。

6．Adobe Device Central

Adobe Device Central 与 Dreamweaver 相集成并且存在于整个 Creative Suite 3 软件产品系列中，使用它可以快速访问每个设备的基本技术规范，还可以收缩 HTML 页面的文本和图像以便显示效果与设备上出现的完全一样，从而简化了移动内容的创建过程。

7．浏览器兼容性检查

Dreamweaver 中新的浏览器兼容性检查功能可生成报告，指出各种浏览器中与 CSS 相关的呈现问题。在代码视图中，这些问题以绿色下划线来标记，因此可以准确知道产生问题的代码位置。确定问题之后，如果知道解决方案，则可以快速解决问题；如果需要了解详细信息，则可以访问 Adobe CSS Advisor。

8．Adobe CSS Advisor

Adobe CSS Advisor 网站包含有关最新 CSS 问题的信息，在浏览器兼容性检查过程中可通过 Dreamweaver 用户界面直接访问该网站。CSS Advisor 不止是一个论坛、一个 wiki 页面或一个讨论组，它还可以方便地为现有内容提供建议和改进意见，或者方便地添加新的问题以使整个社区都能够从中受益。

9．高级 Photoshop CS3 集成

Dreamweaver 包括了与 Photoshop CS3 的增强集成功能。现在，设计人员可以在 Photoshop 中选择设计的任一部分（甚至可以跨多个层），然后将其直接粘贴到 Dreamweaver 页面中。Dreamweaver 会显示一个对话框，可在其中为图像指定优化选项。如果需要编辑图像，只需双击图像即可在 Photoshop 中打开原始的带图层 PSD 文件进行编辑。

10．CSS 布局

Dreamweaver 提供一组预先设计的 CSS 布局，它们可以快速设计好页面并开始运行，并且在代码中提供了丰富的内联注释以帮助了解 CSS 页面布局。Web 上的大多数站点设计都可以被归类为一列、两列或三列式布局，而且每种布局都包含许多附加元素（如标题和脚注）。Dreamweaver 提供了一个包含基本布局设计的综合性列表，可以自定义这些设计以满足自己

的需要。

1.4 Adobe 帮助

大多数版本的产品附带的帮助和 LiveDocs 帮助都允许在多种产品的帮助系统中进行搜索。主题中可能还包括指向 Web 上相关内容的链接或指向其他产品帮助中的主题的链接。

将产品附带的帮助和 Web 上的帮助当作访问更多内容和用户社区的中心。Web 上始终都提供最完整且最新版本的帮助。

1. 印刷版文档

产品自带帮助的打印版本可以在 Adobe 商店购买，网址为 http://www.adobe.com/go/store_cn。还可以在 Adobe 商店中找到由 Adobe 出版合作伙伴出版的书籍。所有 Adobe Creative Suite 3 产品中均包含打印版的工作流程指南，独立的 Adobe 产品可能会包含打印版的快速入门指南。

2. Adobe PDF 文档

产品附带的帮助以针对打印进行了优化的 PDF 格式提供。其他文件（如安装指南和白皮书）也可能会以 PDF 格式提供。所有的 PDF 文档都可从 Adobe Help Resource Center 获得，网址是 http://www.adobe.com/go/documentation_cn。要查看软件中包含的 PDF 文档，请在安装或内容 DVD 上的 Documents 文件夹中进行查找。

3. 使用产品中的帮助

可以通过【帮助】菜单访问产品附带的帮助。启动 Adobe Help Viewer 之后，单击【浏览】可以查看计算机上安装的其他 Adobe 产品的帮助。

提示：

主题中可能包括指向其他 Adobe 产品帮助系统或指向 Web 上附加内容的链接。

某些主题是在两种或多种产品之间共享的。

可以在多种产品的帮助系统中进行搜索。

如果搜索一个词组，使用引号将其括起便可查看包含短语中所有词的主题。

1.5 本章小结

本章介绍了 Dreamweaver CS3 的工作界面，新增功能及 Adobe 帮助，简单介绍了工具栏和面板的操作等基础知识，使读者对 Dreamweaver CS3 有了初步的认识，为下面的网页制作及网站开发打下基础。

1.6 本章习题

一、填空题

1. 从 2005 年开始，Dreamweaver CS3 成为了__________软件家族的主要成员。

2．__________、__________和__________在国内被合称为“网页三剑客”。

二、选择题

1．一般情况下，在 Dreamweaver CS3 的新建文档页面，创建完全空白的静态页面应选择（　　）。

A．HTML　　B．PHP　　C．ASP VBScript　　D．CSS

2．下列哪个操作不能关闭 Dreamweaver CS3。（　　）

A．双击控制按钮　　B．单击标题栏右上角的关闭按钮

C．Ctrl+Q　　D．双击标题栏

三、问答和操作题

熟悉 Dreamweaver CS3 功能，面板操作，工作区设置及位置。

第 2 章　站点的创建与管理

本章要点：

- ☑ 网站的结构设置
- ☑ 创建站点
- ☑ 站点地图的使用

设计一个网站之前，需要做好准备工作，不仅要准备建设站点需要的素材文字资料、图像及媒体文件，还要设计好资料整合的方式，并根据资料确定站点的风格特点；同时在内部还要整齐、有序地排列归类站点中的文件，否则杂而乱的资料堆积到一起，不仅不利于将来的维护，同时还会因为页面间极为混乱的关系而导致站点容易出现错误。

2.1　网站的规划

网站的规划主要从以下几方面来着手准备。

1．确定站点风格

访问互联网时，可以看到形形色色的站点，每一个站点都有自己的特色，不同类型的站点风格特色更不相同。站点的风格是整个网站的灵魂，没有风格，就不具有自己的特色，更谈不上吸引用户访问站点。因此站点设计者通常在设计之前都要规划好站点的风格。

2．确定主题

一个站点究竟使用什么样的主题，要根据建站的性质来确定。公司站点主要是向外界展示公司的形象，介绍公司情况及推销自己的产品；政府站点侧重网上办公，将办公的材料放置到网上供人查阅；个人站点则希望将个人的兴趣爱好展示出来，让别人通过自己的站点了解自己，因此个性化更强一些。

3．规划站点结构

一般来说，一个站点包含的文件很多，大型站点更是如此。如果将所有的文件混杂在一起，则整个站点显得杂乱无章，且不易管理，因此需要对站点的内部结构进行规划。

2.2　站点的创建与管理

在 Dreamweaver 中，站点一词既表示 Web 站点，又表示属于 Web 站点文档的本地存储位置。在开始构建 Web 站点之前，需要建立站点文档的本地存储位置。Dreamweaver 站点可组织与 Web 站点相关的所有文档进行跟踪和维护链接，管理文件，共享文件及将站点文件传输到 Web 服务器。

Dreamweaver 站点最多由三部分组成，本地文件夹、远程文件夹、动态页文件夹。具体取决于计算机环境和所开发的 Web 站点的类型。

本地文件夹是设计者的工作目录，是硬盘上的一个文件夹，Dreamweaver 将此文件夹称为本地站点。这也是建立网站通常的做法，在本地硬盘建立一个文件夹，用来存放网站的所有文件，往后就在该文件夹中创建和编辑文档。待网页设计和测试好后，再把它们复制到网站上，供浏览者浏览。

远程文件夹是存储文件的位置，这些文件用于测试、生产、协作和发布等，具体取决于本地计算机的环境。Dreamweaver 将此文件夹称为远程站点。远程文件夹是运行 Web 服务器的计算机上的某个文件夹。

动态页文件夹（“测试服务器”文件夹）是 Dreamweaver 用于处理动态页的文件夹。此文件夹与远程文件夹通常是同一文件夹。除非开发 Web 应用程序，否则无需考虑此文件夹。

2.2.1　创建站点

创建站点就像盖房子需要足够的土地一样，制作网页也需要充分的操作空间，在制作主页之前，首先指定主页的操作空间——本地站点，然后再进入下面的操作阶段，本节介绍如何定义一个 Dreamweaver 本地站点，具体步骤如下。

（1）启动 Dreamweaver 后，选择【站点】→【新建站点】，弹出【站点定义为】1 对话框，如图 2-1 所示。对话框中有【高级】和【基本】两个选项卡，在这里主要用【基本】选项卡，给站点起一个名字，本书取名为 geren，在 HTTP 地址中可不做任何输入，因为这主要是针对网上发布的，此时还只是在本地硬盘编辑网页，然后单击【下一步】按钮。

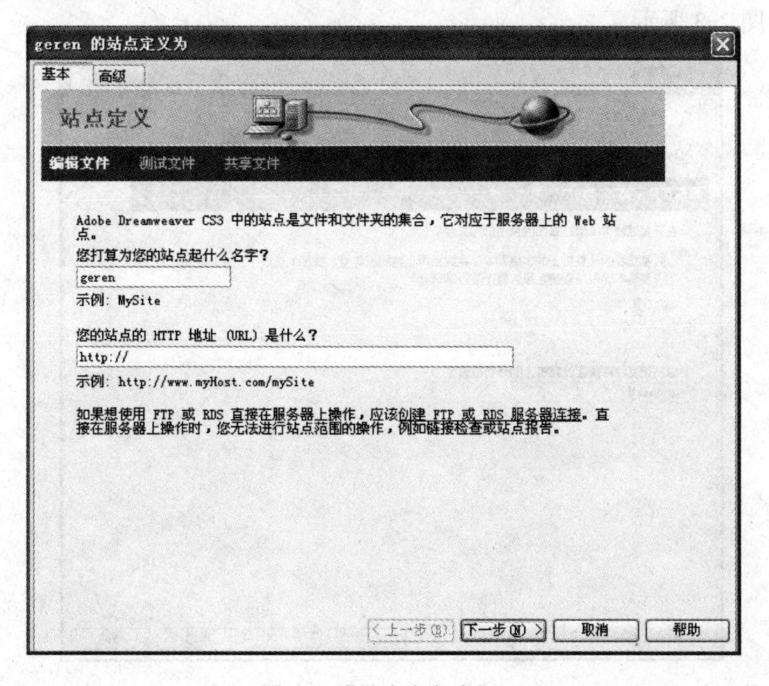

图 2-1　【站点定义为】1

（2）系统询问是否要使用服务器技术，目前要制作一个好的网页基本上都要用到服务器技术，但在本章节用不到服务器技术，涉及服务器技术内容将在后面章节中介绍，所以选择【否，我不想使用服务器技术】，然后单击【下一步】按钮，如图 2-2 所示。

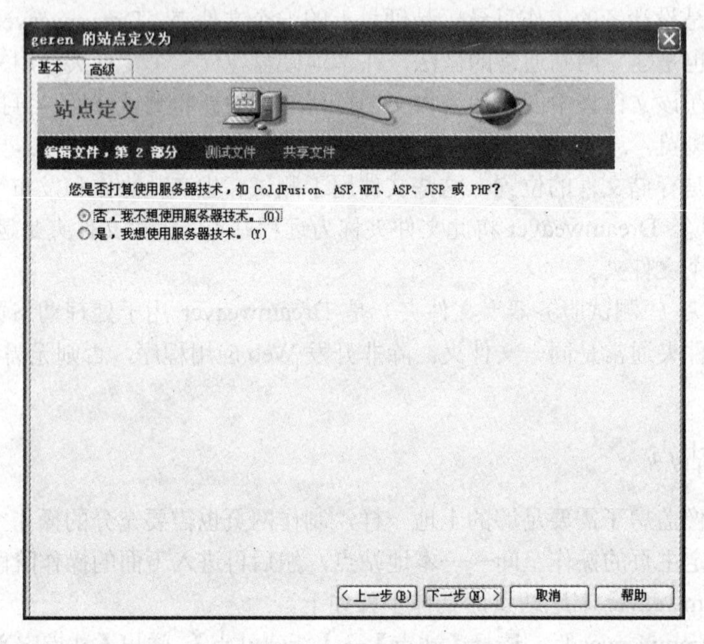

图 2-2 【站点定义为】2

（3）选择【编辑我的计算机上的本地副本，完成后再上传到服务器】，在【您将把文件存储在计算机上的什么位置？】文本框中输入制作网页时站点的保存位置，然后单击【下一步】按钮，如图 2-3 所示。

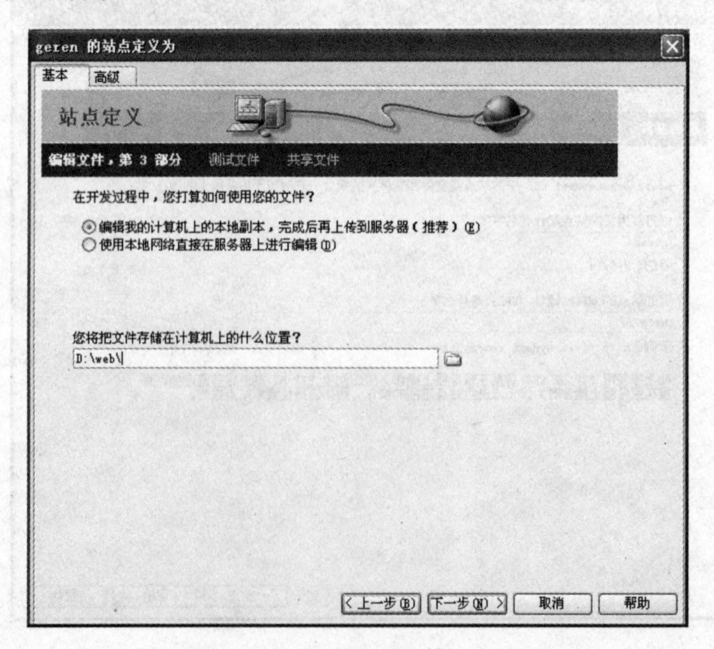

图 2-3 【站点定义为】3

（4）选择输入制作网页时文件的保存位置，然后单击【下一步】按钮，如图 2-4 所示。

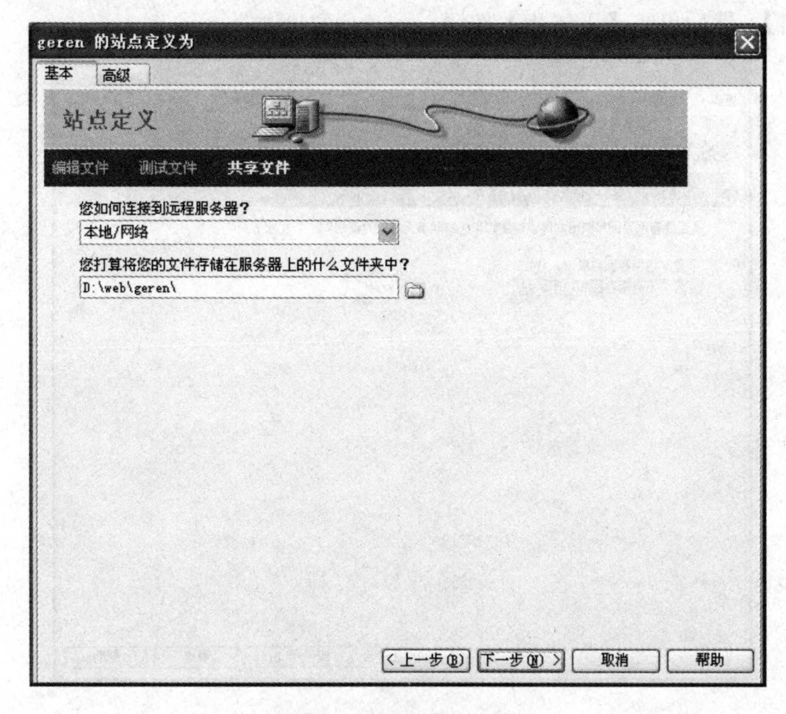

图 2-4 【站点定义为】4

（5）用户可以设置所编辑的网页是否进一步发布到正式网站服务器上，由于在本书只是学习网页的编辑，所以选择【否】，然后单击【下一步】按钮，如图 2-5 所示。

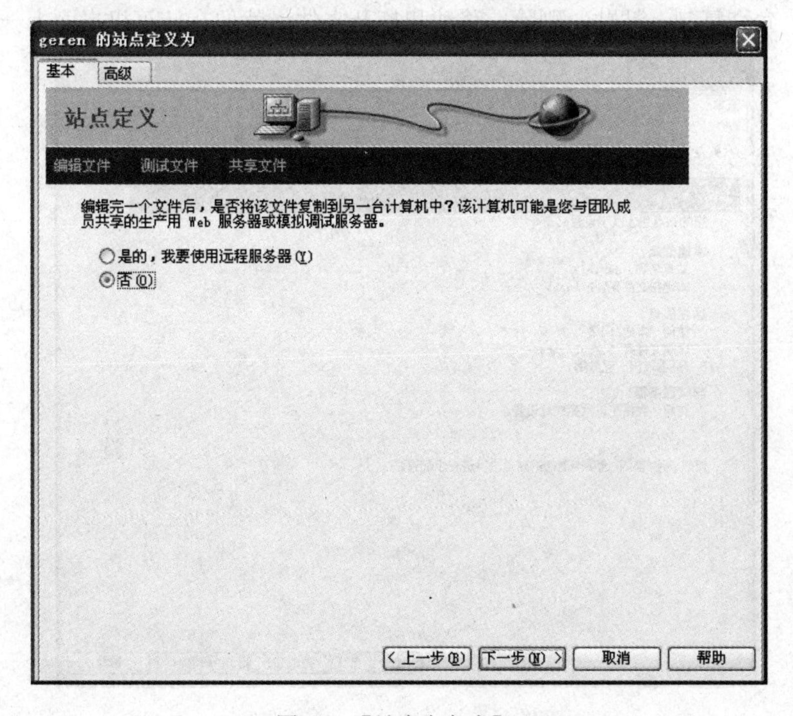

图 2-5 【站点定义为】5

（6）在如图 2-6 所示的对话框中确定是否能同时编辑同一个文件，在此选择【否，不启用存回和取出】，然后单击【下一步】按钮。

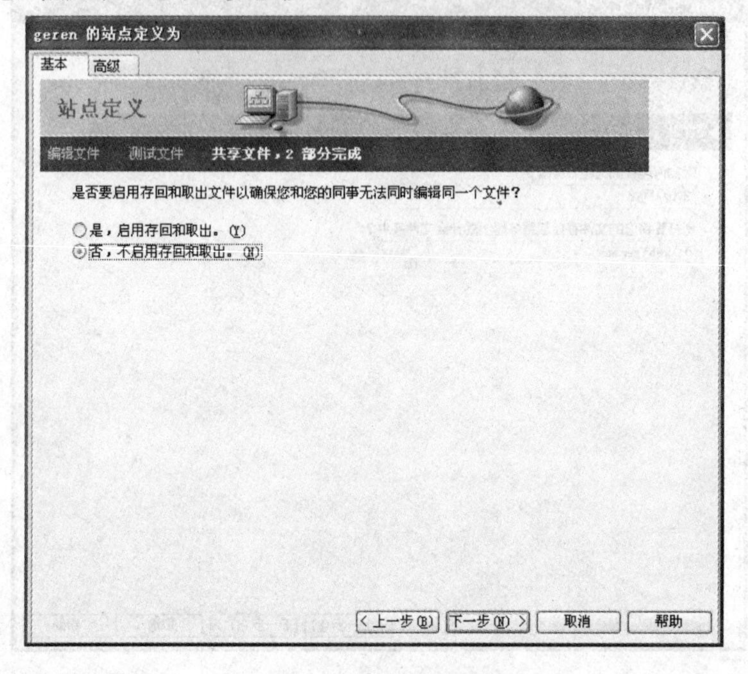

图 2-6 【站点定义为】6

（7）在如图 2-7 所示的对话框中单击【完成】按钮。新建的站点将出现在面板中，如图 2-8 所示，此时【文件】面板显示当前站点的本地根文件夹。该面板中的文件列表将充当文件管理器，允许复制、粘贴、删除、移动和打开文件，就像在计算机桌面上一样。

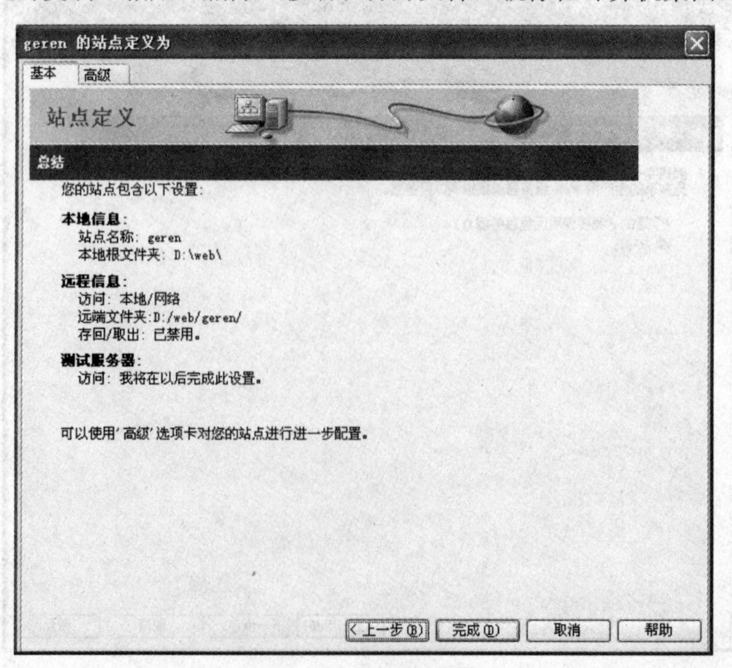

图 2-7 【站点定义为】7

图 2-8 【文件】面板

现在，已经为站点定义了一个本地根文件夹。本地根文件夹是本地计算机上用来存储 Web 页面的工作副本的文件夹。如果以后想要发布页面并使其可供公众访问，则需要在运行 Web 服务器的远程计算机上定义一个远程文件夹，用来存储本地文件的已发布副本。

提示：

在制作多个主页时，应该为每个主页分别指定不同的本地站点。例如，如果 geren 文件夹中包含的是个人主页的构成元素，而 gongsi 文件夹中包含的是与公司主页相关的元素，这样就应该分别登录两个本地站点。

2.2.2　管理站点

站点的管理通常包括创建新站点、编辑站点、复制站点、删除站点及导入或导出站点。打开【管理站点】对话框的方法有两种。

（1）在【文件】面板中的工具栏中，有一站点名称列表，若要打开站点，直接从此列表中选取【管理站点】即可，如图 2-9 所示。

（2）执行【站点】→【管理站点】菜单命令，也会弹出【管理站点】对话框。

【管理站点】对话框如图 2-10 所示。

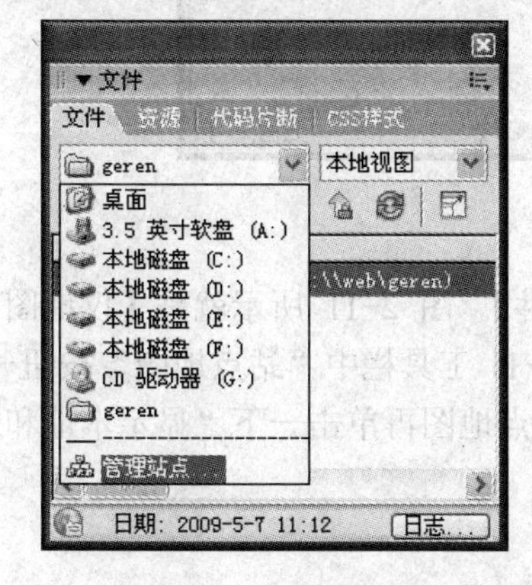

图 2-9　打开站点

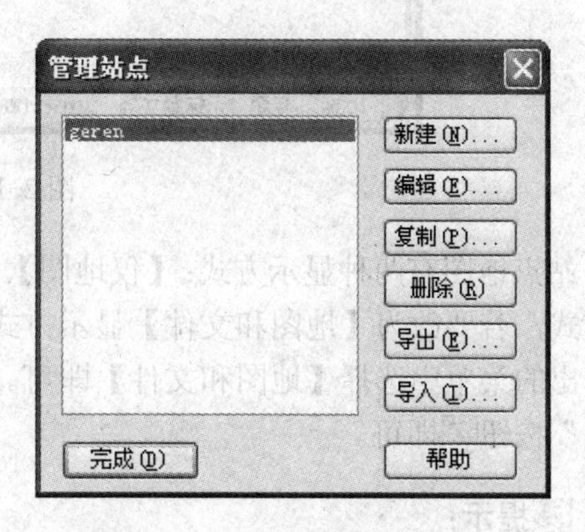

图 2-10　【管理站点】对话框

在【管理站点】对话框中，左边列出站点名称，如图 2-10 中只有一个站点：geren，右侧有一排按钮，使用这些按钮，可以完成有关站点的操作。

【新建】按钮可以创建新站点。

【编辑】按钮可以编辑现有站点。

【复制】按钮创建所选站点的副本。

【删除】按钮删除所选站点。

【导出】按钮可以将导出的站点保存为 XML 文件。

【导入】按钮可以为站点选择要导入的 XML 文件。

2.3 站点地图

站点地图表达站点内文件之间的链接关系，是站点结构的另一种表达形式。在显示站点地图之前，必须先定义站点的主页。站点的主页可以是站点中的任意页面，它不必是站点的主要页面。这种情况下，主页只是地图的起点。

1. 查看站点地图

若要显示站点地图，请单击【文件】面板，在此面板中单击“显示本地和远端站点”按钮，将打开本站点的站点地图，如图 2-11 所示。

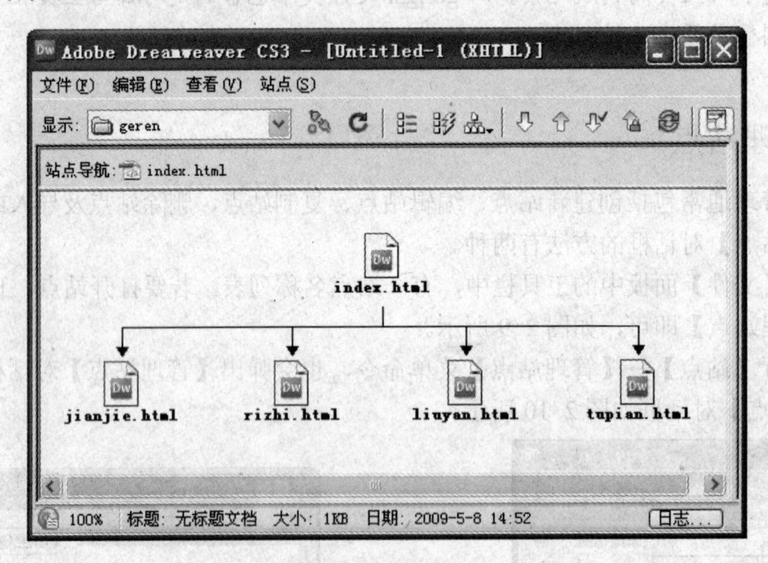

图 2-11 站点地图

站点地图有两种显示方式：【仅地图】、【地图和文件】。图 2-11 所示就是【仅地图】显示方式，若要改为【地图和文件】显示方式，单击图 2-11 工具栏中“站点地图”按钮，在弹出的菜单中选择【地图和文件】即可。若要关闭站点地图再单击一下“显示本地和远端站点”按钮即可。

提示：

“显示本地和远端站点”按钮当为凸起状态时，单击它可展开显示本地和远端站点，当为凹下状态时，单击它可折叠显示本地和远端站点。

要重新设置站点的主页，先打开【管理站点】对话框，单击【编辑】按钮，在弹出的【站点定义为】对话框中，选择【高级】选项卡，在【分类】列表中的【站点地图布局】，选择所要设置的主页，如图 2-12 所示。

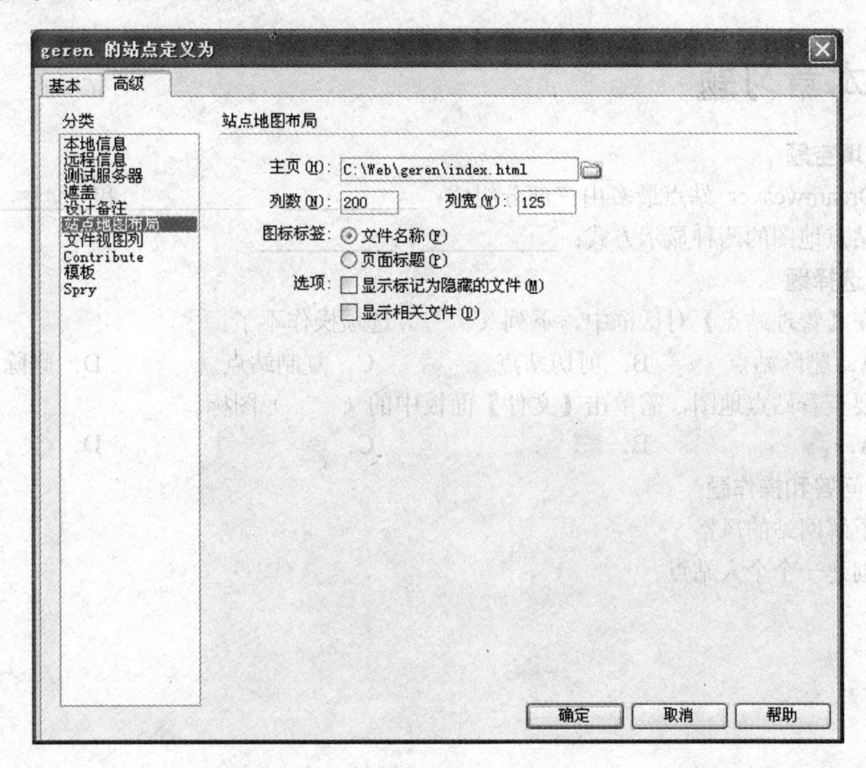

图 2-12 【站点定义为】对话框

或者是先选中作为主页的文件，然后单击鼠标右键，在弹出的菜单中选择【设成首页】命令即可。

站点地图以树状形式说明了各网页之间的链接关系，根结点为站点主页。如果枝结点也包含有链接，则会出现+号，单击+号可展开子树。

2. 从站点分支查看站点地图

站点地图是一个树状结构图，在默认情况下以主页为根结点进行显示。如果需要查看某个网页的链接关系，也可以以此网页为根点。

选择某个网页，右键单击，在弹出的快捷菜单中选择【作为根查看】命令，则站点地图以此网页为根结点进行显示。

3. 保存站点地图

在 Dreamweaver 中可以把站点地图保存为图像模式，以便于查看、编辑。保存方法：单击【文件】面板中右上方的【菜单】按钮，在下拉菜单中选择【文件】菜单中的【保存站点地图】命令，将弹出【保存站点地图】对话框，选好保存位置保存即可。

2.4 本章小结

本章主要介绍了网站的结构设置，网站的风格设计，创建站点，管理站点，以及站点地图的使用，使读者能初步了解网站风格设计的一般思路，能熟练地创建一个站点。

2.5 本章习题

一、填空题

1. Dreamweaver 站点最多由三部分组成：__________、__________和__________。
2. 站点地图的两种显示方式：__________、__________。

二、选择题

1. 在【管理站点】对话框中，下列（ ）选项操作不了。
   A. 删除站点　B. 剪切站点　C. 复制站点　D. 删除站点
2. 要查看站点地图，需单击【文件】面板中的（ ）图标。
   A.　B.　C.　D.

三、问答和操作题

1. 了解网站的风格。
2. 创建一个个人站点。

第 3 章　文本与图像

本章要点：

☑ 网页中文本的插入及设计

☑ 网页中图像的插入及设计

☑ 网页中文本和图像插入实例

所有网站中网页的基础都是文字和图片，如何安排自己的网页让其更好的显示自己的个性、内容与风格是决定网站好坏的一个关键元素。下面就来看一下如何在网站中插入文本和图像。

3.1　在网页中插入文本

3.1.1　设置文本标题

在任何的文字编排软件中，都会使用到标题的设置，在 Dreamweaver 中又是如何设置标题呢？在设置之前需要先将作为标题的文字选中，然后在菜单栏中执行【修改】→【页面属性】命令，弹出【页面属性】对话框，如图 3-1 所示。

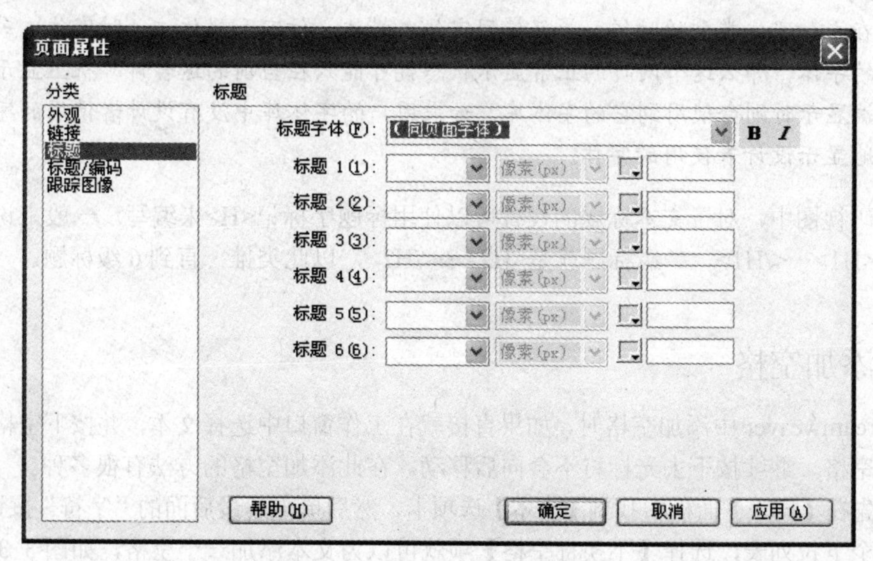

图 3-1　【页面属性】对话框

选择【分类】列表中的【标题】选项，在【标题】的设置项中可以看到，文本标题的设置共有 6 个级别，也就是说用户最多可以直接在该对话框中设置 6 个级别的标题。在对这些标题进行设置时，每个标题的字体大小和颜色都可以单独设置。通常情况下【标题字体】列表中会为用户列出一些默认的字体，如果这些字体中没有需要的字体，可以在【标题字体】下拉列表中选择最下面的【编辑字体列表】，将弹出【编辑字体列表】对话框，在该对话框中添加或删除字体类型，如图 3-2 所示。

图 3-2 【编辑字体列表】对话框

首先要在【可用字体】列表中选择字体，接着单击“添加”按钮<<。这样就可以将选中的字体添加到标题字体中。当然，在字体列表中还可以对当前已有的字体进行删除，删除字体请单击“删除”按钮>>。需要注意的是，从可用字体中添加字体每次只能添加一个。

提示：

用户在添加字体类型的时候，最好使用宋体、楷体、仿宋和黑体这 4 种字体。若使用其他不常用的字体，那么这个网页的正常显示状态就可能只在当前的这台计算机上显示出来，而在用户端显示时则会使用到它的字体库，如果用户的字体库中没有设计者使用的字体，就不会正常地显示设计者使用的字体。

在代码视图中，对于文本标题的设置可以使用标题字标记<H>来编写。一般来说，一级标题就是<H1>…</H1>，二级标题就是<H2>…</H2>，以此类推，直到 6 级标题。

3.1.2　添加空格

在 Dreamweaver 中添加空格时，如果直接就在工作窗口中选择文本，并按下空格键只能添加一个空格，继续按下去光标将不会向后移动。在此添加空格的方法有很多种。

（1）先在【插入】面板中找到【文本】选项卡，然后单击其最后面的“字符”按钮BR，将弹出一个下拉列表，选择【不换行空格】项就可以为文本添加一个空格，如图 3-3 所示。如果需要添加多个空格就可以在这个按钮上一直单击，直到达到需要为止。

（2）直接在键盘上按 Ctrl+Shift+空格键来实现空格的插入。

（3）在代码视图中进行空格的添加。打开代码视图，可以看到之前的方法添加的空格在代码视图中显示为“ ”。这就是说，在代码视图中空格的代码就是“ ”，这时，只需将空格的代码复制，然后根据所需的数量进行粘贴就可以任意添加空格。

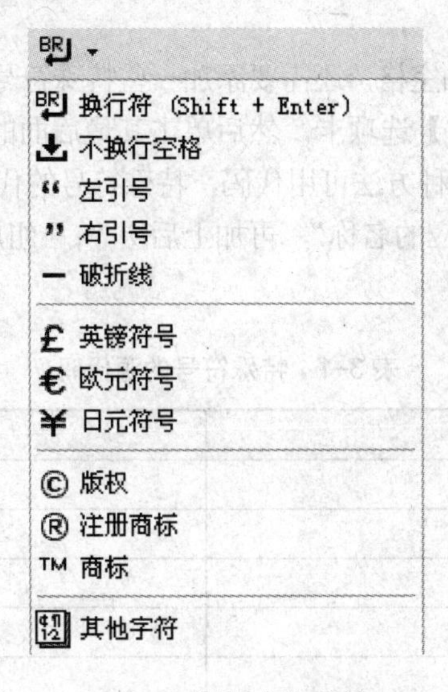

图 3-3　添加空格菜单

（4）使用全角模式来输入空格。一般情况下，当用户使用中文的输入法进行中文的输入时，会有半角和全角的设置。将半角切换为全角后，再按下空格键也可以添加多个空格。

（5）还有一个更简单的空格输入方法。在菜单栏上执行【编辑】→【首选参数】命令，打开【首选参数】对话框，选择【分类】列表中的【常规】选项，接着再将右边的【允许多个连续的空格】选项选中。这样当需要添加空格的时候，就可以直接按空格键输入了，如图 3-4 所示。

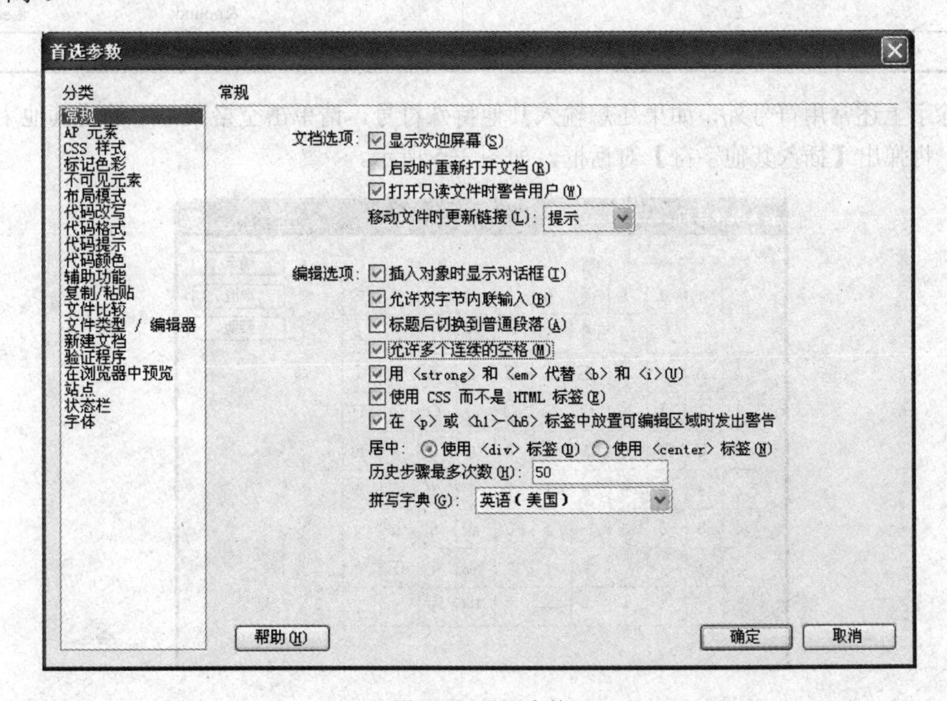

图 3-4　设置空格

3.1.3 添加特殊符号

在 Dreamweaver 中除了添加空格，还需要添加一些特殊符号，如&、©、¥、®等，一种方法可单击【插入】面板中的【文本】选项卡，然后单击其最后面的“字符”按钮，将弹出下拉列表，如图 3-3 所示；还有一种方法可用代码，特殊符号的代码和空格的表示方法有些相似，也是由前缀“&”加上“字符对应的名称”，再加上后缀“;”组成，一些常用特殊符号的源代码如表 3-1 所示。

表 3-1 特殊符号的源代码

特殊符号	符号源代码
"	"
&	&
<	<
>	>
©	©
®	®
±	±
§	§
¢	¢
¥	¥
·	·
€	€
£	£
™	™

除了上述常用符号外，如果还想输入其他特殊符号，请单击空格菜单中的【其他字符】选项，将弹出【插入其他字符】对话框，如图 3-5 所示。

图 3-5 【插入其他字符】对话框

3.1.4 强制换行

在 Dreamweaver 中输入文字，通常在换行时按下 Enter 键即可，但是往往重新开始的一段文字和前面一段文字的距离有些远，因为 Dreamweaver 中段落与段落之间是隔行换行的，如果希望前后两行文字之间能够没有距离，可以在按着 Shift 键的同时按下 Enter 键，进行强制换行，这样前后两行文字就可以紧挨着了。

强制换行是一个没有结尾的标记，没有</p>表示，而用
来表示，HTML 文件中任何位置只要使用了
标记，当文件显示在浏览器中时，该位置之后的文字将显示在下一行，如图 3-6 和图 3-7 所示。

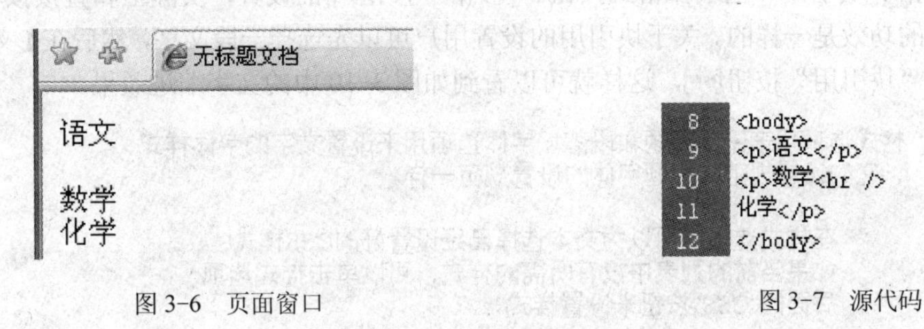

图 3-6 页面窗口　　图 3-7 源代码

3.1.5 文字的基本设置

对文字的设置是在【属性】检查器中来完成的。首先输入一段文字，然后将这些文字选中，并打开文字【属性】检查器，如图 3-8 所示。此外打开【属性】检查器还可通过单击【窗口】→【属性】。

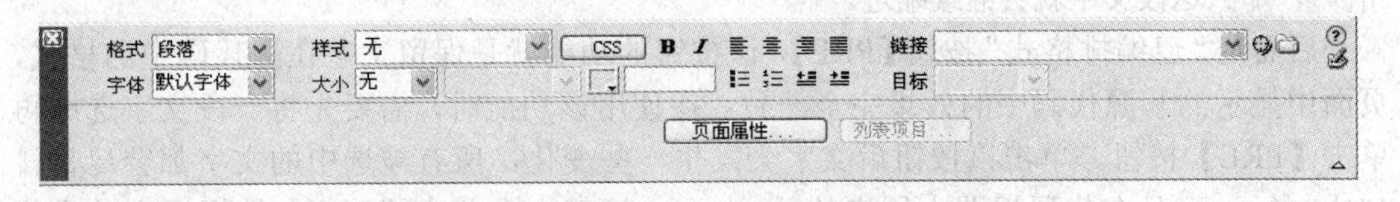

图 3-8 文字属性

【格式】选项用来设置标题和段落；【字体】选项用来设置文字的字体样式，它的设置规范和标题字体的设置规范一样，通常都是设置为大多数浏览器识别的字体。在【样式】选项中可以为文本选择已经设置好的 CSS 样式，如果当前的列表中没有所需的样式，可以单击【样式】选项后面的 CSS 按钮来设置样式。对文字颜色的设置，可以将标准的十六进制颜色值直接输入，也可以直接单击“颜色设置”按钮，在弹出的色板上选择颜色。在默认的情况下字体的颜色是黑色。文字的链接设置和项目列表的设置将在后面详细讲解。

3.1.6 文本选项卡的使用

除了在【属性】检查器中可以对文字进行设置，用户还可以使用【插入】面板的【文本】选项卡来设置文字。单击【插入】面板中的【文本】选项卡，【文本】选项卡的文字设置选项如图 3-9 所示。

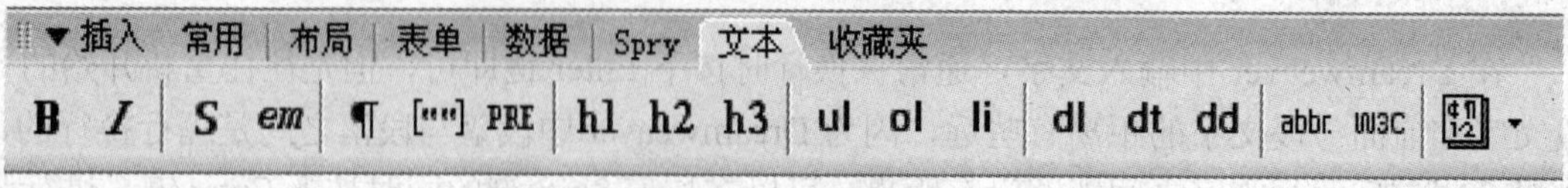

▼插入 常用 布局 表单 数据 Spry 文本 收藏夹

B I S em ¶ [""] PRE h1 h2 h3 ul ol li dl dt dd abbr. W3C

图 3-9 【文本】选项卡

在【文本】选项卡中，粗体和斜体的设置和【属性】检查器中的相同。“加强”按钮【S】和“强调”按钮【*em*】的功效和粗体、斜体的一样。

接着是段落、块引用和已编排格式按钮。“段落”按钮 ¶的设置，实际上和直接按下回车键进行编辑的功效是一样的。关于块引用的设置用户可以先选择一段文字，然后在【文本】选项卡中选择“块引用”按钮[""]，这样就可以看到如图 3-10 中的文字缩进效果。

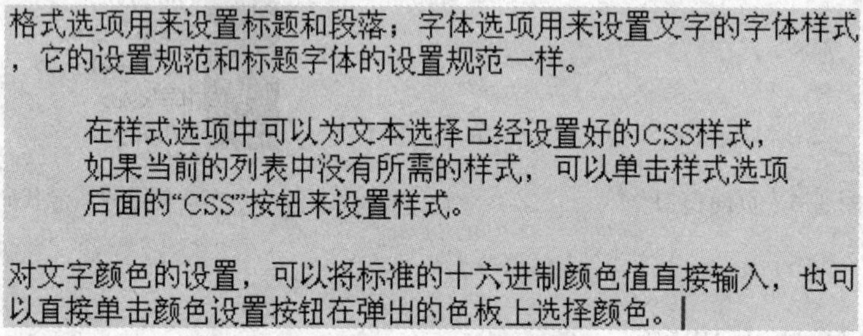

格式选项用来设置标题和段落；字体选项用来设置文字的字体样式，它的设置规范和标题字体的设置规范一样。

在样式选项中可以为文本选择已经设置好的CSS样式，如果当前的列表中没有所需的样式，可以单击样式选项后面的“CSS”按钮来设置样式。

对文字颜色的设置，可以将标准的十六进制颜色值直接输入，也可以直接单击颜色设置按钮在弹出的色板上选择颜色。

图 3-10 “块引用”按钮[""]的使用

从图 3-10 中可以了解，与选中文字紧挨着的其余几行文字都发生了改变。它们的改变主要是文字缩进，即“块引用”按钮[""]就相当于“缩进”按钮。如果再次单击“块引用”按钮[""]，那么这段文字就会继续缩进。

后面是“已编排格式”按钮【PRE】，该按钮的功能就是保留文字在源代码中的格式，页面中显示的和源代码中的效果完全一致。在使用该功能时，需要先将一段文字选中再单击【PRE】按钮。单击该按钮后文字会发生一些变化，所有被选中的文字都会尽量排列成一行，而且在代码视图中原来的<p>…</p>标签也在单击【PRE】按钮后，改变为<pre>…</pre>，在<pre>…</pre>标签中找到之前输入的文字，然后在这些文字前面重新编排这几行文字，接着再回到设计视图中，就会发现源代码中的文字格式和页面中显示的格式一模一样。

在已编排格式按钮后面的【h1】、【h2】和【h3】按钮和【属性】检查器中的【样式】选项里的【标题】选项功效是一样的，也是用来设置标题样式。后面的【ul】、【ol】、【li】及【dl】、【dt】、【dd】按钮都是被用于列表的设置，它们的使用方法将在后面进行讲解。

位于文本栏中的最后一个按钮包含了各种特殊符号的设置，前面已经介绍。

提示：

在国内，注册商标“©”是已经注册过的商标，并且是已经受法律保护的商标。而商标“TM”虽然也是商标，但出现这个符号的商标表示该商标已经向注册商标的机构提交了申请，还处于申请的期间暂时还没有审批下来。所以在使用这两个符号时需要注意。

3.1.7　文字的修饰

在 Dreamweaver 中还可以为文字添加多种修饰，如将文字显示为粗体、下划线，删除线等。单击【文本】→【样式】即可设置，如图 3-11 所示。

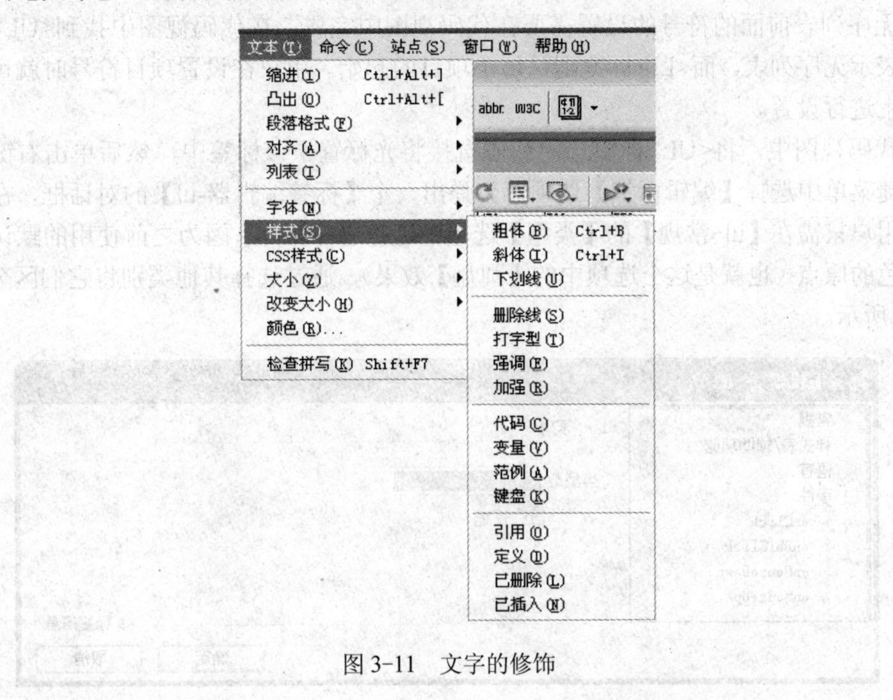

图 3-11　文字的修饰

3.1.8　项目列表

对于项目列表的设置，它经常被使用到词汇表和品种说明书中。在 Dreamweaver 中可以使用【属性】检查器和【文本】选项卡来实现项目列表的编辑。在 Dreamweaver 中可以将列表设置为有序列表和无序列表。

1. 设置无序列表

所谓无序列表，就是指那些以“●”、“○”和“□”等符号开头、没有顺序的列表项目。在无序列表中通常不会有顺序级别的区别，只在文字的前面使用一个项目符号作为每个列表项的前缀。在设置无序列表的时候，只需先将文字部分选中，然后在【属性】检查器中单击“项目列表”按钮，或在【文本】选项卡中单击 ul 项目列表按钮即可。

需要设置下级列表的时候，只需将文字选中，然后再单击【属性】检查器中项目列表选项后面的“文本缩进”按钮。这样被选的文字就会向后缩进一些，并且它们前面的符号也会发生改变，这样是为了能够清楚地区分上一级和下一级。如果继续在第二级中设置下级列表，则此时的文字就又会向后缩进并改变它前面的符号，如图 3-12 所示。

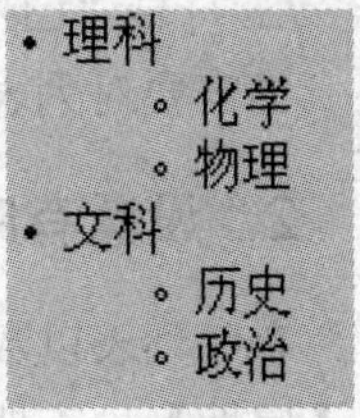

- 理科
  - 化学
  - 物理
- 文科
  - 历史
  - 政治

图 3-12　项目列表

同样，用户可以将这些文字设置为下级列表，也可以将其设置为上级列表。与【文本缩进】选项相对应的是“文本凸出”按钮，在设置上级列表时，单击【文本凸出】按钮可以轻松地设置上级列表。将项目列表、文本缩进、文本凸出这3个选项结合起来使用，可以很方便地对无序的项目列表进行编排。

对无序列表前面的符号的设置需要在代码视图中完成。在代码视图中找到<UL>标签，它用来表示无序列表，而<LI>标签则是每个项目的起始。用户在设置项目符号时就可以在它的标志上进行设置。

在代码视图中，将<UL>标签选中或者直接将光标置于该标签中，然后单击右键，在弹出的快捷菜单中选择【编辑标签】选项，会弹出一个【标签编辑器-ul】的对话框，在这个对话框中用户只需在【ul-常规】的【类型】选项中进行选择即可。因为之前使用的默认符号是一个黑色的原点（也就是这个选项中的【圆盘】效果），通过选择其他类别将它们区分开，如图3-13所示。

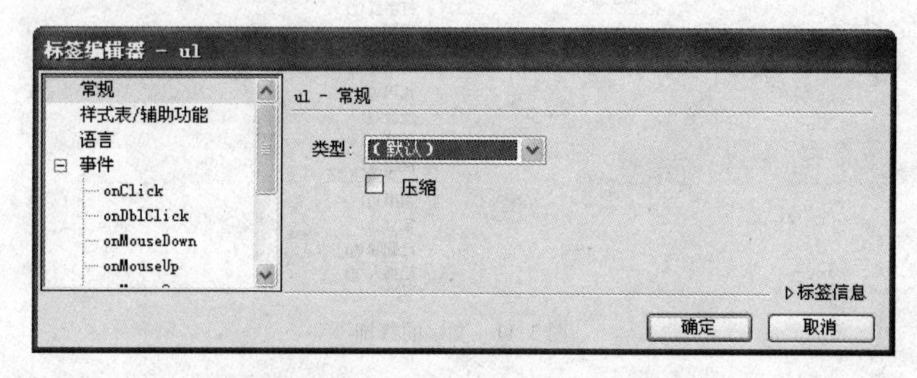

图3-13　项目列表【标签编辑器-ul】对话框

单击【确定】按钮后，返回设计视图中就可以查看到修改后的列表。

提示：

在用户对列表符号设置完毕后，会发现在<UL>标签里面会出现代码：

```
<ul type="circle">
```

这就表示，对于列表符号的设置用户也可以使用编写代码的方式来设置。这些符号的值如下：

- 符号“●”的值为Disc；
- 符号“○”的值为Circle；
- 符号“□”的值为Square。

当需要对列表的符号进行改变时，用户只需将type后面的值进行改变即可。

2. 设置有序列表

有序列表以数字或英文字母开头，并且每个项目都会有先后的顺序性。将文字选中后，在【属性】检查器中找到“项目列表”按钮，单击该按钮旁边的“编号列表”按钮。这样就可以实现有序列表的设置，如图3-14所示。

图 3-14　有序列表 1

与“编号列表”按钮配合使用的仍然是“文本凸出”按钮和“文本缩进”按钮，它们的使用方法已经在无序列表设置中讲解过，这里不再详细讲解。对列表前面的序列类型用户可以使用与无序列表中一样的方法，也是先找到代表有序列表的标签<OL>，将它选中后，单击右键，在弹出的快捷菜单中选中【编辑标签】选项，弹出【标签编辑器-ol】对话框，如图 3-15 所示。

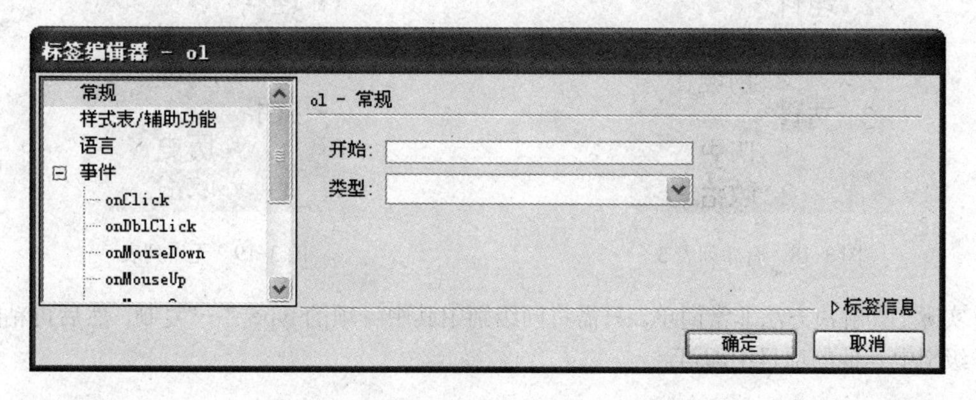

图 3-15　编号列表【标签编辑器-ol】对话框

在对有序列表进行设置时，需要先在【类型】选项中选择一种序列类型。通常情况下，任何一种排序方式都会以最小的整数开始排列，而在这个对话框中，除了序列类型的设置，还可以在【开始】文本框中输入序列的开始位置，如图 3-16 所示。页面的编号结果如图 3-17 所示。

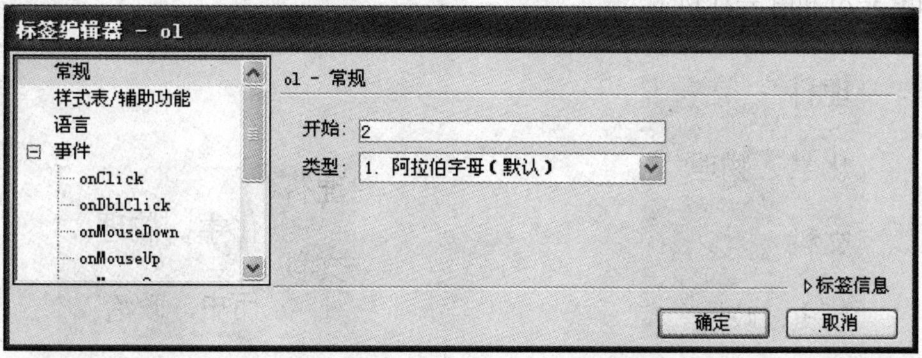

图 3-16　编号列表标签编辑器

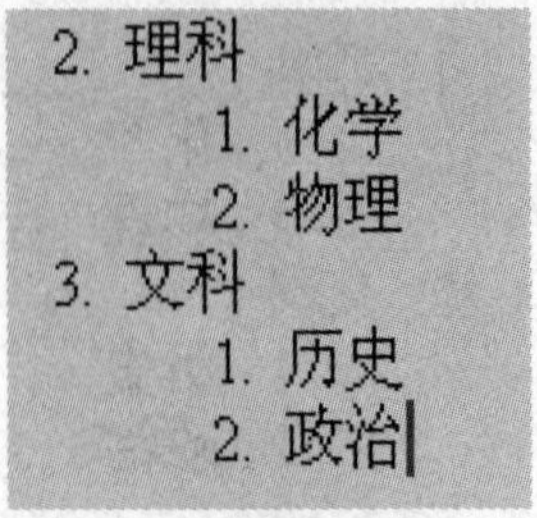

2. 理科
1. 化学
2. 物理
3. 文科
1. 历史
2. 政治

图 3-17　有序列表 2

代码视图中对有序列表和无序列表<LI>标签的排列方式进行的设置，和对<OL>标签进行的设置有所不同，当对<OL>标签设置时，可以将和它位于同一级中的列表一起改变，而当对<LI>标签设置时，却只是改变当前所选的这一项，而不能改变和它位于同一级中的列表，如图 3-18 和图 3-19 所示。

2. 理科
a. 化学
2. 物理
3. 文科
1. 历史
2. 政治

图 3-18　有序列表 3

• 理科
▪ 化学
◦ 物理
• 文科
◦ 历史
◦ 政治

图 3-19　无序列表

实际上，解决方法非常简单。只需将同级别中其中一项的 type="…"复制，然后再粘贴到同一级别中其他的项目中即可。

3. 定义项目列表

还有一种特殊的定义列表，用于提供两级信息。可以把这种定义看成字典中的项目格式，其中包括词条和定义两个部分，也可以用这种列表提供词汇表示的信息，因此定义列表是一种两个层次的列表，用于解释名词的定义，名词为第一层次，解释为第二层次，并且不包含项目符号。定义项目列表主要是通过【文本】选项卡来完成的，单击定义列表组中 dl 按钮即可，如图 3-20 和图 3-21 所示。

理科
化学、物理
文科
历史、政治

图 3-20　页面中列表

理科
化学、物理
文科
历史、政治

图 3-21　单击 dl 按钮后

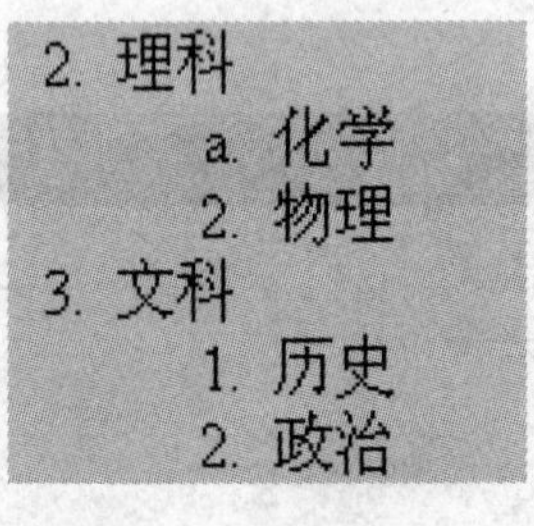

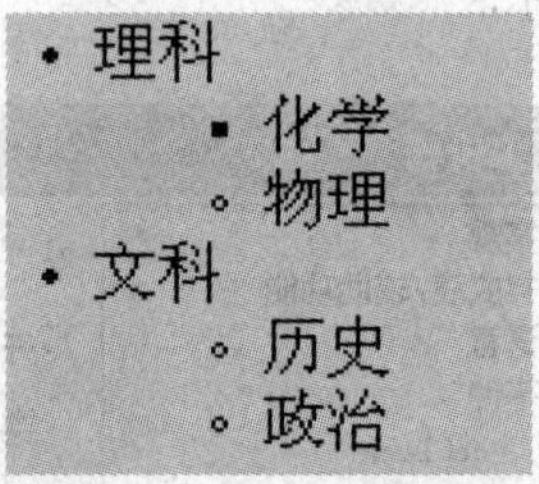

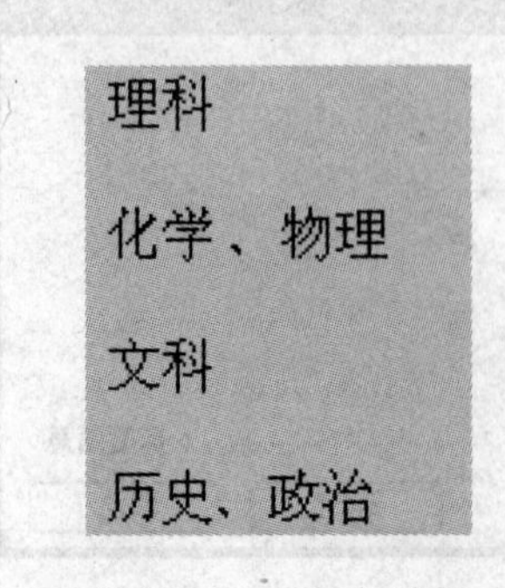

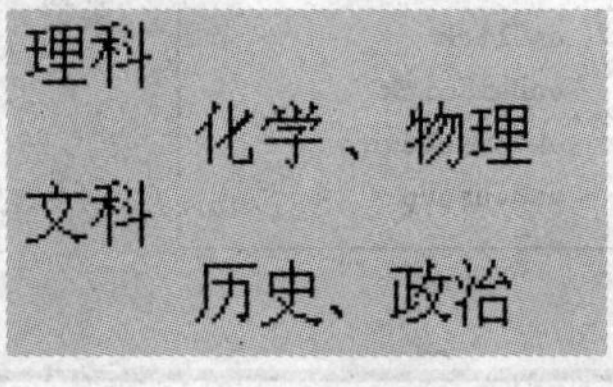

从图 3-20 和图 3-21 文字中就可以观察到，“理科”、“文科”就是将要定义的名词，而每一部后面的详细科目是这些名词的解释部分。

3.1.9　使用外部文本

网页中的文字很多，如果用户已经编写了文字，只需把已经编辑好的文字直接粘贴到 Dreamweaver 中，或导入到已经编排好的文件中即可。

1. 粘贴文本

粘贴文本是使用外部文本的一种常用方法。在使用复制粘贴文本时，一般情况下都会直接从 Word 文件中粘贴。

在 Dreamweaver 中布局好文本所要放置的位置，然后将文件粘贴在工作窗口中。当粘贴的文件中有图片和文字叠加的情况时，如果直接粘贴会使图片上的文字和图片分开，对于这种情况，就需要在菜单栏中选择【编辑】→【选择性粘贴】，将弹出【选择性粘贴】对话框，如图 3-22 所示。

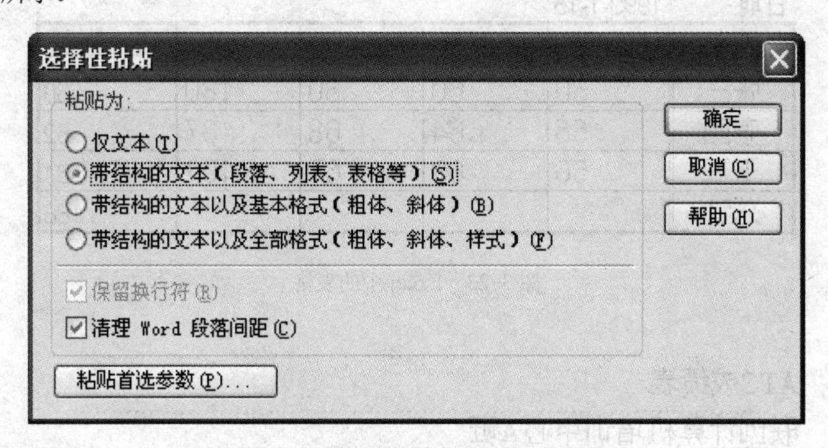

图 3-22 【选择性粘贴】对话框

对【选择性粘贴】对话框进行设置，可以满足用户不同的粘贴需求。

【仅文本】：如果选择了该项，那么粘贴过来的文件就只有文字。其他的图片、文字样式及段落设置都不会被粘贴过来。

【带结构的文本（段落、列表、表格等）】：如果选择了该项，那么粘贴过来的内容就会保持它的段落、列表、表格等最简单的设置。不过选择该项后仍无法将图片粘贴过来。

【带结构的文本以及基本格式（粗体、斜体）】：如果选择了该项，原稿中的一些粗体和斜体的设置就正常显示了，同时文字中的基本设置和图片也会显示出来。

【带结构的文本以及全部格式（粗体、斜体、样式）】：这个选项用于保持原稿中的所有设置，如果选择了该项，那么原稿中所有的效果和内容都会被粘贴到 Dreamweaver 中。

对于上述出现的情况，在 Dreamweaver 中是无法完全和原稿中的样式一样的。它最简单的解决方法就是将粘贴过来的图片设置为背景，然后再按照原稿中文字在图片中的位置来改变文字的位置就可以了。

2. 粘贴表格

虽然可以直接在 Dreamweaver 中制作表格，但是对于一些数据量较大的表格来说，在 Dreamweaver 中进行制作很烦琐。这时就可以用专业的制表软件 Excel，用户可以先在 Excel 中制作表格，然后再粘贴到 Dreamweaver 中。

首先在 Excel 中准备一个表格文件，扩展名为.xls，将表格中要复制的内容选中，并按下 Ctrl+C 键将其复制，再回到 Dreamweaver 中并按下 Ctrl+V 键，将复制好的表格进行粘贴，这种情况下粘贴的表格只会显示文字和基本的表格结构，如将图 3-23 中 Excel 中的表格复制到 Dreamweaver 中，结果如图 3-24 所示。

ATC成绩表

联创计算机培训中心A班

日期:	1999-1-15				
姓名	Part A	Part B	Part C	总和	ATC分数
张三	60	60	60	180	60
李四	55	64	68	187	62
王五	56	68	67	191	64
总计					186

图 3-23　Excel 中的表格

ATC成绩表

联创计算机培训中心A班

日期:	1999-1-15				
姓名	Part A	Part B	Part C	总和	ATC分数
张三	60	60	60	180	60
李四	55	64	68	187	62
王五	56	68	67	191	64
总计					186

图 3-24　粘贴到 Dreamweaver 中的表格

如果这样粘贴的效果不满意，用户可以在【选择性粘贴】对话框中找到【粘贴首选参数】按钮。这样就可打开【首选参数】对话框然后对【复制/粘贴】选项进行设置，如图 3-25 所示。将该对话框中的【带结构的文本以及全部格式（粗体、斜体、样式）】选项选中，单击【确定】按钮后回到【选择性粘贴】对话框。依次全部确定后，在工作窗口中就可以看到效果。粘贴过来的表格和 Excel 中的就会很相似了。

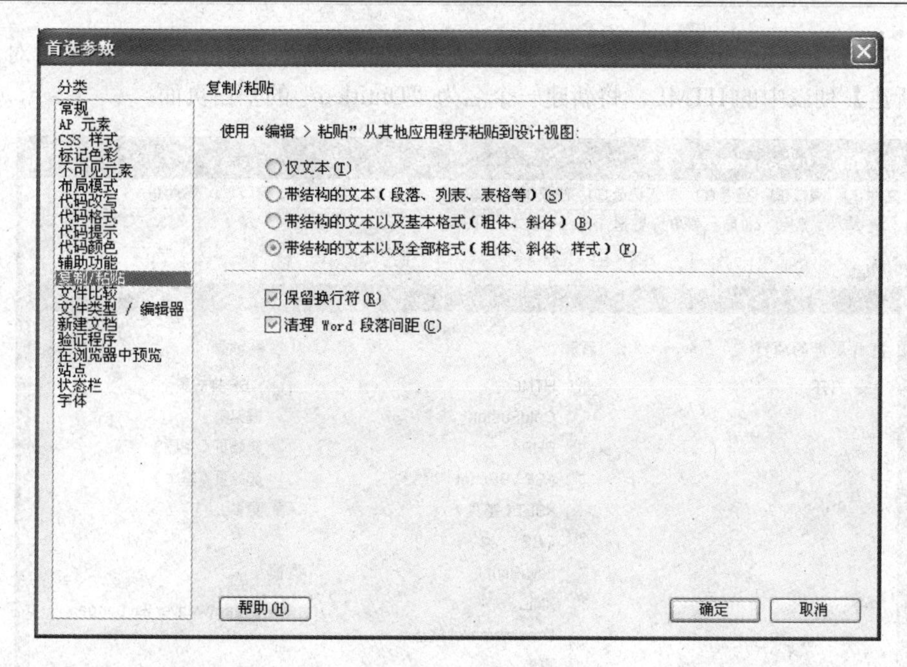

图 3-25 【首选参数】对话框

3.2 文本页面实例

在本节中学习一个简单的文本页面设计的实例，实例的结果如图 3-26 所示。

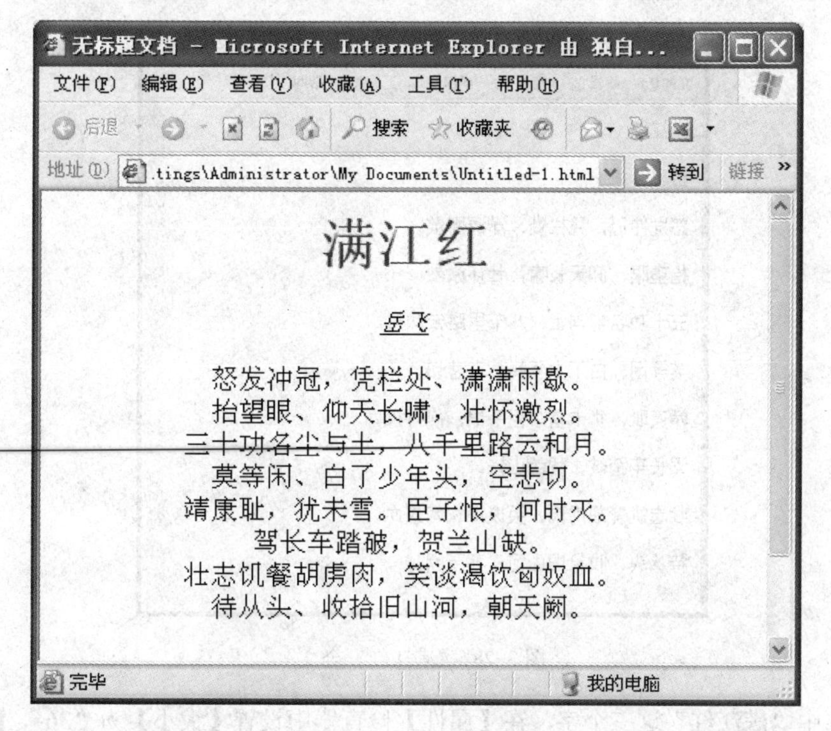

图 3-26　文本页面设计实例

（1）启动 Dreamweaver 后，将弹出图 3-27 所示的【Adobe Dreamweaver CS3】对话框，单击【新建】列表中的 HTML，将新建一个名为“Untitled”的空白页面。

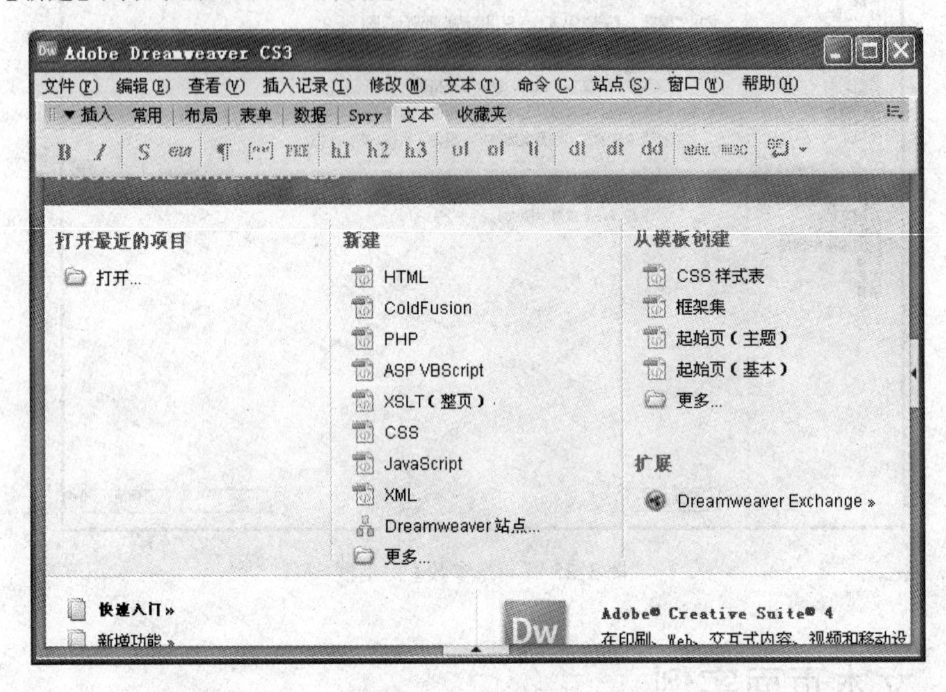

图 3-27 新建页面

（2）在空白的页面中输入《满江红》全文，输入后系统默认的格式如图 3-28 所示。

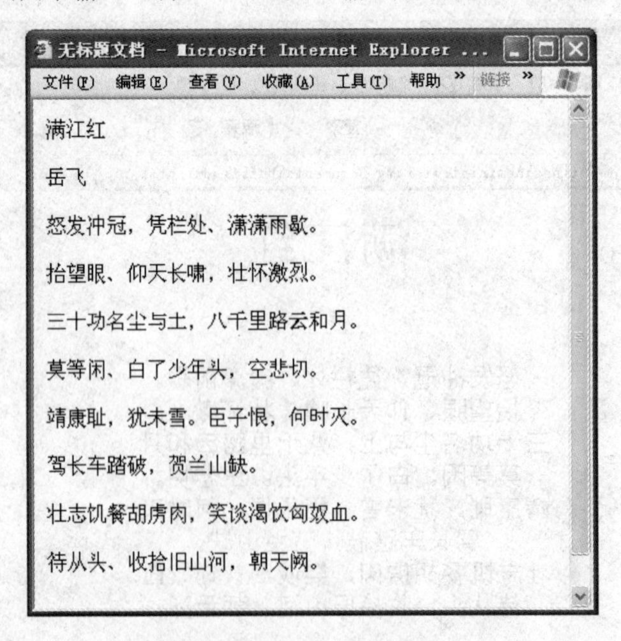

图 3-28 《满江红》全文

（3）选中“满江红”这三个字，在【属性】检查器中设置【大小】为“36”，【颜色】为“红色”，“加粗”、“居中”，如图 3-29 所示。

图 3-29 【属性】检查器

（4）选中“岳飞”这两个字，同样在【属性】检查器中设置【大小】为“16”，“倾斜”、“居中”。

（5）将光标放在第三行“怒发冲冠，凭栏处、潇潇雨歇。”后，然后按下 Delete 键，将第四行的内容合并为第三行，然后按住 Shift 键的同时，按 Enter 键，进行强制换行，结果如图 3-30 所示。

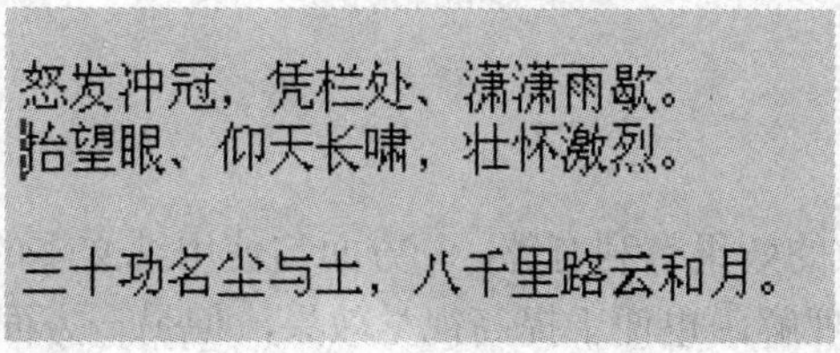

怒发冲冠，凭栏处、潇潇雨歇。
抬望眼、仰天长啸，壮怀激烈。

三十功名尘与土，八千里路云和月。

图 3-30　强制换行

（6）重复操作第（5）步，将后面的几行全部进行强制换行。

（7）正文全部强制换行后，选中正文，然后单击【属性】检查器中的“居中”按钮，将正文全部居中。

（8）页面设计完后，保存页面。单击【文本】→【保存】，弹出图 3-31 所示的【另存为】对话框，选中保存位置，设置保存名称后，单击【确定】即可。

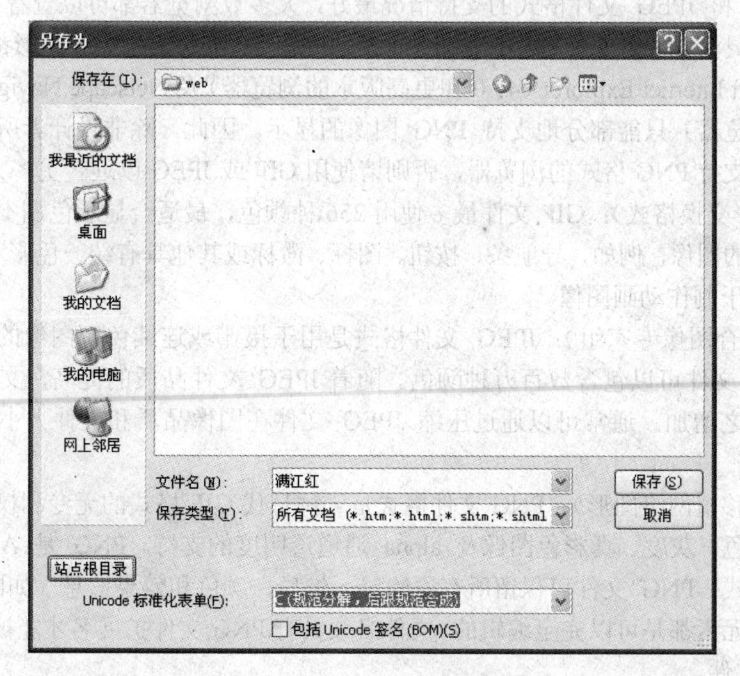

图 3-31 【另存为】对话框

（9）预览页面设计效果。单击【文本】→【在浏览器预览】→IExplore，将弹出图 3-26 所示的效果。预览页面还可用工具栏中的预览按钮，如图 3-32 所示，或者用快捷键 F12 也可。

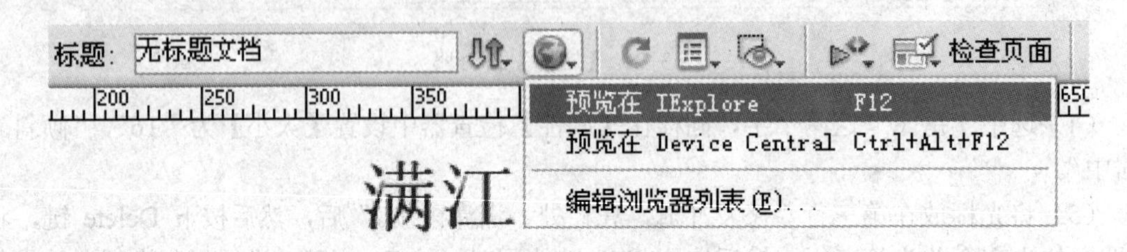

图 3-32 预览按钮

3.3 插入图像

在 HTML 中使用图片的效果有利有弊，一方面与使用纯文本的网页文档方式相比，结合图像做说明的方式更易于理解，也便于提高视觉效果，但另一方面，图片越多，下载时间相应也就越长，越容易使浏览者动摇等待的耐心。最好的方式是占用最少的空间又能生成高质量的图片。

3.3.1 关于图像

图形虽然存在着多种文件格式，但在 Web 页面中通常使用的只有三种，即 GIF、JPEG 和 PNG。GIF 和 JPEG 文件格式的支持情况最好，大多数浏览器都可以查看它们。PNG 文件具有较大的灵活性并且文件较小，因此它们对于几乎任何类型的 Web 图形都是最适合的。但是，Microsoft Internet Explorer（4. 0 和更高版本的浏览器）及 Netscape Navigator（4. 04 和更高版本的浏览器）只能部分地支持 PNG 图像的显示。因此，除非设计者所针对的特定目标用户是使用支持 PNG 格式的浏览器，否则请使用 GIF 或 JPEG 以迎合更多人的需求。

GIF（图形交换格式）：GIF 文件最多使用 256 种颜色，最适合显示色调不连续或具有大面积单一颜色的图像，例如，导航条、按钮、图标、徽标或其他具有统一色彩和色调的图像。另外 GIF 也用于制作动画图像。

JPEG（联合图像专家组）：JPEG 文件格式是用于摄影或连续色调图像的较好格式，这是因为 JPEG 文件可以包含数百万种颜色。随着 JPEG 文件品质的提高，文件的大小和下载时间也会随之增加。通常可以通过压缩 JPEG 文件在图像品质和文件大小之间达到良好的平衡。

PNG（可移植网络图形）：PNG 文件格式是一种替代 GIF 格式的无专利权限制的格式，它包括对索引色、灰度、真彩色图像及 alpha 通道透明度的支持。PNG 是 Adobe Fireworks 固有的文件格式。PNG 文件可保留所有原始层、矢量、颜色和效果信息（如阴影），并且在任何时候所有元素都是可以完全编辑的。文件必须具有.PNG 文件扩展名才能被 Dreamweaver 识别为 PNG 文件。

3.3.2　插入图像

将图像插入 Dreamweaver 文档时，HTML 源代码中会自动生成对该图像文件的引用。为了确保此引用的正确性，该图像文件必须位于当前站点中。如果图像文件不在当前站点中，Dreamweaver 会询问是否要将此文件复制到当前站点中。

Dreamweaver 还可以插入动态图像。动态图像指那些经常变化的图像。例如，广告横幅旋转系统需要在请求页面时从可用横幅列表中随机选择一个横幅，然后动态显示所选横幅的图像。

下面学习一个在空白页面中插入图像的实例。

（1）启动 Dreamweaver 后，新建一个空白的页面，将要插入的图像复制到当前站点中，单击【插入】面板中的【常用】选项卡，单击图像插入按钮，在弹出的菜单中选择【图像】，如图 3-33 所示。

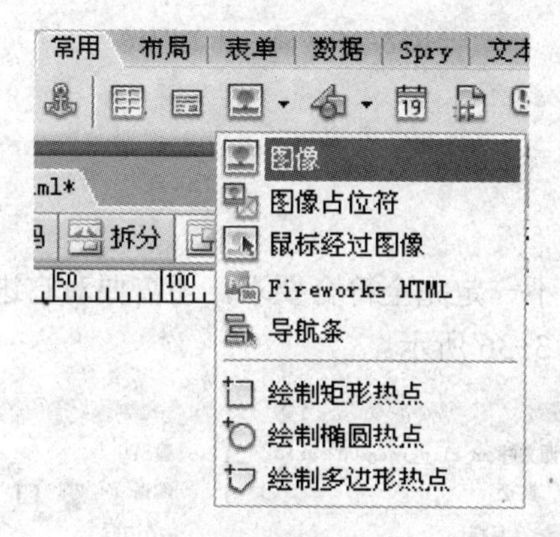

图 3-33　插入图像

（2）单击【图像】后，将弹出【选择图像源文件】对话框，如图 3-34 所示，单击【站点根目录】按钮，将目录转到站点目录下，找到要插入的图像文件，选中它，单击【确定】按钮，选中的图像将插入空白页面中。

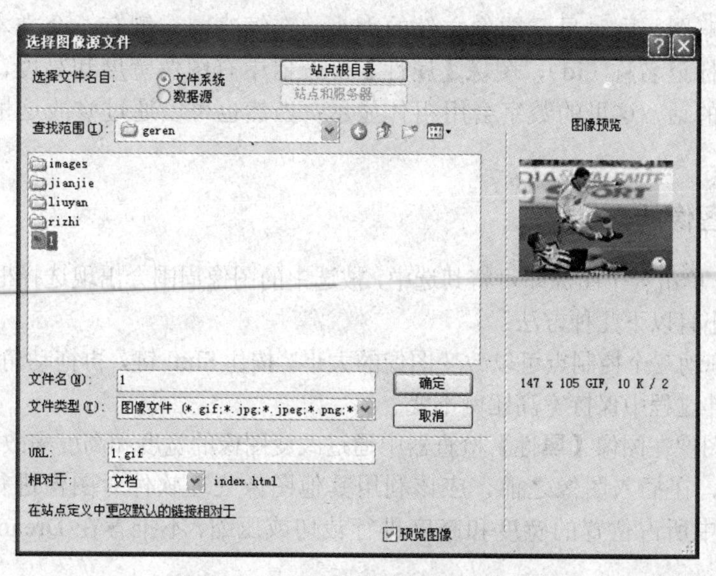

图 3-34　【选择图像源文件】对话框

（3）按F12键，可预览插入图像的效果，如图3-35所示。

图3-35 预览插入图像

3.3.3 编辑图像

图像插入到网页中后，不一定完全符合要求，还需要对它进行修改加工。这就要用【属性】检查器进行编辑，如图3-36所示。

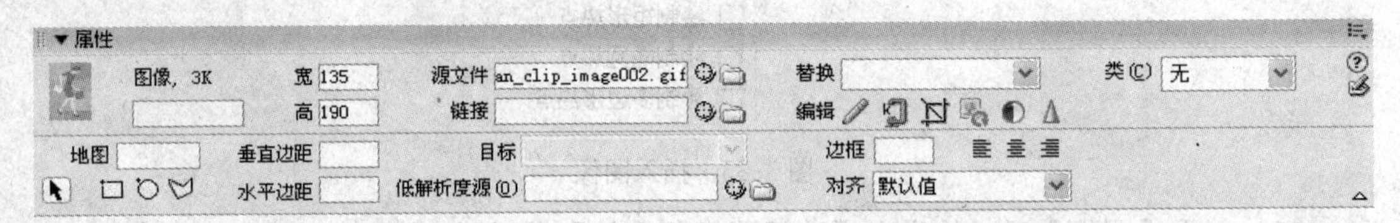

图3-36 图像【属性】检查器

选中图像后，【属性】检查器自动更新成图像【属性】检查器，在其左上角，显示当前图像的缩略图，同时显示图像文件的大小。在缩略图右侧有一个文本框，在其中可以输入图像的标记名称（id），图像【属性】检查器中有图像宽度和高度，如果图像大小与原图不一致的话，这里的数字会用粗体显示；当然也可以通过修改这里的数值对图片进行缩放。

1. 改变图像的大小

在文档中，单击一个图像即可将其选中，被选中的图像周围会出现选择框和三个控制点。改变图像的大小有以下几种方法：

（1）通过拖动三个控制点可以改变图像的大小。按住Shift键，再拖动角上的控制点，可以使图像在拉伸过程中保持宽高比例不变。

（2）选中图像在图像【属性】检查器中通过改变图像的宽度和高度来改变图像的大小。

一般来说，在插入图像之前，应该利用其他图像处理软件对图像进行效果处理，并根据其在网页中所占位置的宽度和高度进行裁切或压缩，不推荐在Dreamweaver中缩放图像。

提示：

单击高度和宽度后面的“撤销”按钮可以恢复图像的原始大小。

2. 设置图像的对齐方式

单击图像【属性】检查器中的对齐方式按钮，可以分别将图像设置为在浏览器窗口或其所处容器中居左、居中或居右。

在图像【属性】检查器中，【对齐】下拉列表用来设置图像与文本的相互对齐方式，共有 10 个选项。通过它可以将文字对齐到图像的上端、下端、左边和右边等，从而可以灵活地实现文字与图片的混排效果，如图 3-37 所示。

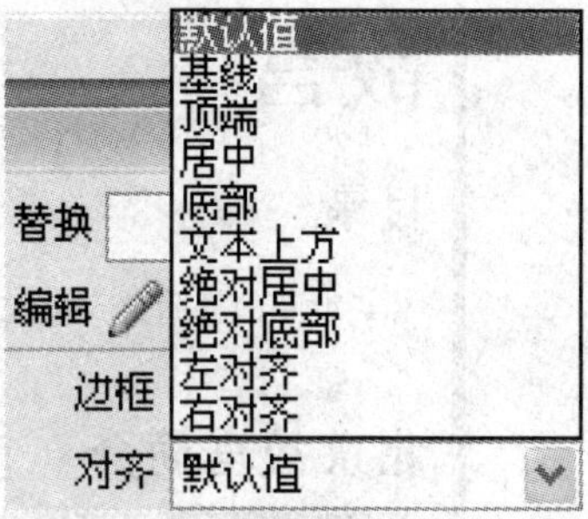

【默认值】通常指定基线对齐。

【基线】和【底部】将文本（或同一段落中的其他元素）的基线与选定对象的底部对齐。

【顶端】将图像的顶端与当前行中最高项（图像或文本）的顶端对齐。

【居中】将图像的中部与当前行的基线对齐。

【文本上方】将图像的顶端与文本行中最高字符的顶端对齐。

图 3-37　图像对齐方式

【绝对居中】将图像的中部与当前行中文本的中部对齐。

【绝对底部】将图像的底部与文本行的底部对齐。

【左对齐】将所选图像放置在左边，文本在图像的右侧换行。如果左对齐文本在行上处于对象之前，它通常强制左对齐对象换到一个新行。

【右对齐】将图像放置在右边，文本在对象的左侧换行。如果右对齐文本在行上处于对象之前，它通常强制右对齐对象换到一个新行。

3. 设置图像的其他属性

【源文件】用于显示当前图像源文件的路径。单击其后的【浏览文件】按钮可以更改源文件。

【链接】用于指定图像的链接，有关链接的设置参见以后章节。

【替换】用于显示和修改替换文本。

【编辑】之后有六个按钮，其中“编辑”按钮用来启动在主菜单【编辑】→【首选参数】中指定的外部编辑器，并打开选定的图像进行编辑；“使用 Fireworks 最优化”按钮能够从Dreamweaver中启动Fireworks对放置的Fireworks图像和动画进行快速的导出更改；“裁切”按钮用来修剪图像的大小，从所选图像中删除不需要的区域；“重新取样”按钮用来对已经调整大小的图像进行重新取样，提高图片在新的大小和形状下的品质；“亮度和对比度”按钮用来修改图像中像素的亮度和对比度；“锐化”按钮用来调整图像的清晰度。

【地图】可以利用其下面的热点工具在图像中绘制热点，在文本框中为热点区域命名。

【垂直边距】和【水平边距】可以为图像的四周添加边距，以像素为单位。

【目标】项与【链接】相关，为链接目标选择打开方式。

【边框】用于为图片设置边框宽度，以像素为单位。

3.4 图像实例

在本节中学习一个简单的文本页面设计的实例，实例的结果如图 3-38 所示。

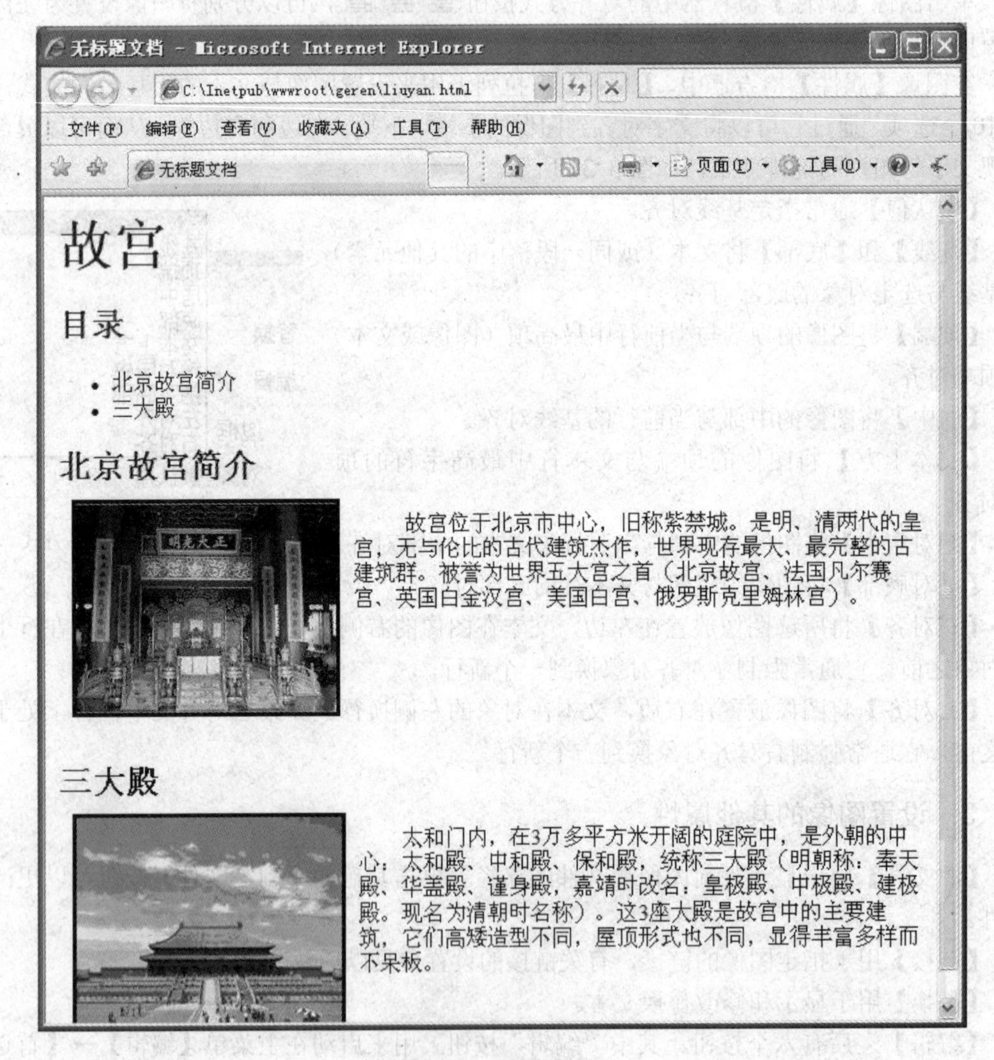

图 3-38 图像实例

（1）启动 Dreamweaver 后，单击【新建】列表中的 HTML 新建一个空白的页面。

（2）在空白的页面的第一行输入“故宫”二字，并进行文字设置，【大小】为“42”，“加粗”。

（3）在第二行输入“目录”二字，并进行文字设置，【大小】为“24”，“加粗”。

（4）在第三行输入“北京故宫简介”，第四输入“三大殿”，然后选中第三行和第四行，单击【属性】检查器中的“项目编号”按钮。

（5）在第五行输入“北京故宫简介”，并进行文字设置，【大小】为“24”，“加粗”。

（6）打开随书素材中第三章的“故宫”Word 文件，将“北京故宫简介”的解释文字复制到第六行中，并设置这一段首行缩进两个字符，也可通过添加两个字符的空格来实现首行缩进。

（7）插入图像，将光标放在第五行“北京故宫简介”后，单击【常用】选项卡中的【插入图像】按钮，选中要插入的图像，单击【确定】按钮即可，如图 3-39 所示。

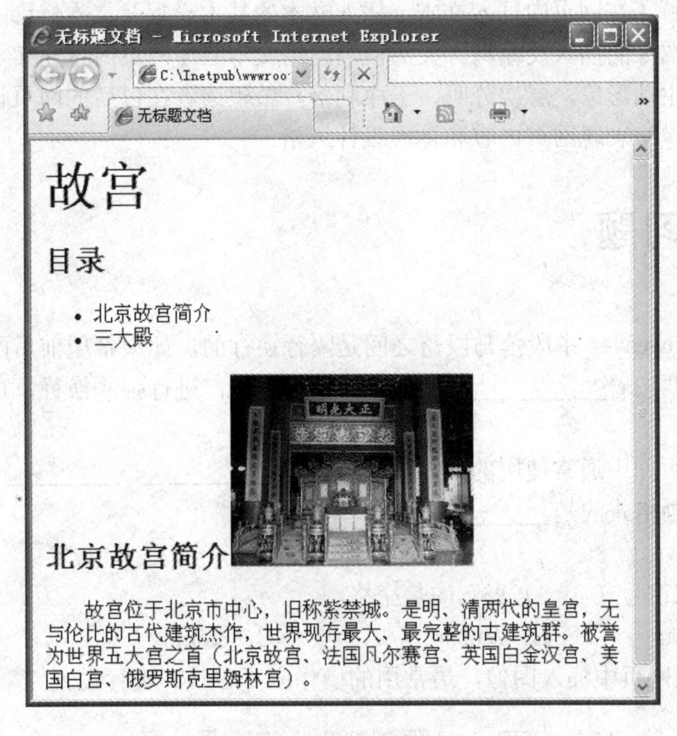

图 3-39　插入图像

（8）选中图片，进行设置，将图像对齐方式改为“左对齐”，【边框值】设置为“3”，结果如图 3-40 所示。

图 3-40　设置图像格式

（9）重复进行（6）（7）（8）步骤，将“三大殿”图像和文字解释插入到页面中。

（10）保存页面，预览页面，结果将如图 3-38 所示。

3.5 本章小结

本章主要讲解了在网页中插入文本，插入文本的基本设置及文本修饰等，还有网页中项目列表的使用，图像的插入及编辑。灵活恰当运用文本会使网页内容充实丰富，在网页中利用图像会使网页生动形象，层次分明，干净利落，希望读者在以后的网页设计过程中充分利用网页文字及图像来表现网页内容和体现设计风格。

3.6 本章习题

一、填空题

1．在 Dreamweaver 中段落与段落之间是隔行换行的，如果希望前后两行文字之间能够没有距离，那就要按着__________键的同时按下回车键，进行强制换行，这样前后两行文字就可以紧挨着了。

2．在 Web 页面中通常使用的图形文件格式有__________、__________、__________三种，其中支持动画格式的是__________。

二、选择题

1．下列特殊符号（　　）表示的是空格。

A．"　　B． 　　C．&　　D．©

2．如果要在网页中插入图像，最常用的操作应（　　）进行设置。

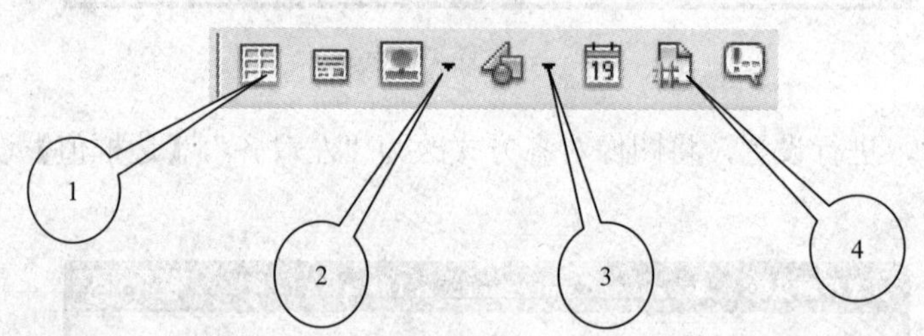

A．单击标志 1　　B．单击标志 2　　C．单击标志 3　　D．单击标志 4

3．在无序列表中符号“●”的代码值为（　　）。

A．Disc　　B．Circle　　C．Square　　D．Type

三、问答和操作题

创建一个自我简介的页面文档，要求有适当的文字描述和图片。

第4章　建立超级链接

本章要点：

- ☑ 超级链接的基本添加方法
- ☑ 设置链接的各种参数设置
- ☑ 制作图片热点链接
- ☑ 制作脚本链接
- ☑ 制作电子邮件链接
- ☑ 制作下载链接
- ☑ 制作锚记链接

Internet之所以越来越受到人们的欢迎，很大程度上是因为使用了超级链接。利用超级链接，用户只需要单击网页中的链接，而无需记忆长串的 URL 地址，就可以使网页链接到相关的网页、图像文件、多媒体文件及应用程序等。

4.1　超级链接的概念

在开始制作链接之前，需要了解超级链接中使用的内容，这样用户在创建各种链接时才能够根据网页所需的类型合理地添加链接，并节省时间。

4.1.1　URL 概述

每个网页都有独一无二的地址，通常被称为 URL（统一资源定位符），也就是通常所说的网址。URL 是在 Internet 的 WWW 服务程序上用于指定信息位置的表示方法，它指定了如 HTTP 或 FTP 等 Internet 协议，是唯一能够识别 Internet 上具体的计算机、目录或文件位置的命名约定。网页上的页面、新闻组、图片和按钮等都可以通过 URL 地址来引用。如果想浏览一个网站，就需要先在浏览器中输入网站的 URL 地址，例如，浏览 Adobe 的中文网站时就需要在浏览器中输入：http://www.Adobe.com.cn/，然后按 Enter 键，就会直接进入 Adobe 的中文网站的主页面。一个典型的 URL 主要由下几部分组成，每个部分是由斜线、冒号、井号或它们的组合分隔开。如果是作为属性值输入时，一般情况下要将整个 URL 都放在引号中以保证地址作为一个整体被读取。举例如下。

http://www.myURL.com/zhandian/index.htm

http：用于访问资源的 URL 方案。方案就是用于在客户端程序和服务器之间进行通信的协议，用来引用 Web 服务器的方案使用的超文本传输协议（HTTP）。

www.myURL.com：这一部分是提供资源的服务器名称。服务器可以是域名也可以是 Internet 协议，也就是 IP 地址。

/zhandian：这一部分表示到资源的目录路径。根据网页在服务器上的位置，用户可以指定无路径（资源位于服务器的公共根目录下）、单一的文件夹名称或几个文件夹及子文件夹的名称。

/index.htm：资源的文件名称，如果省略了文件名，Web 浏览器会寻找默认的页面，通常名为 index.htm 或 default.html 等，根据文件类型，浏览器的反应会有所不同。例如，用户在网页中使用了 GIF 图片或 JPEG 图片，那么通常情况下都会直接显示出来，而一些可执行的文件和存档文件，如 ZIP 文件和 WinRAR 文件等就会被显示为下载。

4.1.2 超级链接中的路径

在计算机中，每个文件都有存放位置和路径，这些文件的存放位置和路径与用户制作超链接是紧密相连的。

根据网页文件的路径地址，通常把链接路径分为三种：绝对路径、相对路径、根路径。一般情况下在添加外部链接时，使用绝对路径；为网页添加内部链接时，使用根路径和文件的相对路径。

1．绝对路径

绝对路径是为文件提供的完整路径，主要有两种形式。一种是写明文件的具体位置，例如，直接在浏览器里输入 file://E:/web/index.html；另外一种就是在链接中使用完整的 URL 地址，例如，http://www.myAdobe.com.cn，在这个路径中不仅有网页的地址，还附带有它所适用的协议。当用户制作的链接要连接到其他网站中的文件时，就必须要使用绝对路径。

2．相对路径

相对路径非常适用于内部链接。凡是属于同一网站之下的文件，就算不在同一个目录下，也可以使用相对链接。也就是说，只要是处于站点文件夹之内，相对地址可以自由地在各个文件之间构建链接。之所以可以如此的自由，是因为这种地址使用的是构建链接的两个文件之间的相对关系，不会受到站点文件夹所处的服务器位置的影响，可以省略绝对地址中的相同部分。这种方式可以保证在站点文件夹所在的服务器地址发生改变的情况下，文件夹的所有内部链接都不会出现错误或无法链接。

注意：

如果链接到同一目录下，用户就只需输入要链接文档的名称（例如，blue.gif）；如果链接的是下一级目录中的文件，需要先输入目录名，然后添加一个“/”符号，接着再输入文件名即可（例如，img/blue.gif）；而链接到上一级目录中的文件时，就需要在目录名和文件名的前面先输入“../”才可以实现链接。例如，../blue.html。

3．根路径

根路径也适用于创建内部链接，只有站点的规模非常大需要放置在几个服务器上，或是在一个服务器上放置多个站点时才使用。根目录相对地址在书写时要以“/”开头，代表根目录，然后再在它的后面添加上文件夹名和文件名，按照它们的从属顺序书写。根路径以“/”

开头，后面则是根目录下的目录名（例如，/HTML/index.html）。

4.2　创建链接

按照超链接路径的不同，网页中超链接一般分为以下三种类型。

（1）内部链接：即在同一个站点内的不同页面之间相互联系的超链接。

（2）锚点链接：可以链接到网页中某个特定位置的超链接。

（3）外部链接：把网页与 Internet 中的目标相联系的超链接。

如果按照使用对象的不同，网页中的链接又可以分为：文本超链接、图像超链接、E-mail 链接、锚点链接、多媒体文件链接、空链接等。

4.2.1　为文本添加链接

用户在浏览网页时可以看到很多文本，而当用户把光标移到这些文本上时，有的文本的颜色会变成蓝色或出现下划线，这就表示当前的这个文本被添加上了链接。对它进行单击就可以直接打开所链接的网页。而当用户浏览过链接的网页后，再返回之前文本的网页中，又会发现凡是被单击过的文本链接都会变成紫红色，这就是网页中的文本链接。

【例 4-1】 添加文本链接。

方法一：利用【属性】检查器。

为文本添加链接是比较常见的一种链接添加方式。现在需先准备一些需要添加链接的文字，如图 4-1 所示。

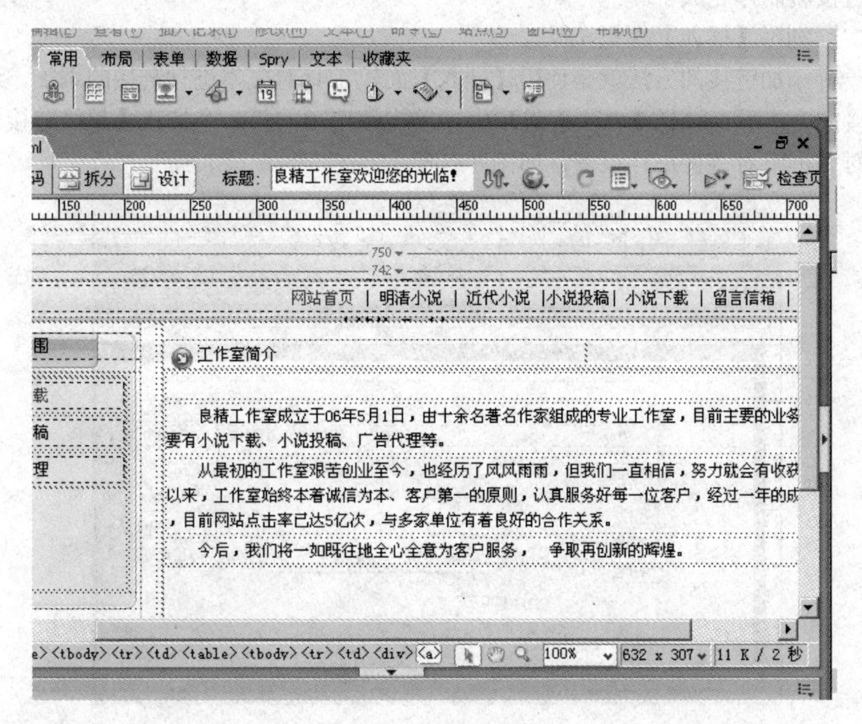

图 4-1　网页源文件

如图 4-1 所示，需要添加链接的文字“网站首页”已经处于选中的状态，在【属性】检查器中找到【链接】选项，直接在它的后面输入一个完整的网址，或单击后面的【文件夹】按钮找到一个文件与这段文字链接上，如图 4-2 所示。

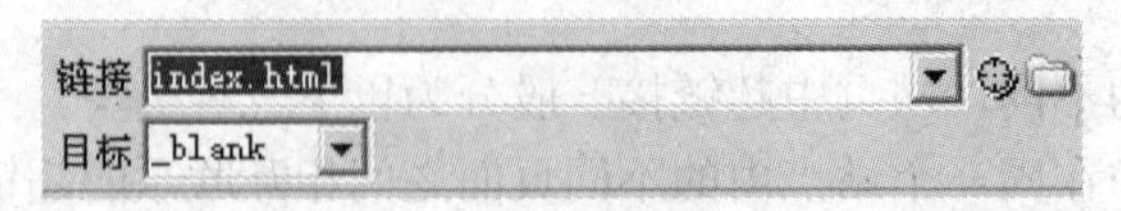

图 4-2 【链接】的属性设置

输入链接地址后，下面的目标项就被激活了。如果希望链接的内容在一个新的窗口中打开，就要选择_blank。如果希望用链接的内容替换掉当前窗口中的内容，就需要选择_self。这里用户若选择_blank，使链接的内容在一个新的窗口中打开。添加链接完毕后，用户会发现原来的黑色文字变成了蓝色的文字，并且还添加了下划线。这就表示这段文字已经被成功地添加了链接。

提示：

1. _blank: 单击链接以后，指向页面出现在新窗口中。
2. _parent: 用指向页面替换它外面所在的框架结构。
3. _self: 将链接页面显示在当前框架中。
4. _top: 跳出所有框架，页面直接出现在浏览器中。

为了查看链接的效果，在文档窗口上面单击“在浏览器中预览”按钮（预览之前要先对这个网页进行保存），新打开的窗口就是之前用户为这段文字链接到的内容。

单击文字链接完毕，文字的颜色会变成紫红色，表示已经单击过的链接。这样，一个简单的文字链接就制作完成了。

方法二：利用【插入】面板工具。

另外一种添加链接的方法就是使用【插入】面板工具对文本进行链接的添加。选中需要添加超链接的文本后，选择【常用】选项卡，单击该选项的第一个按钮【超级链接】按钮。在弹出的对话框中对链接进行设置，如图 4-3 所示。

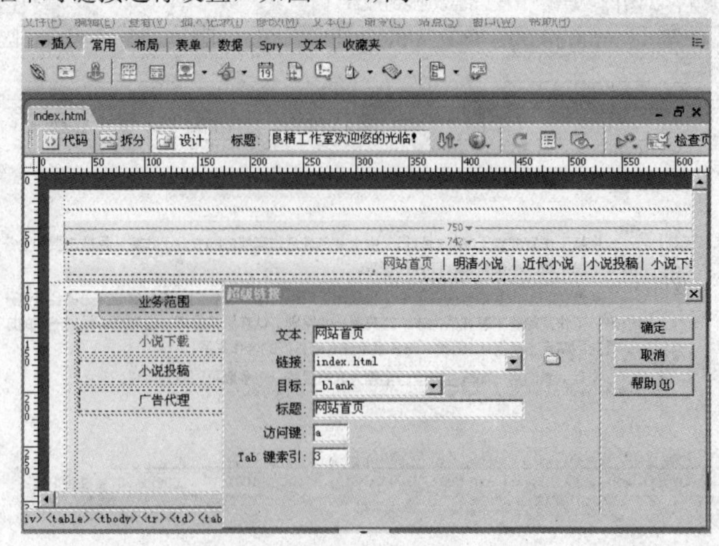

图 4-3 【超级链接】对话框

在这个对话框中设置链接，可以在没有对页面输入文本的情况下直接进行文本的设置。如果是在选中文本的状态下使用了这种添加链接的方法，那么被选中的文字就会自动添加在文本项中。链接设置和目标设置的方法和属性检查器中的设置方法一样。标题的设置是对超级链接添加说明文字，一般情况下可以不设置。

在访问键中输入一个字母，这个字母就相当于正在添加的超链接的键盘快捷键。预览的时候按着 Alt 键的同时再按下设置的访问键，可以直接选中这个链接。如果在 Tab 索引项中输入了数字“3”，就表示预览时当第 3 次按下 Tab 键时，可以将这个链接选中。输入的数字越低，选择这个链接的顺序就越靠前。

单击【确定】按钮就可以将设置的链接添加到设置前光标所在的位置。图片的超链接设置和文本的设置方法基本一样，它的一个特殊点就是对热点区域添加超链接。

4.2.2　为图片添加链接

如果要为图像添加超级链接，首先在页面中插入需要添加超级链接的图片，并选中该图片，然后在其对应的【属性】检查器中的【链接】栏里输入链接到的文件路径，或者单击文本框后的文件夹图标，选择要链接到的文件，如图 4-4 所示。

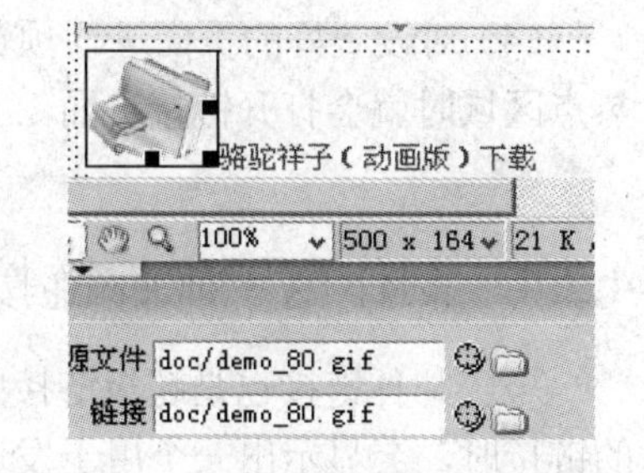

图 4-4　图片的【链接】属性设置

4.2.3　制作图像映射链接

在上面的图像超级链接中选择的对象是一张小图片作为链接的载体，其实对于图片，不仅可以将整张图片作为链接的载体，还可以通过制作热点区域将图片的某一部分添加链接，图像映射实际上就是指在一张图片的多个区域添加不同的链接。

很多网页设计者在制作导航栏时，喜欢将导航做成一个完成的导航图片，此时就需要在图片上建立多个热点区域，然后将这些热点逐个建立链接。

【例 4-2】　制作图像映射链接。

（1）打开一个包含导航栏图像的网页，如图 4-5 所示。

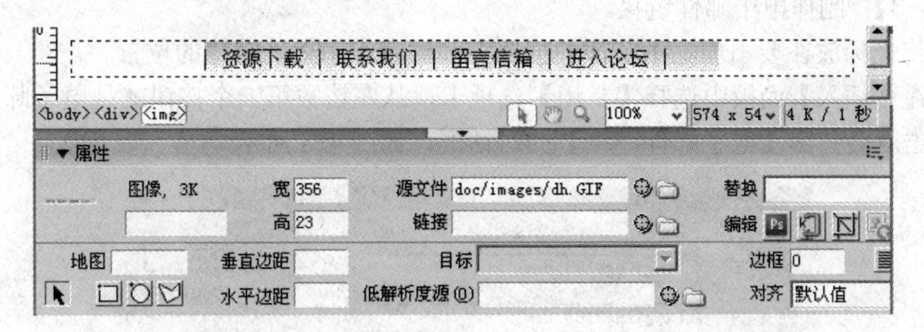

图 4-5　图片的链接【属性】检查器

（2）单击选中导航栏图像，然后选择【属性】检查器中的“矩形热点工具”按钮中的任何一种，在“资源下载”部分拖动鼠标绘制一个热点区域，如图 4-6 所示。

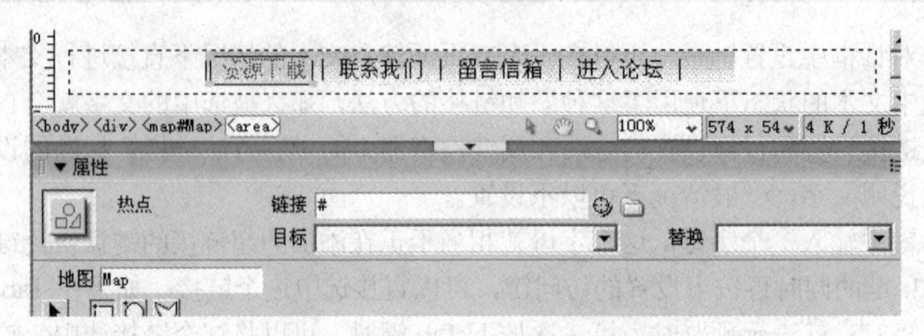

图 4-6　设置前的热点链接的属性设置

（3）设置【链接】、【目标】和【替换】，如图 4-7 所示。

图 4-7　设置后的热点【链接】属性

（4）对设置好的页面进行预览，直接在键盘上按下 F12 键，此后用鼠标单击【资源下载】热点区域时就会打开链接页面。

4.2.4　制作电子邮件链接

电子邮件链接也是超级链接中比较常见的一种。在浏览网页时，如果单击一个电子邮件的链接时，会显示出一个用于发送新电子邮件信息的窗口，这和在新窗口中打开的普通链接是不同的，这个信息窗口用来发邮件非常方便。它会为用户提供已经填写好的收件人的地址或是邮件发送的方式。而用户需要做的就只是添加邮件的主题、输入主要的内容，单击【发送】按钮。

在 Dreamweaver 中有一个对象，它简化了添加电子邮件链接的过程。用户只需添加链接的文本和电子邮件的地址，这样一个电子邮件的链接就完成了。其他的链接一样，直接在 Dreamweaver 中对它单击是没有效果的。只有在预览的时候才能看到设置的效果。

【例 4-3】　制作电子邮件链接。

（1）将光标放在要添加电子邮件的位置上，确定电子邮件链接的位置。

（2）在【插入】面板中选择【常用】选项卡，从左边数第二个按钮就是电子邮件链接的按钮。单击就会弹出【电子邮件链接】的对话框，如图 4-8 所示。

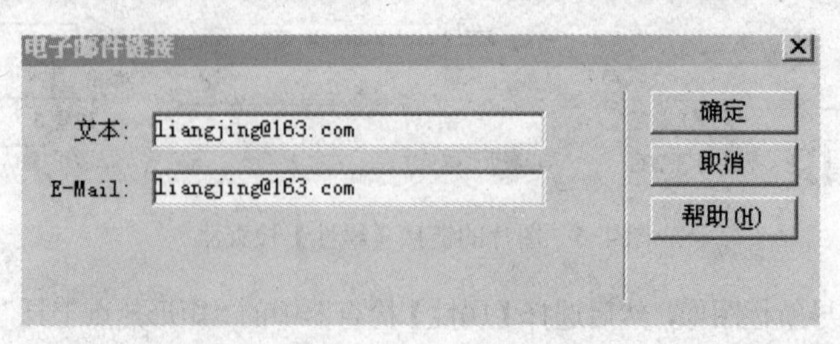

图 4-8　【电子邮件链接】对话框

（3）输入电子邮件的文本，也就是告诉浏览者此处有一个电子邮件链接的文字，E-mail 文本框用来输入收件人的邮箱地址。

（4）单击【确定】按钮后电子邮件的链接就添加好了。与标准页面超链接有所不同，该代码使用的是“mailto：”前缀，其后有一个有效的邮件地址。Dreamweaver 会为所有电子邮件链接自动创建出正确的代码，用户可以通过【属性】检查器中的【链接】选项查看到，如图 4-9 所示。

图 4-9 【链接】的【属性】检查器

（5）对设置好的页面进行预览，按下 F12 键就可以在浏览器中进行预览。

在设置好的电子邮件链接处进行单击，在电子邮件信息出现后，【收件人】域中已经有地址了，如图 4-10 所示。

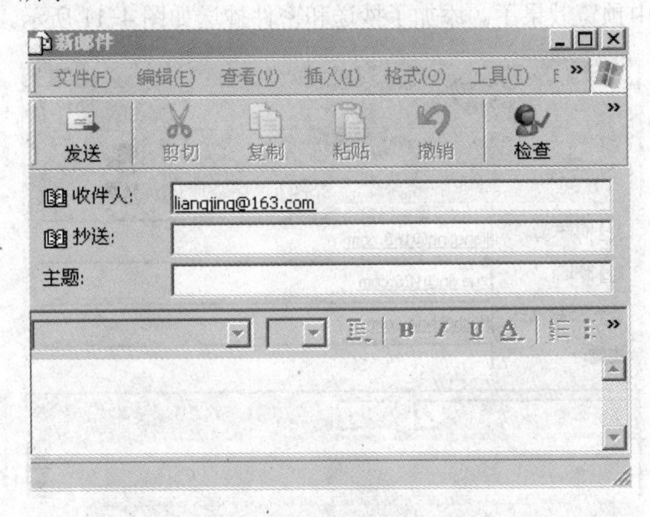

图 4-10　单击电子邮件链接预览效果

如果希望能够更快捷地添加电子邮件链接，可以先选中需要添加链接的图片或文本，然后在【属性】检查器中直接输入电子邮件的链接。只需将平常的有效电子邮件地址输入进去，然后再在前面加一个前缀“mailto：”，最后按 Enter 键确定，无需设置目标项就可以轻松地添加一个简单的电子邮件超链接。

电子邮件链接的格式可以直接用命令来控制添加邮件主题和添加抄送。

1．添加邮件主题

如果想要添加更复杂的电子邮件链接，也可以直接在【属性】检查器中的【链接】文本框中输入相应的代码。例如，想直接在这里就为邮件添加上标题，可以在邮件地址的后面先输入一个“?”，然后再输入“subject=”。接下来就可以输入想要的标题了，这里输入一个名为“问题答复”的标题。以下是在【链接】文本框中输入的链接。

mailto：liangjing@163.com?subject=问题答复

按下 F12 键，查看最终的效果，如图 4-10 所示为单击“写信给我们”以后显示的邮件。

2．添加抄送

为电子邮件的抄送项添加内容，可以先在之前输入的内容后面添加一个连接符“&”，也就是直接在键盘上按下 Shift+7 键，然后再输入“CC=”，接着在等号的后面再输入一个邮件地址，如下所示：

mailto：liangjing@163.com?subject=问题答复&cc=xuexin@126.com

按下 Enter 键表示确定。然后再在浏览器中预览，单击“写信给我们”后，弹出的邮件就不只是有标题了，还会有抄送。

添加了抄送就可以同时向两个地址发送邮件了。当然，对于一些需要保密的邮件也是可以在【属性】检查器中设置的。设置抄送使用的是“cc”，设置密件抄送就要用到“bcc”。

由于要再添加一项，所以在之前输入的邮件地址后面再添加一个连接符号“&”。接着输入“bcc=”，继续在等号的后面输入第 3 个电子邮件的地址“flash@sina.com”。按下 Enter 键后就可以在浏览器中预览效果了。添加了抄送和密件抄送如图 4-11 所示。

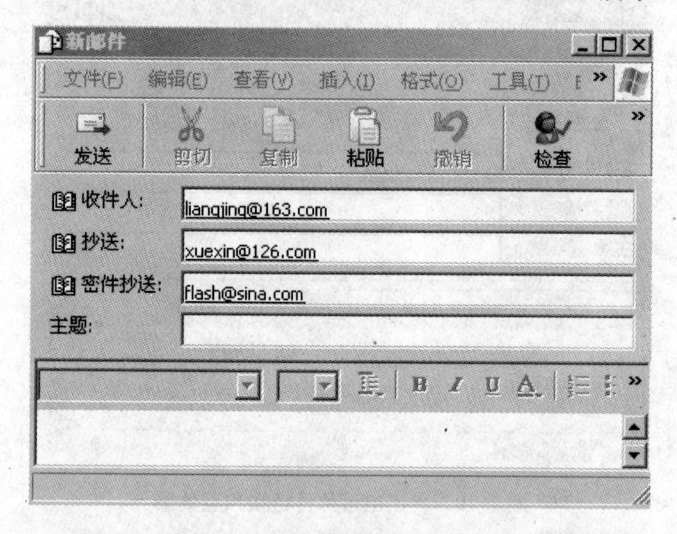

图 4-11 添加了抄送和密件抄送的邮件链接预览效果

利用密件抄送又添加了一个邮件，并且在对设置了密件抄送的邮箱进行邮件的发送，其他人是看不到的。设置这个链接时，输入的内容如下。

mailto：liangjing@163.com?subject=问题答复& cc=xuexin@126.com & bcc= flash@sina.com

其中包含了四段代码，其余的部分只需对地址进行输入即可。其代码的解释如下。

mailto：表示收件人地址。

?subject=-：表示添加邮件标题。

&cc=：表示添加抄送，也就是设置同时发给两个邮箱。

&bcc=：表示添加密件抄送，不仅同时再多发给一个邮箱，而且还增加了保密措施。

4.2.5　制作脚本链接

对于初学者来说，脚本链接似乎还有些陌生，它一般是用来给浏览者提供有关某个方面的额外信息，而不需要离开本页面。通过单击带有脚本链接的文本或者图像，可以执行相应的脚本及函数（JavaScript）执行。下面通过制作两个小实例来使读者对脚本链接有一个初步的了解。

【例 4-4】 制作脚本链接。

脚本链接一：

（1）打开一个网页文件，选择页面下方的文字“关闭窗口”，在【属性】检查器的【链接】文本框中输入代码“JavaScirpt:window.close()”，如图 4-12 所示。

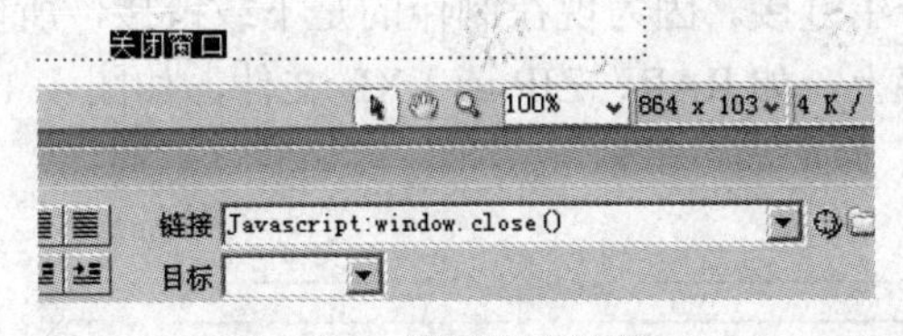

图 4-12　设置脚本链接一

（2）保存文件，按 F12 键预览，此后单击【关闭窗口】时，就会弹出如图 4-13 所示的提示框，单击【是】按钮即可关闭页面窗口。

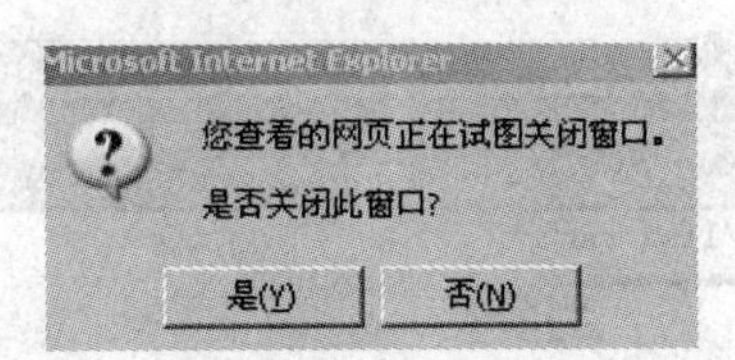

图 4-13　脚本链接一的预览效果

脚本链接二：

（1）打开一个网页文件，选择页面下方的文字“警告”，在【属性】检查器的【链接】文本框中输入代码“JavaScirpt:alert(“警告”)”，如图 4-14 所示。

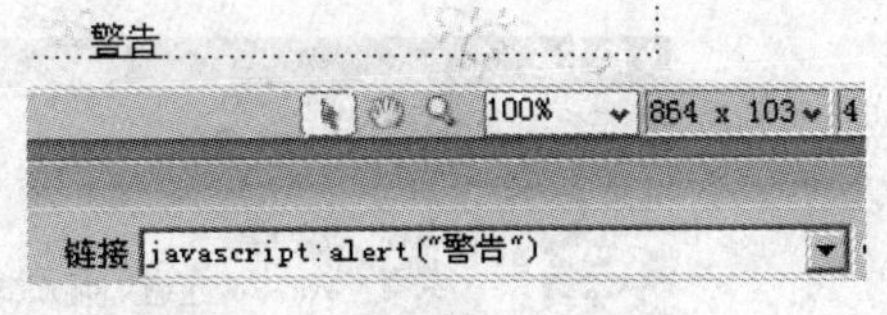

图 4-14　设置脚本链接二

（2）保存文件，按 F12 键预览，此后单击【警告】时，就会弹出如图 4-15 所示的提示框，单击【确定】按钮即可关闭警告窗口。

图 4-15　脚本链接二的预览效果

4.2.6 制作下载链接

下载文件几乎是每个上网用户都会用到的操作，当单击某个图片或者某段文字时，就会弹出【文件下载】对话框，想知道如何设置的么?通过下面的实例读者能很快掌握其操作方法。

【例 4-5】 制作下载链接。

（1）先在 Dreamweaver 中准备好一些用来添加下载链接的图片和文字的内容，选中需要添加下载链接的图片或文本。

（2）然后在【属性】检查器的【链接】文本框处单击"指向文件"按钮，并在单击的同时进行拖动。此时用户可以看到一个箭头会跟着光标移动，直接将其拖到文件面板中，选择一个文件就可以直接产生链接。因为现在制作的是下载链接，所以要将其链接到一个压缩文件上或一个可执行程序上，如 RAR、ZIP 或 EXE 文件，如图 4-16 所示。

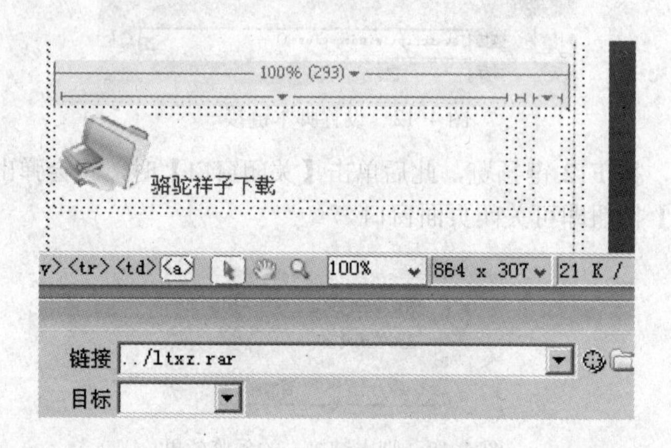

图 4-16 设置下载链接

（3）选择完毕后，在【链接】文本框中就有了被选择文件的名称。然后按下 F12 键预览链接的效果，单击添加上下载链接的内容，就会弹出下载提示框，如图 4-17 所示。

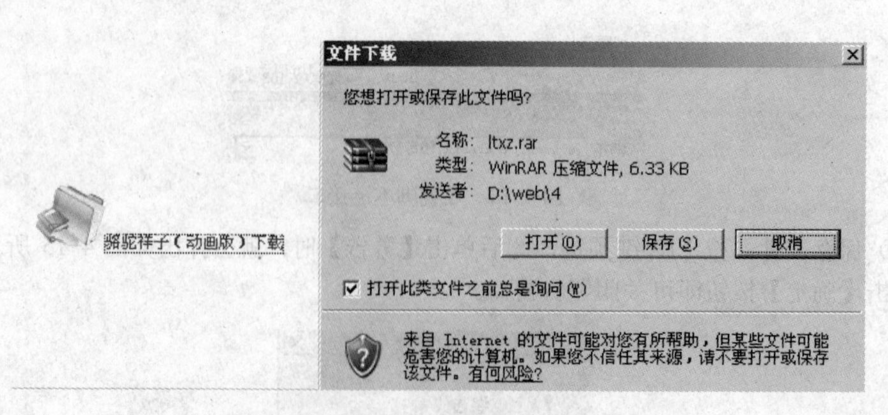

图 4-17 下载链接预览效果

（4）单击【打开】按钮就直接将这个压缩包里的内容打开来查看，而单击【保存】按钮的就弹出将文件另存的对话框。

（5）保存完毕后文件就开始从网页上下载了，下载的速度取决于网络速度和文件的大小等。

技巧：添加动画链接

如果用户想要链接 flash 动画文件，就需要在为文字进行链接时选择为 exe 或者 swf 格式的文件，链接后，在预览时单击【运行】按钮可以直接运行这个文件。现在将它链接为一个文件格式为 exe 或 swf 的 Flash 动画可执行文件，预览时，单击链接上这个 Flash 动画的文本，在弹出的【文件下载】对话框中单击【运行】按钮就直接将那个 Flash 动画打开并播放了。

4.2.7　制作锚点链接

通过设定，可以在不考虑显示器窗口内容的情况下链接到页面任意位置的特定点上。这就使用到了锚链接。锚链接的主要作用是当作链接的目标，使链接可以指向页面的任意位置。通过下面的实例介绍锚点链接的使用方法。

锚点链接：是指在同一文件的不同位置之间的链接或者不同文档相关位置之间的链接，通常在网页文章比较长的时候使用，例如，在一个小说类的页面，为了方便读者浏览，需要在页面上方添加指引目录，在章节结尾处添加“回到目录”的链接，这时就可以使用锚点链接。

【例 4-6】　制作锚点链接

（1）首先在 Dreamweaver 中准备一页较长的网页，这样才能清晰地看到它的作用。这一部分在整个锚链接的制作过程中也是起到了铺垫的作用，为后面的工作做好了准备。

（2）然后再在页面中添加锚记，如果没有锚记就无法添加锚链接。选用的这段文字节选自《骆驼祥子》，在这个页面分别添加两个锚点链接：目录的“第一章”和“回到页首”，分别对它们进行锚记的添加。

（3）将鼠标定位在文章的正文“第一章”前，然后再从【插入】面板的【常用】选项卡中找到“命名锚记”按钮。

（4）在弹出的【命名锚记】对话框中输入一个锚记的名称，在这里将其命名为“a1”，如图 4-18 所示，然后单击【确定】按钮，这样就为文章的第一部分添加上了锚记。有锚记的地方会有一个标志。

图 4-18　插入锚点“a1”

（5）然后添加链接，先选中目录中的“第一章”，然后在【属性】检查器中在【链接】栏里输入“#a1”，如图 4-19 所示。

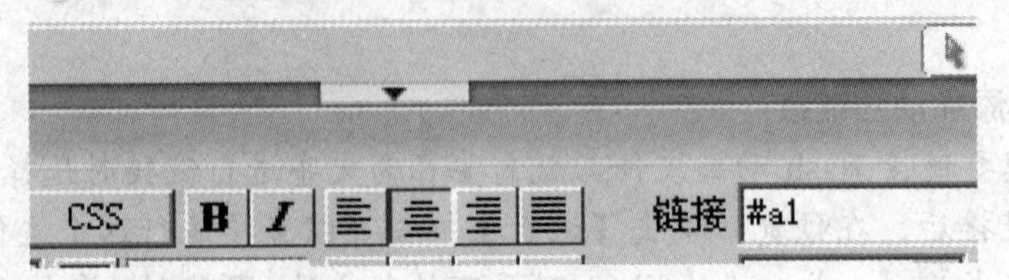

图 4-19 链接指向锚点 a1

（6）使用同样的方法为“回到页首”也添加上锚记，在页面前端的锚链接导航部分添加一行，并添加一个锚记。将其命名为“top”，然后再将页面拖到最底端，并添加“回到页首”的字样。选择“回到页首”，在【属性】检查器的【链接】文本框中输入“#top”，将其链接到为顶端添加的那个锚记。

注意：

锚记的名称可以是数字、英文字母，但不能是中文，所以用户在命名锚记的时候要特别注意。修改锚记名称时，只需将要修改的锚记选中，然后在【属性】检查器中会有锚记的【名称项】，在这里可以对它进行修改。

技巧：在不同的页面上使用锚链接

如果需要将链接指向其他文件的描点，可以直接在【属性】检查器的【链接】文本框里输入“网页文件名#锚记名称”（如 index.html#top）即可。

4.3 修改链接属性

对链接的设置主要通过页面设置来实现。在【属性】检查器中找到【页面设置】按钮，单击后就可以弹出【页面属性】对话框。从【分类】列表中选择【链接】选项，然后就可以在右边的各项设置中对链接进行设置，如图 4-20 所示。

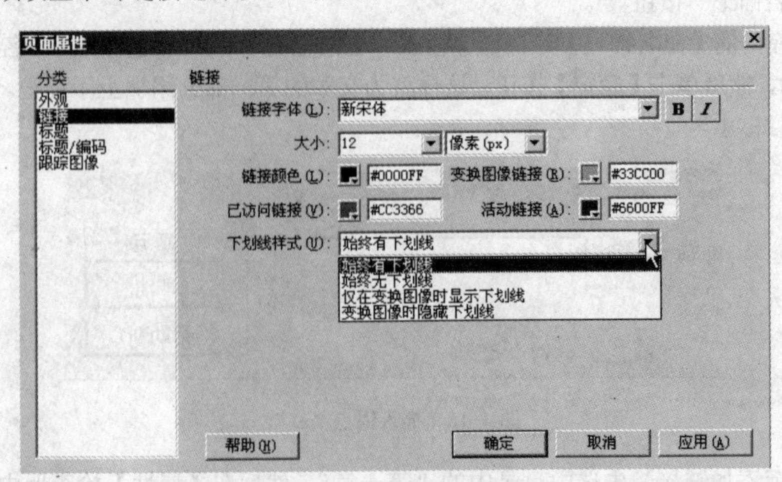

图 4-20 【页面属性】对话框

【链接字体】：在这里可以对链接的字体进行设置，如果当前的默认字体中没有所需的字体，可以单击【编辑字体列表】选项，任意地添加和删除各种字体。另外，还可以对链接的字体进行加粗和斜体的设置。

【大小】：该选项用于对链接字体的大小进行设置，可以选择不同的大小设置方式。

颜色设置：【链接颜色】是链接没有被单击时的静态颜色；【变换图像链接】是当用户把光标移到链接上时的显示颜色；单击过的链接颜色就是通过【已访问链接】来设置的；【活动链接】是指用户对链接进行单击的颜色，有些浏览器不支持这种设置。

【下划线样式】：Dreamweaver 提供了 4 种下划线的样式，如果不希望链接中有下划线，可以选择【始终无下划线】选项。

4.4　本章小结

一个网站包含很多的页面，如果页面之间彼此是独立的，那么网页就好比是孤岛，这样的网站是无法运行的。为了建立起网页之间的联系必须使用超级链接。本章通过一系列的实例，详细讲述了文本链接、图像链接、邮件链接、下载链接、锚点链接、脚本链接及文件下载等链接的制作方法，同时对使用过程中的操作技巧也做了明确说明，内容丰富全面，希望读者通过本章的学习，能够熟练掌握超级链接的知识。

4.5　本章习题

一、填空题

1．链接路径一般分为__________、__________和__________三种。

2．在超级链接中有一个 target 属性选项，该属性的作用是指定目标窗口，其中 target 有 4 个值，分别是__________、__________、__________和__________。

二、选择题

1．下面哪一项的电子邮件链接是正确的？（　　）

A．xxx.com.cn　　B．xxx@.net　　C．xxx@com　　D．xxx@xxx.com

2．当链接指向下列哪一种文件时，不打开该文件，而是提供给浏览器下载（　　）。

A．ASP　　B．HTML　　C．ZIP　　D．CGI

三、问答和操作题

1．如何去除超级链接中的下划线？

2．如何创建文本超级链接和图像超级链接？

3．如何插入邮件链接？

4．如何建立锚点链接？

第5章　表格的应用

本章要点：

☑ 创建表格
☑ 设置表格
☑ 在页面中使用表格
☑ 制作特殊表格
☑ 导入、导出表格
☑ 在布局模式下制作表格

用户搜集好了文字、图像、视频、超链接等素材，不能只是简单地堆放在页面上就可以的。需要对它们进行整理和规划，使它们能够有规律地被组织在一起。这就像用户平时看的报纸和杂志一样，一些具体的内容需要使用适当的方式组合后，再展现于每个页面上。在这种情况下 Dreamweaver 为用户提供了一个很好用的页面布局工具——表格。

在日常生活中接触到的表格，多是用来组织数据、方便查询和浏览的，例如，比较熟悉的 Excel 中的表格。在网页设计中，表格同样具有组织数据的功能，使用表格可以清晰地以列表的形式显示网页中的元素。表格的功能已经不仅局限于进行数据处理，更主要的是借助它来实现网页的精确排版，有效地利用表格可以让版面看起来有条理，也可以让网页更具专业性。

表格实际上就是一组栅格，当输入内容时它可以自动扩展。它包括行、列、单元格 3 种元素。行是从左向右扩展，也就是水平方向的单元格，列是从上到下的扩展，也就是垂直方向的单元格，而单元格是行与列的重叠部分，也就是输入信息的地方，它的大小根据内容的大小而自动扩展并适应内容。如果要显示表格的边框，那么整个表格和每个单元格的边框也会显示出来。本章将详细讲述表格的相关知识。

5.1　表格的视图模式

5.1.1　标准模式

标准模式是最常使用的编辑模式，也是最接近实际效果的模式。在 Dreamweaver 中，用鼠标在表格内单击或者调整单元格的列宽时，会随即出现表格宽度的提示信息，如图 5-1 所示。

5.1.2　扩展表格模式

扩展表格模式主要是针对用户在选择比较小的表格或单元格时的显示模式。在该模式下，文档中的所有表格调整单元格边距和间距，增加表格的边框，目的都是方便选取到较小的单元格及其内容，使编辑操作更加容易。利用这种模式，可以选择表格中的项目或者精确地放置插入点，调整完后再切换到标准视图模式，如图 5-2 所示。

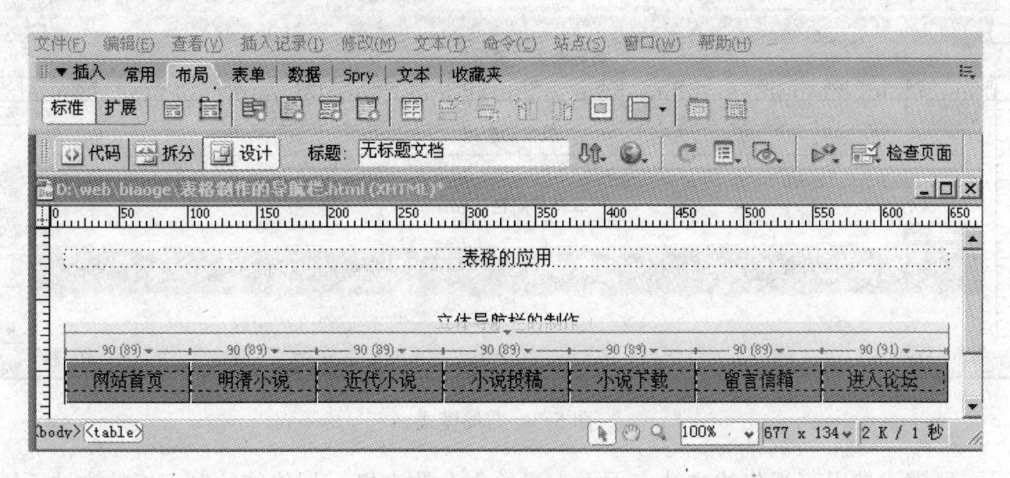

图 5-1　标准模式

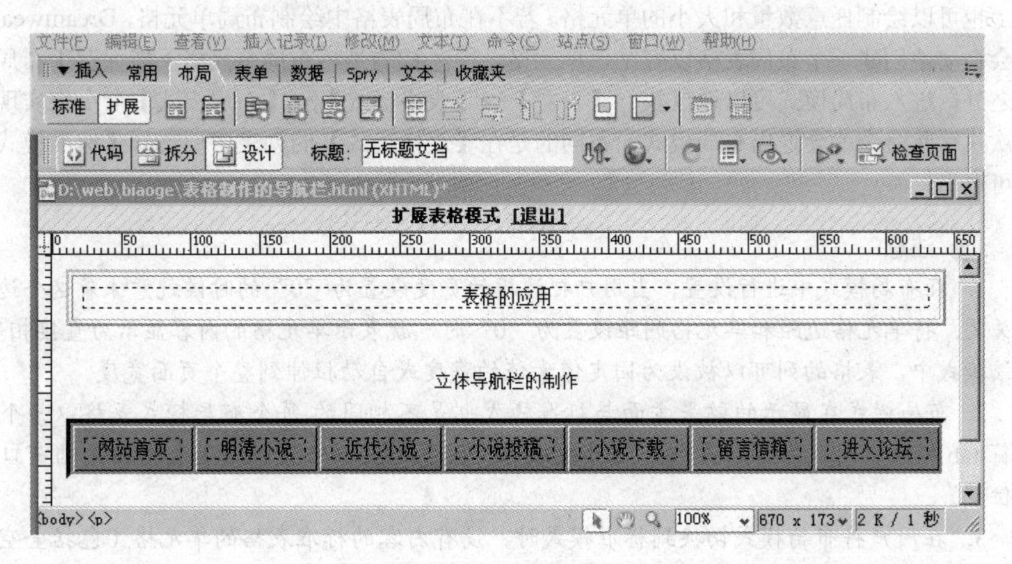

图 5-2　扩展表格模式

5.1.3　布局模式

布局模式结合了表格和 AP Div 的优点，该模式下直接用鼠标拖动来绘制表格与单元格，是进行页面布局最常用的方式之一，利用该模式可以很方便的进行页面的版面设计，轻松的完成在标准模式下难以实现的版面效果，对于制作变化丰富的页面有很大的优势，如图 5-3 所示。

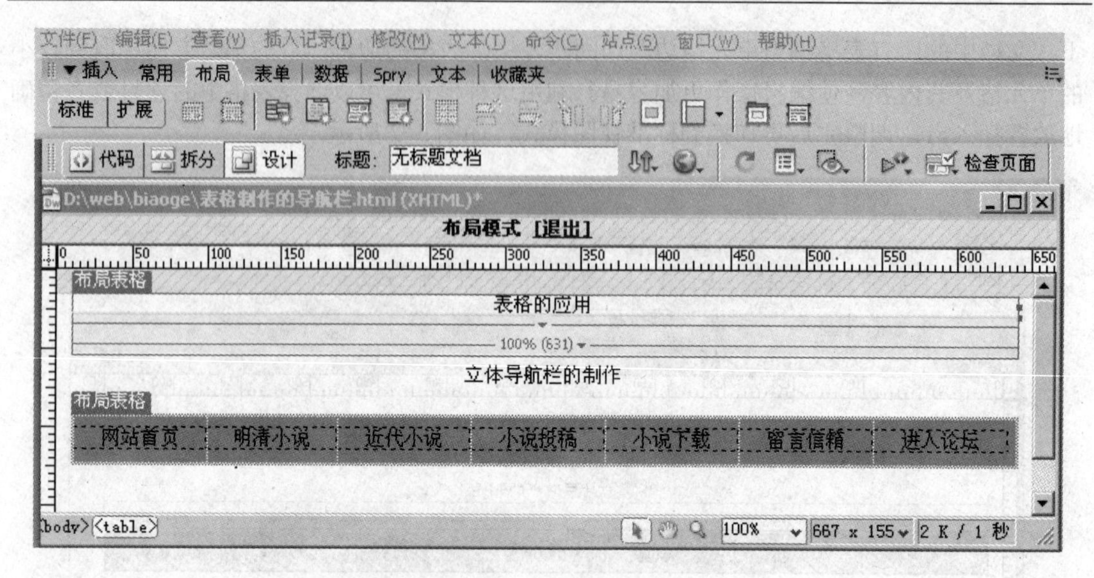

图 5-3　布局模式

布局模式使用可视化的方法在页面上描绘复杂的表格。与传统绘制表格的方法不同的是，在布局模式中，用户可以在页面上绘制任意数量和大小的表格，而且在表格中的任意位置上也可以绘制任意数量和大小的单元格。若不在布局表格中绘制布局单元格，Dreamweaver就会自动地创建一个布局表格以容纳该单元格。需注意的是，布局单元格不能保存于布局表格之外，进入布局模式可以通过执行【查看】→【表格模式】→【布局模式】命令来实现。再次执行此命令就会退出布局模式，不同的是在【表格模式】的列表中要选择【标准模式】方可退出。

注意：

1．在布局模式中进行设置，当用户把边框的宽度设置为“0”的时候就意味着这个边框被关闭。将单元格边距和单元格间距设置为“0”时，就表示单元格的内容显示为直接相邻。在该模式中，表格的列可以被设为固定像素值的宽度或自动拉伸到整个页面宽度。

2．布局模式在显示的效果方面与标准模式也是不相同的,每个布局模式表格以一个制表符 tab 标注，列宽显示在每列的顶部或底部。列宽的显示位置取决于表格在文档窗口中的位置。

3．在用户将布局模式切换到标准模式时，没有内容的标准表格的单元格（包括全空或仅包含不换行空格的单元格），必须在布局模式下创建后再加入文本、图片或其他内容。

5.2　表格的基本操作

5.2.1　创建表格

通常用户在创建表格时，可以使用以下几种方法。

方法一：在菜单栏上执行【插入记录】→【表格】命令。

方法二：使用快捷键 Ctrl+A1t+T。

方法三：在【插入】面板里的【常用】选项卡中单击“表格”图标。

利用以上几种方法都可以弹出【表格】对话框，并在该对话框中设置表格的属性。这些都是在设计面板中完成的，如图 5-4 所示。

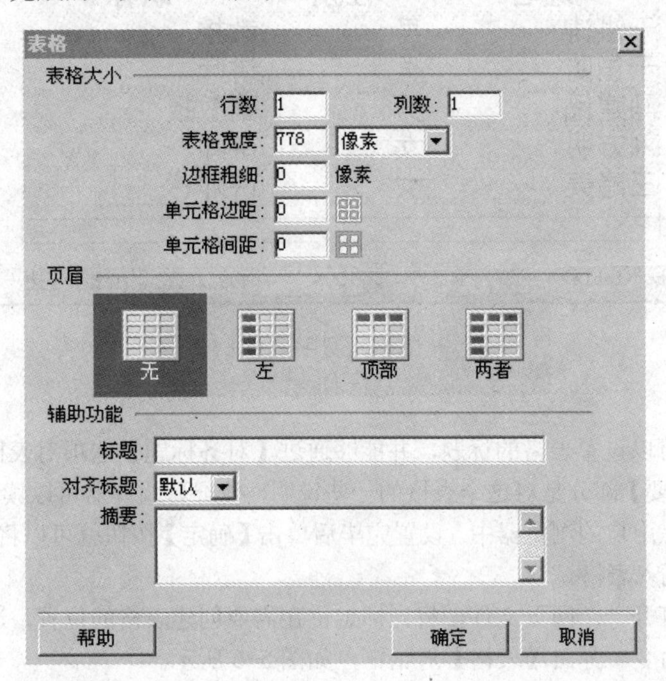

图 5-4 【表格】对话框

【表格】对话框分为了三个部分，它们被灰色的线区分开。

1）表格大小

在这一部分中可以对表格的基本数据进行设置。【行数】选项和【列数】选项用来设置表格的行数和列数；【表格宽度】的设置有两种，一种是“像素”，另一种是“百分比”。以像素为单位来进行宽度设置时，可以精确地设置表格的宽度；如果以百分比为单位设置宽度时，会按比例来显示表格的宽度。【边框粗细】选项用于以像素为单位来设置表格的边框，如果不希望表格的边框在浏览器中显示出来，可以将它的值设置为“0”。【单元格边距】就是指在单元格中插入的对象与单元格边框之间的距离。【单元格间距】是指单元格与单元格之间的距离。

2）页眉栏

用于对表格进行页眉的设置，有四种标题设置方式，选择【无】可以将其设置为没有标题的表格，选择【左】、【顶部】、【两者】这三种可以将标题的位置设置为相应的位置。凡是被设置为页眉栏的表格，其内部的文字会自动加粗处理，如图 5-5 所示为使用【顶部】页眉模式制作的一个简单的职称表格。

在制作这个职称表格时，设置好顶部页眉后，就可以直接在第一行中输入“姓名”、“性别”、“毕业院校”和“职称”的文字。由于页眉的设置，这些字样全部都会与其他单元格中的不一样。从图 5-5 中可看到，被设置为页眉栏的单元格中的文字都被加粗处理了，而没有被设置为页眉栏的单元格则依然保持原来的状态。

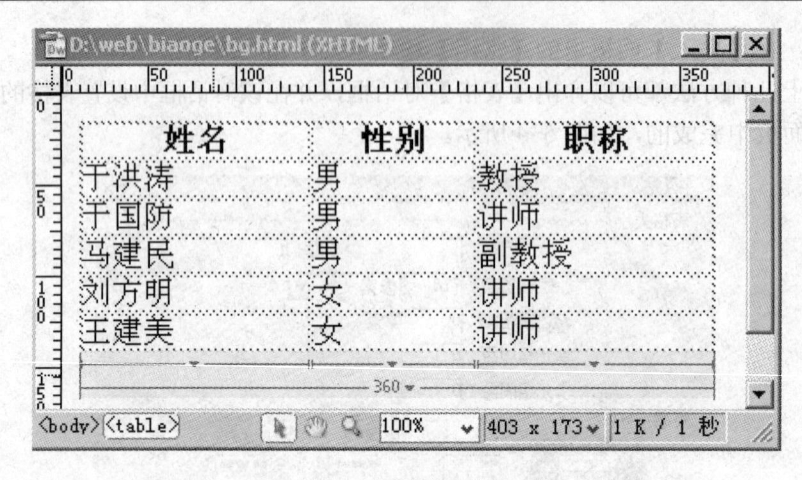

姓名	性别	职称
于洪涛	男	教授
于国防	男	讲师
马建民	男	副教授
刘方明	女	讲师
王建美	女	讲师

图 5-5 职称表格

3）辅助功能

用户在这里可以设置表格的标题，并能够通过【对齐标题】选项对表格的标题和显示位置进行设置。【摘要】部分是对这个表格的一些说明，使屏幕阅读器可以读取摘要，不过，这个摘要不会显示在用户的浏览器中。设置完毕后单击【确定】按钮就可以将表格插入文档中。

【例 5-1】 插入表格。

（1）新建或打开一个网页文件，将光标定位在需要创建表格的位置，选择菜单【插入记录】→【表格】命令，弹出【表格】对话框，如图 5-6 所示。

（2）设置【行数】为“6”，【列数】为“3”，【表格宽度】为“360”像素，【边框粗细】为“1”，【页眉】为【顶部】格式，然后单击【确定】按钮。

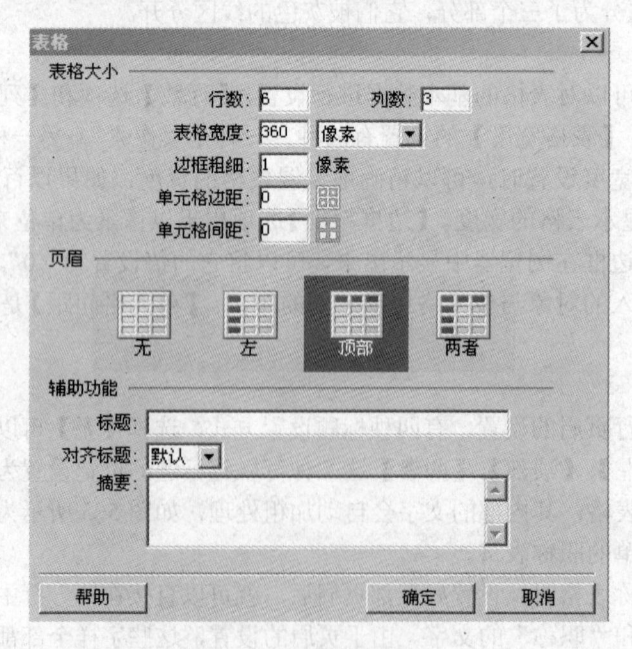

图 5-6 【表格】对话框

（3）在表格内填写需要的数据并保存文件，如图 5-7 所示。

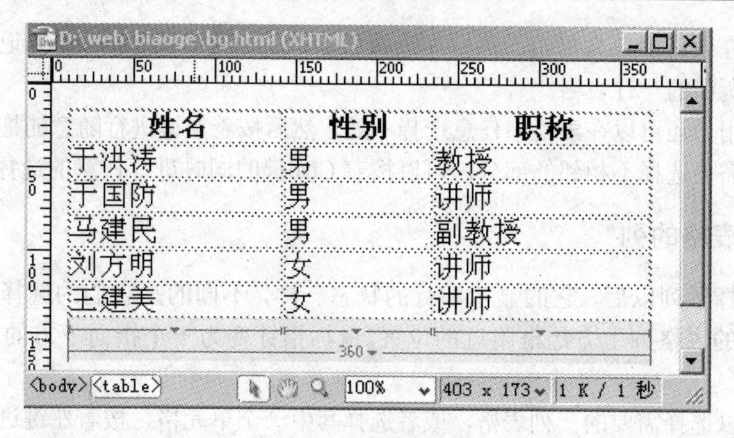

图 5-7　职称表格

注意：

在【表格】对话框中，【边框粗细】决定了表格边框的宽度，【单元格边距】决定了单元格边框和其内容之间的距离，单位为像素；【单元格间距】决定了相邻单元格之间的距离，单位为像素。

5.2.2　选择表格

在对这些插入好的表格进行进一步的编辑时，要先选择这个表格。除了能够选择整个表格，还需要能够选择表格的行、列及单元格。

1．选择整个表格

方法一：如果用户选择整个表格，那么它的周围就会出现一个黑边框，这个边框的右边和下面附带有黑色的控制点。

方法二：把光标移到表格的左上角、上边框或下边框之外的附近区域，在光标的右下角出现一个表格的缩略图时，单击鼠标左键就可以将这个表格选中。

方法三：使用鼠标进行的选择有时候用起来不太方便，所以在选择方面还可以使用命令或选项来准确地选择。在表格中任意单击一个位置，然后再单击该表格对应的<table>标签，就可以将这个表格全部选中，如图 5-8 所示。

方法四：另外还可以使用快捷键来选择这个表格，仍然是先在这个表格中任意一个位置处单击，然后按下 Ctrl+A 组合键两次就可以将它全部选中。

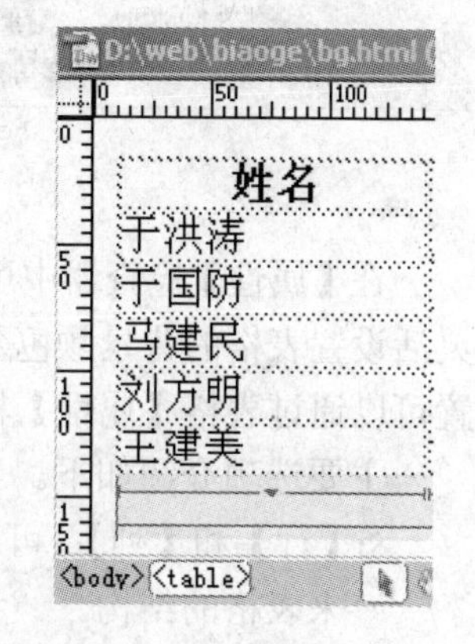

图 5-8　选中〈table〉标签

2．选择表格的行

为了使选中的部分能够和没有选中的部分区分开，当用户选择了某行时，它们的周围都带有黑色的边框，光标所指向当前行中所有单元格的四周附带有红色边框。

方法一：在表格中任意单击，然后在选择器上单击相对应的行的<tr>标记，对它进行单击就可以选择所在的一行表格。

方法二：用户还可以在表格中任意选择一处，然后按着左键进行随意的拖动，进行随意的选择。如果需要选择不相邻的部分，可以按着 Ctrl 键的同时进行任意的选择。

3. 选择表格的列

当用户选择了列以后，它的显示和行的状态一样，不同的是它们的选择方式。把光标放在需要选择的表格列上方边框附近的位置，鼠标指针变为一个指向下方的黑色箭头形状时单击。

这样就可以选择需要的一列表格，或者选择其中一个单元格，按着左键进行拖动也可以随意进行选择。同样，如果按着 Ctrl 键单击选择可以将不相邻的部分也选中。

4. 选择单元格

对表格的行和列的选择已经非常熟悉时，单元格的选择就已经不再困难了。用户可以在表格中的某个单元格内单击，然后再向相邻的单元格部分拖动鼠标就可以选中这个单元格。使用快捷键进行选择时要先在某个单元格内单击一下，然后按 Ctrl+A 键即可将其选中。同样的方法，按 Ctrl 键并单击就可以任意选择不相邻的单元格。

5.2.3 设置表格属性

表格的属性设置主要通过属性检查器来设置，在表格的任意一个单元格内进行单击，【属性】检查器中都会显示出这个表格的设置，如图 5-9 所示。

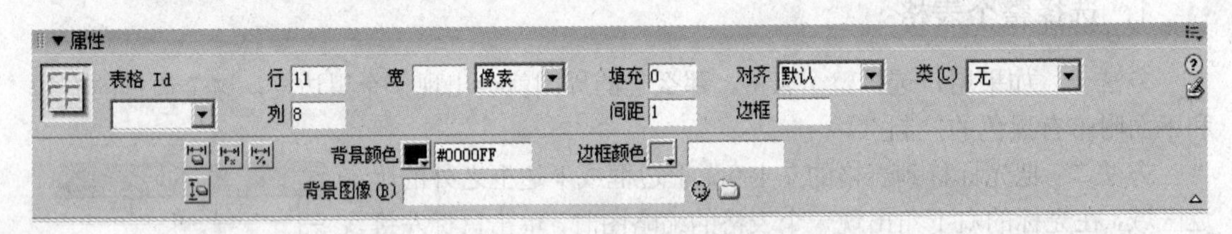

图 5-9 表格【属性】检查器

在【属性】检查器中可以对表格进行一些设置和修改，例如，字体的大小、颜色、样式，灵活设置表格的背景颜色及背景图片，边框的颜色等，可以使页面更加美观。表格的属性设置可以通过表格【属性】检查器来完成。

主要选项介绍如下。

- 【行】和【列】：可以直接在【行】和【列】后的文本框中输入行数和列数，以调整原来表格的结构。
- 【宽度】和【高度】：表格的宽度和高度可以取像素为单位，也可以用百分比，选择一单位后，直接输入数值即可。
- 【填充】：用来设置单元格内部空白的大小，单位为像素。
- 【间距】：用来设置单元格之间的距离，单位为像素。

- 【边框】：用来设置表格边框的宽度，单位为像素。
- 【对齐】：用来设置表格的对齐方式，选项有【默认】、【左对齐】、【居中对齐】和【右对齐】。
- 【背景颜色】：设置表格的背景颜色。
- 【边框颜色】：设置表格的边框颜色。
- 【背景图像】：可以直接填入图像的相对路径，也可以通过单击文本框的【浏览】按钮，选择图像源文件。
- 和按钮：清除表格的行高和列宽。
- 按钮：将表格的宽度单位改为像素。
- 按钮：将表格的宽度单位改为百分比。

在表格【属性】检查器中用户可以对表格的行数和列数进行设置，当然通过这些设置可以增加行或列，也可以减少行或列。这些增加和删除都是在表格的右方或下方实现的。另外就是表格的背景颜色、填充、间距、对齐及边框等的一些设置，如果在插入表格时没有设置好还可以在这里再进行设置。

5.2.4　设置单元格属性

在网页中既可以对表格进行属性设置，还可以对单元格进行属性设置，如图 5-10 所示。

图 5-10　单元格【属性】检查器

在单元格【属性】检查器中可以对单元格进行一些设置和修改，主要选项介绍如下。

- 【水平】：设置单元格内容的水平对齐方式，选项有【默认】、【左对齐】、【居中对齐】和【右对齐】。
- 【垂直】：设置单元格内容的垂直对齐方式，选项有【默认】、【顶端】、【居中】、【底部】和【基线】。
- 【宽】和【高】：设置单元格的宽度和高度，单位为像素或者百分比。
- 【不换行】：当单元格中的文本超过它的宽度时，该单元格的宽将会自动发生改变以适应过长的文本。
- 【标题】：设置单元格文字为标题格式。通常在使用表格时是把表格的第一行或第一列单元格设置为标题单元格，也称为表头。如果对标题复选框进行选择，那么被选择的单元格都将被设置为标题单元格。而被设置为标题的单元格中的内容将被加粗显示出来，以表明该单元格中的内容已经被设置为标题。
- 【背景颜色】：设置单元格的背景颜色。
- 【背景】：设置单元格的背景图像，可以直接填入图像的相对路径，也可以通过单击文本框的【浏览】按钮，选择图像源文件。
- 【边框】：设置单元格的边框颜色。

↘ 和按钮：合并单元格和拆分单元格。

技巧：

如果在表格中既设置了表格的背景颜色，又有行背景颜色和单元格背景色，那么在浏览器中显示的原则是由内向外替换，也就是说单元格 TD 的背景色会替代行 TR，而行 TR 的背景色会替代表格 TABLE。

5.2.5 编辑表格

1. 插入行和列

在建立好表格之后，往往需要对其进行进一步的修改，如插入和删除行列。

【例 5-2】 插入行和列。

（1）打开实例 5-1 保存的网页文件，将光标定位在第四行，单击鼠标右键，在弹出的快捷菜单中选择【表格】→【插入行或列】命令，随即弹出【插入行或列】对话框，如图 5-11 所示。

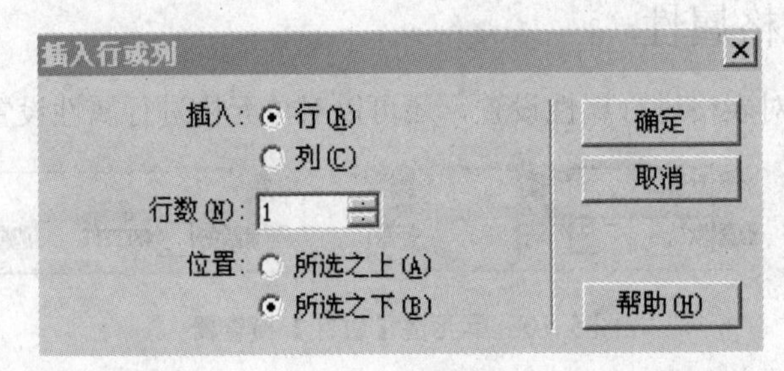

图 5-11 【插入行或列】对话框

（2）设置对话框选项为【所选之下】，插入“1”行。

（3）将鼠标定位在第三列，选择菜单【插入记录】→【表格对象】→【在左边插入列】命令，插入一个新列。

（4）在新插入行和列内输入相关数据，并适当调整表格的列宽，如图 5-12 所示。

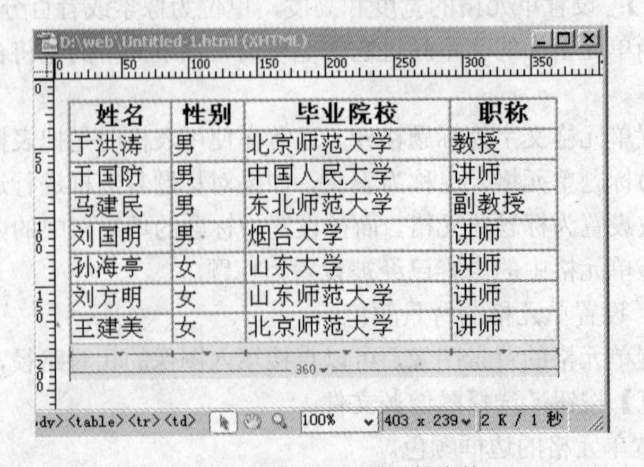

图 5-12 插入行、列后的表格

2．删除行和列

删除行和列的方法很简单，下面介绍两种方法。

方法一：选中要删除的行或者列，单击鼠标右键，在弹出的快捷菜单中选择【表格】→【删除行】或者【表格】→【删除列】命令即可。

方法二：选中要删除的行或者列，选择菜单【修改】→【表格】→【删除行】或者【修改】→【表格】→【删除列】命令即可。

3．合并和拆分单元格

在使用表格进行网页的布局时，表格并不是单独地放在网页里面，而是有层次地在表格里面再嵌套表格，或将一个单元格拆分为几个单元格，也可以经多个单元格合并在一起。在 Dreamweaver 中一个单元格可以扩展到多行或多列的大小。例如，把一个单元格进行扩展，就可以使多个主题共有一个大标题。而合并单元格可以将多个单元格合并为一个较大的单元格。

单元格的合并和拆分，在 Dreamweaver 中可以使用三种方法。

方法一：属性检查器中的“合并”按钮和“拆分”按钮。

方法二：选择主菜单【修改】→【表格】→【合并单元格】或者【修改】→【表格】→【拆分单元格】。

方法三：选择右键菜单中的【表格】→【合并单元格】或者【表格】→【拆分单元格】命令来进行操作。

技巧：快速合并和拆分单元格

选择快捷键 Ctrl+Alt+M 合并单元格，选择快捷键 Ctrl+Alt+S 拆分单元格。

注意：

合并单元格时，选择的几个单元格必须都是相邻的，并且还要在一个矩形的范围内才能被合并。如果选择的单元格不相邻或没有形成一个矩形的范围，那么就无法将它们合并为一个单元格。拆分单元格就比较简单了，不过它要求单元格只能选择一个来进行拆分。选择一个单元格后，在【属性】检查器中单击【拆分单元格】按钮即可。

5.3　格式化表格

表格格式化操作是指对各种表格元素进行格式化，包括整个表格的格式化、表格行和表格列的格式化及表格单元格的格式化等。

5.3.1 表格的排序

Dreamweaver 中的表格有一个排列表格内容的功能，这个功能对于一些数据表格来说非常有用，用户能够通过该功能轻松地实现按姓名排列或按数字排列表格中的内容。

表格的排序命令可以重新排列任何大小的表格，并能够保持表格的格式不发生变化，这是 HTML 的一个优势，该功能能够保持行颜色的间隔变化，同时重新排列数据，这是许多功能最强的文字处理软件都做不到的，不需要使用数据库，表格排序命令就可以将同样的数据以不同的形式显示出来。

【例 5-3】 表格排序。

（1）打开实例 5-2 保存后的网页文件，并将鼠标定位在表格内。

（2）选择菜单【命令】→【排序表格】命令，弹出【排序表格】对话框，如图 5-13 所示。

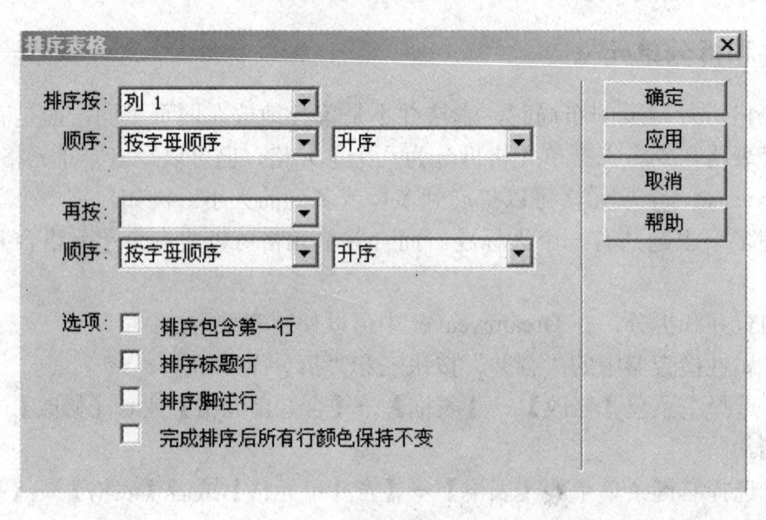

图 5-13 【排序表格】对话框

（3）选择排序依据的列数及排序方式等，单击【确定】按钮完成操作，如图 5-14 所示。

姓名	性别	毕业院校	职称
刘方明	女	山东师范大学	讲师
刘国明	男	烟台大学	讲师
马建民	男	东北师范大学	副教授
孙海亭	女	山东大学	讲师
王建美	女	北京师范大学	讲师
于国防	男	中国人民大学	讲师
于洪涛	男	北京师范大学	教授

图 5-14 排序后的表格

提示：

若选择的表格不包含标题行，需要选择【排序包含第一行】选项。有时制作的表格是由两种或多种不同的颜色交替来显示行的内容，在进行排序时要将【完成排序后所有行颜色保持不变】选中。这样，就算表格里的内容重新排列了也不会将颜色搞混乱。

5.3.2　导入导出表格式数据

传统数据经常基于 Word、Excel 或文本等，可能内容会比较多，也比较杂，如果将它们手工输入到 Dreamweaver 中再对它们使用表格重新编制，是一件比较麻烦的事。那么有什么好的方法来解决呢？可以使用 Dreamweaver 中的【导入表格式数据】命令来完成数据转变。

【例 5-4】 导入表格式数据。

（1）打开或新建一个空白网页，将光标定位在需要导入数据的位置，选择【文件】→【导入】→【表格式数据】命令，弹出【导入表格式数据】对话框，如图 5-15 所示。

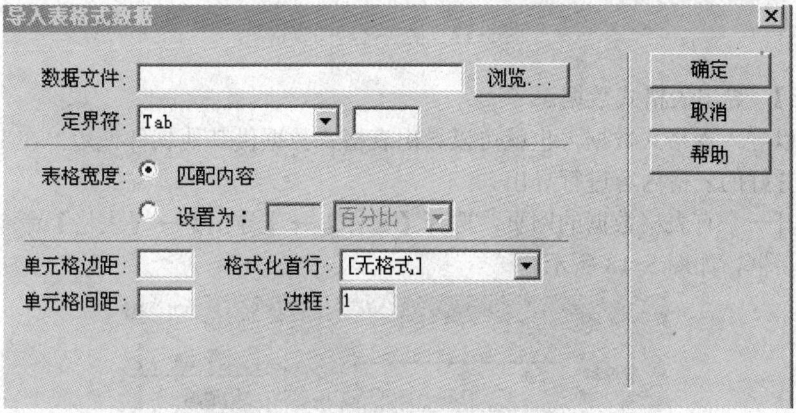

导入表格式数据
数据文件:
浏览...
确定
定界符: Tab
取消
帮助
表格宽度: 匹配内容
设置为:
百分比
单元格边距:
格式化首行: [无格式]
单元格间距:
边框: 1

图 5-15 【导入表格式数据】对话框

（2）设置该对话框选项，如图 5-16 所示。

导入表格式数据
数据文件: file:///D|/web/biaoge/biaoge.txt
浏览...
确定
定界符: Tab
取消
帮助
表格宽度: 匹配内容
设置为:
百分比
单元格边距: 1
格式化首行: 加粗斜体
单元格间距: 1
边框: 1

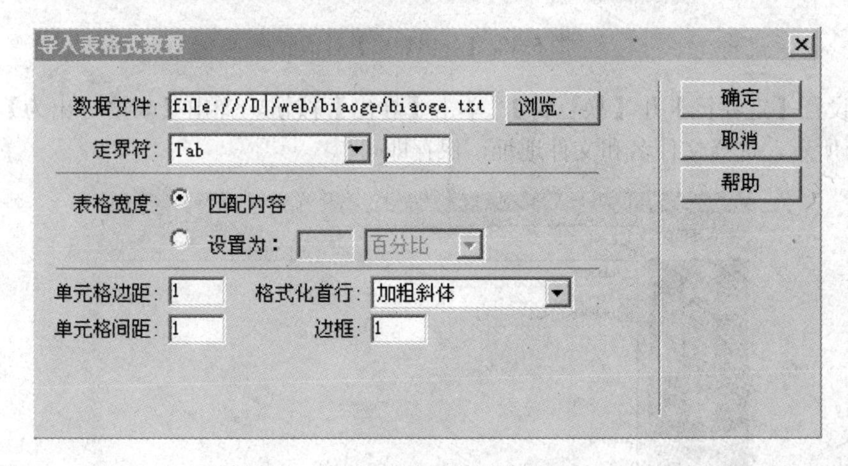

图 5-16 设置【导入表格式数据】对话框

（3）单击【确定】按钮，预览效果如图 5-17 所示。

提示：

在导入表格式数据中的定界符是指数据内容之间的间隔符，可以选择 Tab、逗点、分号、引号这些比较常见的分隔符，也可以选择【其他】选项，并设置自己的分隔符。在这里将定界符项设置为“Tab”。

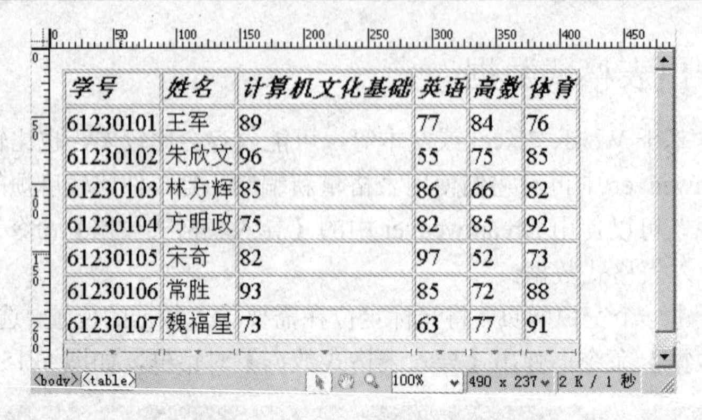

学号	姓名	计算机文化基础	英语	高数	体育
61230101	王军	89	77	84	76
61230102	朱欣文	96	55	75	85
61230103	林方辉	85	86	66	82
61230104	方明政	75	82	85	92
61230105	宋奇	82	97	52	73
61230106	常胜	93	85	72	88
61230107	魏福星	73	63	77	91

图 5-17 格式化后的表格

【例 5-5】 导出表格式数据。

用户可以导入表格式数据，也就可以导出表格式数据供其他软件使用。在 Dreamweaver 中可以将设置好的表格内容进行导出。

（1）打开一个有表格数据的网页，选择【文件】→【导出】→【表格】命令，弹出【导出表格】对话框，如图 5-18 所示。

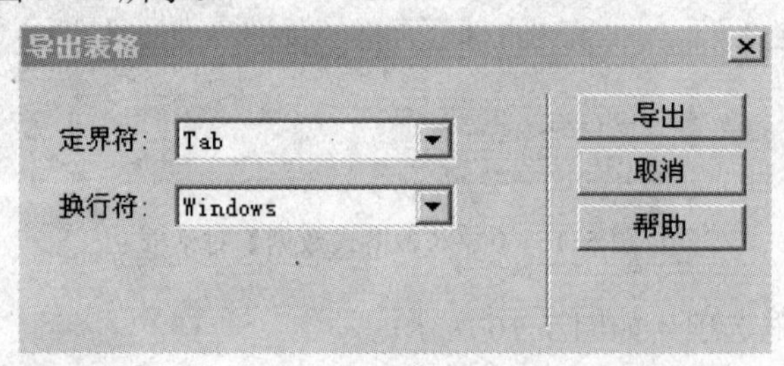

图 5-18 【导出表格】对话框

（2）设置【定界符】和【换行符】，单击【导出】按钮，弹出【表格导出为】对话框，如图 5-19 所示，选择文件名和文件地址，保存即可。

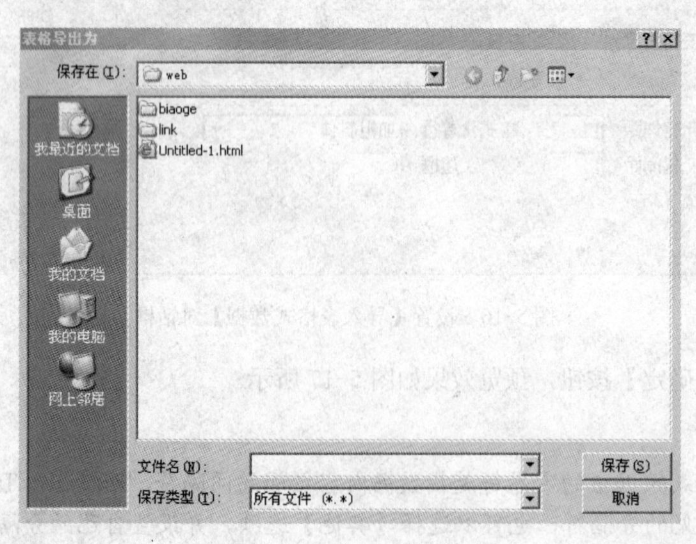

图 5-19 【表格导出为】对话框

提示：

对于保存的文件，如果没有指定扩展名，其默认的文件后缀名为“.CSV”用户可以使用记事本的方式将其打开来查看，也可以使用 Excel 将这个文件打开，导出的是纯文本的表格数据，如图 5-20 所示。

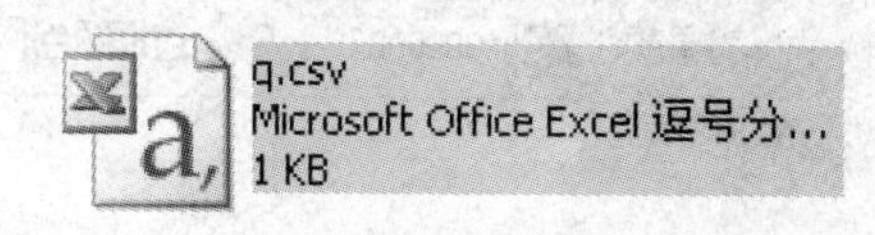

图 5-20　导出的数据文件

5.4　表格的应用

在网页中经常可以看到诸如细线表格、立体表格、圆角表格之类的特殊表格，而要制作这些表格，单纯利用表格属性检查器往往是不能完成的，本节将通过几个实例来讲解一下在网页制作过程中经常看到的一些特殊表格的制作方法。

5.4.1　制作细线表格

在设置表格边框时，即使将表格的边框设置为“1”，其边框还是有些粗，那么如何才能制作出更细的表格线呢，下面提供两种方法供参考。

【例 5-6】 制作细线表格。

方法一：

（1）打开一个包含表格的网页文件，如图 5-21 所示。

姓名	性别	毕业院校	职称
刘方明	女	山东师范大学	讲师
刘国明	男	烟台大学	讲师
马建民	男	东北师范大学	副教授
孙海亭	女	山东大学	讲师
王建美	女	北京师范大学	讲师
于国防	男	中国人民大学	讲师
于洪涛	男	北京师范大学	教授

图 5-21　原始网页文件

（2）选中表格，显示表格【属性】检查器，在【填充】和【边框】文本框中输入“0”，在【间距】文本框中输入“1”，在【背景颜色】文本框中输入颜色值为黑色“#000000”，如

图 5-22 所示。

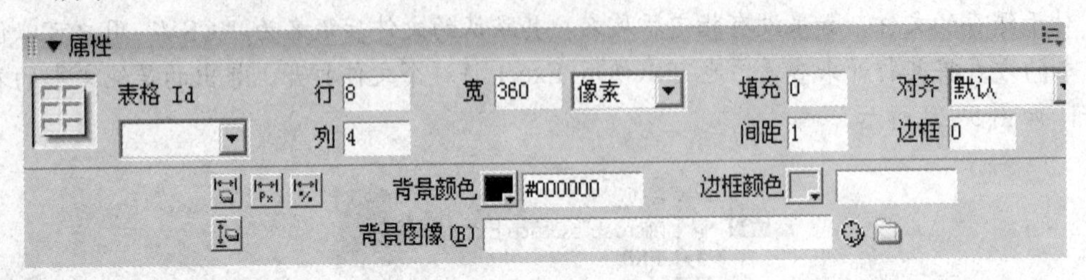

图 5-22　设置表格的属性

（3）选中所有单元格，在单元格【属性】检查器的【背景颜色】文本框中输入“#FFFFFF”，如图 5-23 所示。

图 5-23　设置单元格的属性

（4）保存文件，按 F12 预览，效果如图 5-24 所示。

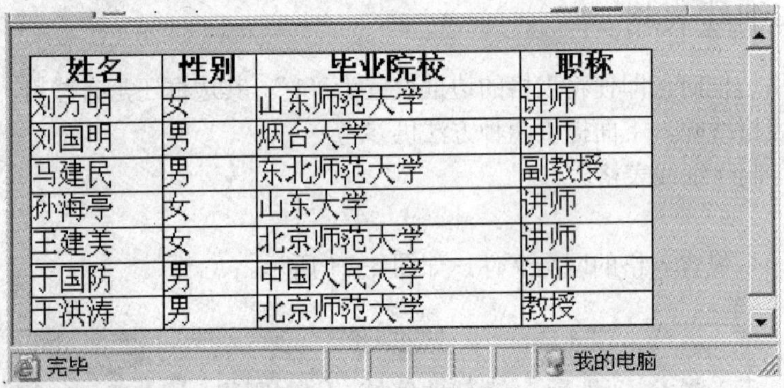

姓名	性别	毕业院校	职称
刘方明	女	山东师范大学	讲师
刘国明	男	烟台大学	讲师
马建民	男	东北师范大学	副教授
孙海亭	女	山东大学	讲师
王建美	女	北京师范大学	讲师
于国防	男	中国人民大学	讲师
于洪涛	男	北京师范大学	教授

完毕　　我的电脑

图 5-24　细线表格的预览效果

方法二：

（1）选中表格，显示表格【属性】检查器，在【填充】和【间距】文本框中输入“0”，在【边框】文本框中输入“1”。

（2）打开页面代码视图，在表格 table 标签内增加代码“bordercolorlight="#000000" bordercolordark="#ffffff" ”，其中 bordercolordark 为页面背景颜色值，这里假设背景颜色为白色，如图 5-25 所示。

```
<table width="360" border="1" cellpadding="0" cellspacing="0"
bordercolorlight="#000000" bordercolordark="#ffffff" >
```

图 5-25　设置表格属性

（3）保存文件，按 F12 键预览效果，如图 5-21 所示。

5.4.2　制作外框线表格

【例 5-7】 制作外框线线表格。

（1）打开一个包含表格的网页文件，如图 5-26 所示。

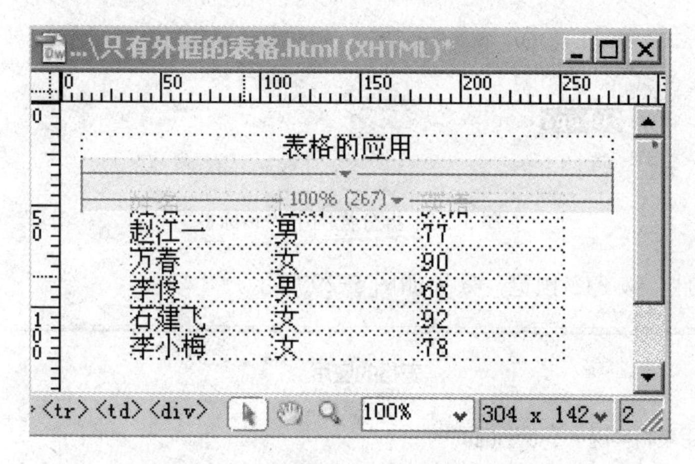

图 5-26　原始网页文件

（2）选中表格，显示表格【属性】检查器，在【边框】文本框中输入"1"，在【背景颜色】文本框中输入颜色值为 "#0000ff"。

（3）选择所有单元格，在单元格【属性】检查器的【背景颜色】文本框中输入"#ffffff"，保存文件，按 F12 预览，效果如图 5-27 所示。

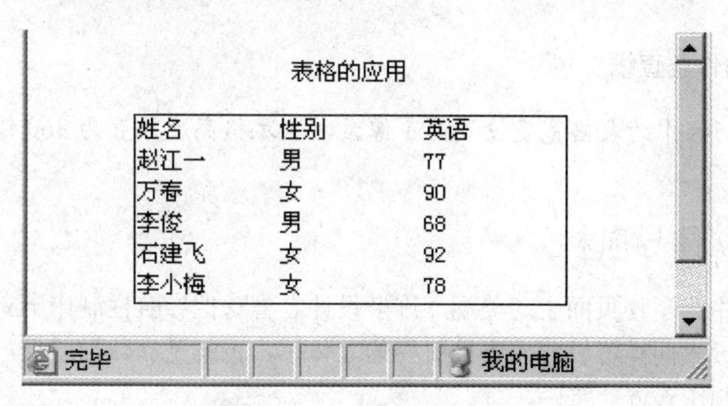

图 5-27　只有外框线的表格

5.4.3　制作水平线或垂直线

有时为了页面的美观，需要在页面的适当位置设置一条水平线或者垂直线，但是系统却没有提供垂直线，而系统提供给的水平线往往达不到页面的具体需求，这时就可以利用表格的功能来制作水平线。

【例 5-8】 制作水平线。

（1）在网页文档的适当位置插入一个 1 行 1 列的表格，宽度为 360 像素，在表格【属性】

检查器中【填充】、【间距】和【边框】文本框中分别输入“0”，【背景颜色】设置为“#ff00000”。

（2）在单元格表格【属性】检查器中，表格的高度设置为“1”。

（3）选中表格，在【拆分】视图模式中，删除单元格“<td>”和“</td>”标签中间的空格符“ ”，如图 5-28 所示。

```
<table width="360" border="0" cellpadding="0" cellspacing="0"
bgcolor="#FF0000">
  <tr>
    <td> </td>
  </tr>
</table>
```

图 5-28　拆分视图中代码标签

（4）保存文件，按 F12 预览，效果如图 5-29 所示。

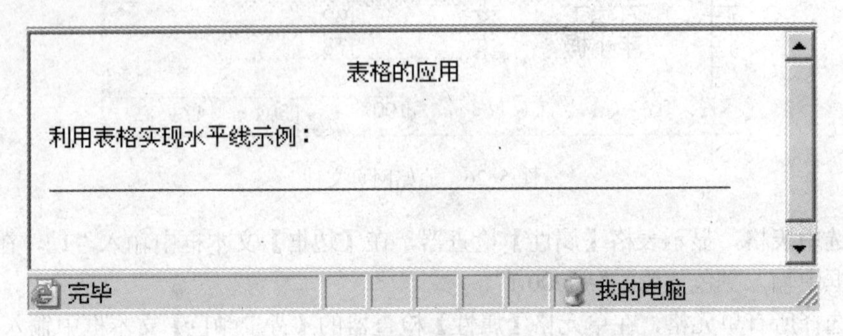

图 5-29　水平线效果

提示：制作垂直线

只需要将例 5-8 中的表格宽度设置为 1 像素，单元格高度设置为 360 像素即可。

5.4.4　制作立体导航栏

在网页设计中为了使页面生动美观，许多设计者喜欢把导航栏制作出立体效果，而利用表格颜色效果的设置同样可以制作出导航栏的立体感，也就是立体导航栏。

【例 5-9】 制作立体导航栏。

（1）打开或新建一个空白网页，将光标定位在需要插入表格的位置，插入 1 行 7 列的表格，添加文本如图 5-30 所示。

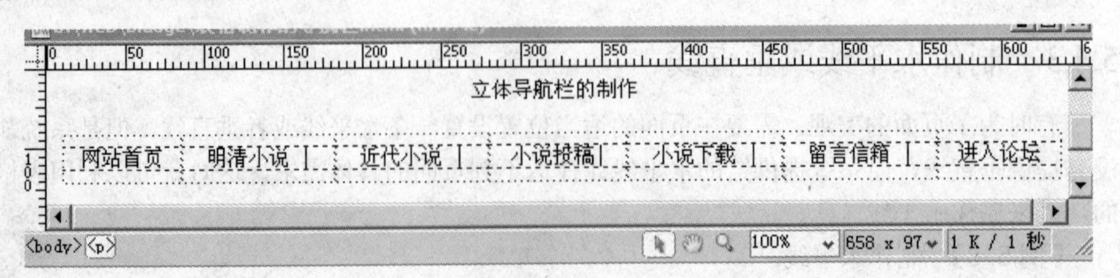

图 5-30　导航表格

（2）在表格【属性】检查器中，在【边框】文本框中输入“1”，【填充】和【间距】文本框输入“0”。

（3）在表格【属性】检查器中，设置【背景颜色】文本框的值为“#00CCFF”，【边框】的文本框的值为“#FFFFFF”。

（4）在表格【属性】检查器中，单击“快速标签编辑器”按钮，在【标签编辑】框中添加代码“bordercolorlight="#000000"”，如图 5-31 所示。

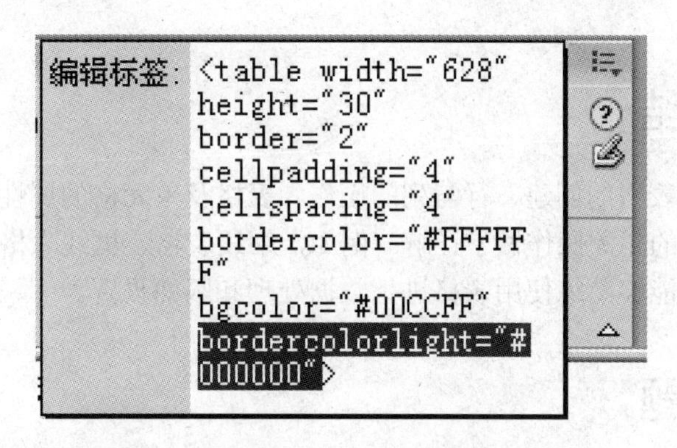

图 5-31　设置颜色

（5）保存文件，按 F12 预览效果，如图 5-32 所示。

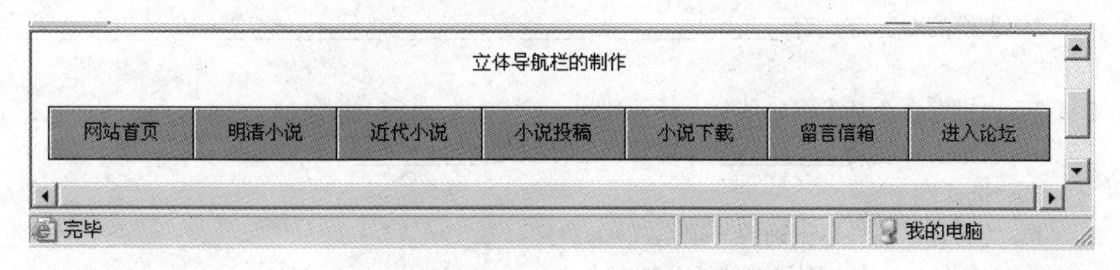

图 5-32　立体导航栏

5.4.5　制作变色单元格

在网页设计中，为使表格更加生动，通常会加一些特效，可以使单元格有悬停效果。

【例 5-10】 制作变色单元格。

（1）打开实例 5-9 保存的页面，将鼠标定位在第一个单元格内。

（2）切换到代码视图，在<td>标签内加入如下代码：

```
onMouseOver="this.style.backgroundColor='#00FFFF'"
onMouseOut="this.style.backgroundColor='#0099FF'"
```

（3）保存文件，按F12预览效果。

提示：

在制作变色单元格中使用了鼠标事件，onMouseOver指鼠标位于选定元素上方时发生的事件，onMouseOut指鼠标移开选定元素时发生的事件。本实例中鼠标位于单元格上方时单元格颜色变为“#00FFFF”，当鼠标移开时单元格颜色变为“#0099FF”。

5.5 本章小结

本章主要介绍了表格的创建、行与列的操作、表格及单元格的属性设置等知识，通过大量的实例对特殊表格的相关操作做了详解。例如，细线表格、框线表格、立体表格等。读者通过本章的学习应该能够熟练使用表格进行数据处理和版面设置。

5.6 本章习题

一、填空题

1．表格的宽度有__________和__________两种单位，如果要固定表格的宽度，应该设置单位为__________。

2．表格的对齐方式有_____________、_____________、_____________和__________四种。

3．表格有3个基本组成部分：行、列和__________。

4．表格的标签是__________，单元格的标签是__________。

二、选择题

1．关于表格的描述正确的一项是（　　）。

A．在单元格内不能继续插入整个表格
B．可以同时选定不相邻的单元格
C．粘贴表格时，不粘贴表格的内容
D．在网页中，水平方向可以并排多个独立的表格

2．不能在单元格属性检查器中设置的是（　　）。

A．水平居中　　B．单元格背景色　　C．边框颜色　　D．单元格间距

3．如果一个表格包括有1行4列，表格的总宽度为“599”，【间距】为“15”，【填充】为“0”，【边框】为“10”，每列的宽度相同，那么应将单元格定制为多少像素宽（　　）。

A．125　　B．126　　C．127　　D．128

4．关于表格的描述正确的一项是（　　）。

A．在单元格内不能继续插入整个表格
B．可以同时选定不相邻的单元格

C．粘贴表格时，不粘贴表格的内容

D．在网页中，水平方向可以并排多个独立的表格

三、问答和操作题

1．如何设置表格的背景颜色和背景图像？

2．试简述表格的背景图像和表格中的图片有何异同点？

3．如何合并和拆分单元格？

4．利用表格制作一个立体导航栏。

第 6 章　网页配色与结构设计

本章要点：

- ☑ 色彩的基本知识
- ☑ 网站风格定位与色彩搭配
- ☑ 网页色彩搭配原则与方法
- ☑ 网站设计原则
- ☑ 网页版面布局设计

在网页设计中，色彩搭配和定位网站风格是网页设计的一个重要环节，对于许多没有美术基础的设计者来说是个难点，那么如何进行色彩的搭配，如何定位网页风格呢？本章从色彩的基础知识开始，讲解关于色彩配色的相关技巧。另外本章还描述了网站设计的原则和版面布局的步骤及常见的网站结构及特点，对读者确定网站结构会很有帮助。

6.1　色彩的基本知识

随着因特网的发展与普及，越来越多的企业和个人都把与其相关的信息组织成五彩缤纷的网页，用于在网络上进行展示以达到信息交流的目的。

网页色彩的完美搭配，对于一个图形艺术设计师来说，那简直易如反掌。但对于一个既想拥有自己的完美页面而又没有专业美术功底的普通大众来讲，那可就不是一件简单的事情。对于一个商业网站而言，到底用什么样的色彩进行搭配，才能既好看又合理呢？

本节从最基础的知识开始，帮助读者掌握色彩的使用，相信对读者今后的网页设计能起到一定的帮助作用。

6.1.1　色彩形成的原理

物体的色彩是人的视觉器官在光的刺激下将视觉信息传到大脑视觉中枢而产生的一种反应。因此，光、光照射的对象和视觉器官，是感觉到色彩的三个基本条件。

6.1.2　色彩的三要素

自然界的色彩虽然各不相同，但任何色彩都具有色相、明度、饱和度这三个基本属性。

1. 色相

色相是指色彩的相貌，是指各种颜色之间的区别，是色彩最显著的特征，是不同波长的色光被感觉的结果。光谱中有红、橙、黄、绿、蓝、紫六种基本色光，人的眼睛可以分辨出约 180 种不同色相的颜色，图 6-1 所示为色相环。

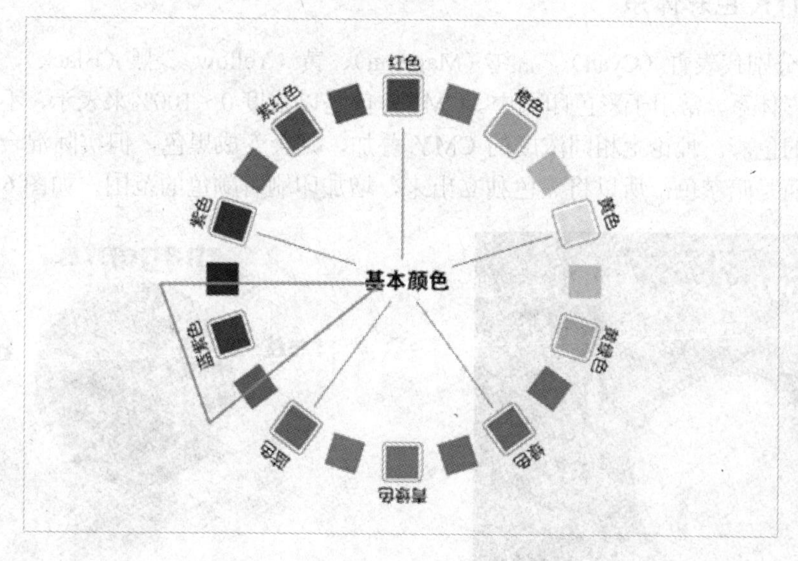

图 6-1　色相环

2．饱和度

饱和度是指色彩的鲜艳程度，也称色彩的纯度。饱和度取决于该色中含色成分和消色成分（灰色）的比例。含色成分越大，饱和度越大；消色成分越大，饱和度越小。

3．明度

明度是指色彩的深浅、明暗，它决定于反射光的强度，任何色彩都存在明暗变化。其中黄色明度最高，紫色明度最低，绿、红、蓝、橙的明度相近，为中间明度。另外在同一色相的明度中还存在深浅的变化。如绿色中由浅到深有粉绿、淡绿、翠绿等明度变化。

6.1.3　颜色的模式

通常使用的计算机显示器屏幕上所显示的颜色变化很大，受周围光线、显示器和房间温度的影响，只有准确校正的显示器才能正确地显示颜色。计算机是通过数字化方式定义颜色特性的，通过不同的色彩模式显示图像，比较常用的色彩模式有 RGB 模式、CMYK 模式、Lab 模式、Crayscale 灰度模式、Bitmap 模式。

1．RGB 色彩体系

人们把红（Red）、绿（Green）、蓝（Blue）这三种色光称为“三原色光”，RGB 色彩体系就是以这三种颜色为基本色的一种体系。目前这种体系普遍应用于数码影像中，如电视、计算机屏幕、扫描仪等。RGB 值是从 0 至 255 之间的一个整数，不同数值叠加会产生不同的色彩。而当相同数值的 RGB 叠加时，则会变成白色，如图 6-2 所示。

2．CMYK 色彩体系

CMYK 分别代表青（Cyan）、品红（Magenta）、黄（Yellow）、黑（Black），这是一种基于反光的色彩体系，常用于彩色印刷中。CMYK 值是以浓度 0～100%来表示，不同浓度叠加会产生不同的色彩。理论上相同浓度的 CMY 叠加，则会变成黑色，但实际混合色料后并不会呈现黑色而是暗灰色，所以将黑色独立出来，增加印刷时颜色的范围，如图 6-3 所示。

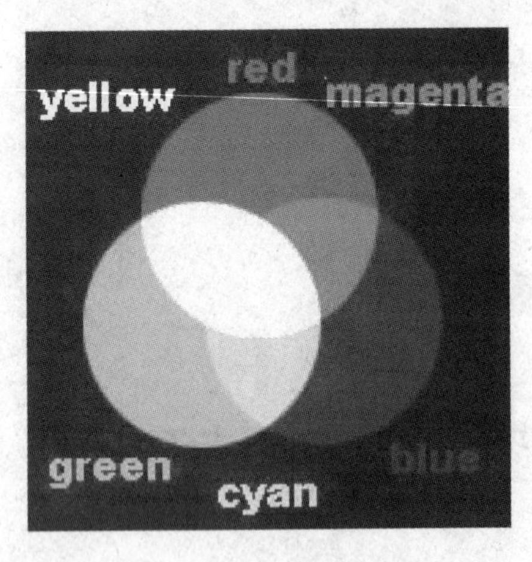

图 6-2 RGB 色彩体系

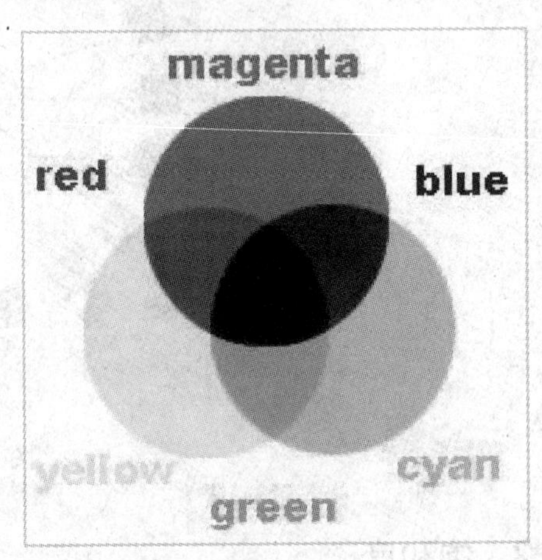

图 6-3 CMYK 色彩体系

3．Lab 模式

Lab 模式的特点是在使用不同的显示器或打印设备时，它所显示的颜色都是相同的。

4．Crayscale 灰度模式

计算机通常将灰度分为 256 级灰阶，一幅灰度图像在转成 CMYK 模式后可以增加彩色，但是如果将 CMYK 模式的彩色图像转为灰度模式，颜色则不能恢复。

5．Bitmap 模式

Bitmap 模式的像素只有黑或白，不能使用编辑工具，只有灰度模式才能转换成 Bitmap 模式。

6.1.4 网页安全色

细心的读者会发现，即使网页使用了非常合理、非常漂亮的配色方案，但是为何每个人浏览的时候看到的效果都各不相同，这是因为颜色常常会由于显示设备、操作系统、显示卡及浏览器的不同而有所不同。

如果每个人浏览的效果各不相同，那么网页配色方案的意愿就不能够非常好地传达给浏览者。要通过什么方法才能解决这一问题呢？答案就是使用 216 网页安全色。

为了不使计算机出现混乱，软件专家设计了一种 216 个颜色的调色板，为每种原色配备

6 种色调（6×6×6=216），称为安全颜色。但是到了 21 世纪后，计算机发展很快，显示器都已经使用 24 位元真彩色方式，已经超出了安全颜色的范围，但安全颜色仍然是最常用的色彩。安全颜色没有特定的名称，但都可以用十六进位制数字方法表示，下面列出的是 216 种颜色，每种只写出 3 个数，其中 3 代表 33，C 代表 CC，例如 F63 就表示“#FF6633”这个颜色。

216 网页安全色是指在不同硬件环境、不同操作系统、不同浏览器中都能够正常显示的颜色集合（调色板），也就是说这些颜色在任何终端浏览用户显示设备上的现实效果都是相同的。所以使用 216 网页安全色进行网页配色可以避免原有的颜色失真问题。

网络安全色是当红色（Red）、绿色（Green）、蓝色（Blue）颜色数字信号值（DAC Count）为 0、51、102、153、204、255 时构成的颜色组合，它一共有 6×6×6=216 种颜色（其中彩色为 210 种，非彩色为 6 种），如图 6-4 所示。

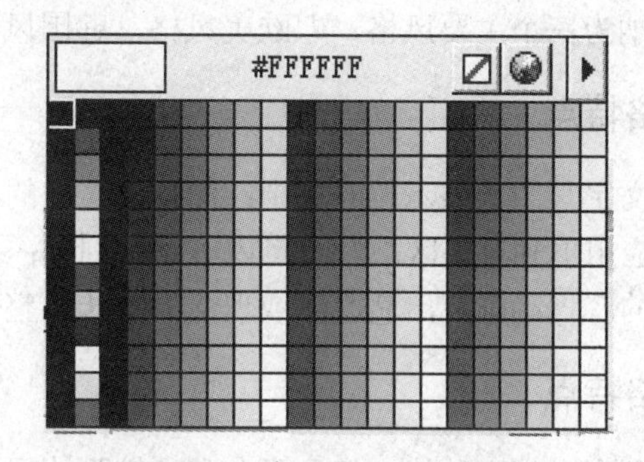

图 6-4　网页安全色

216 网页安全色在需要实现高精度的渐变效果或显示真彩图像或照片时会有一定的欠缺，但用于显示徽标或者二维平面效果时却是绰绰有余的。

不过也可以看到很多站点利用其他非网页安全色做到了新颖独特的设计风格，所以并不需要刻意地追求使用局限在 216 网页安全色范围内的颜色，而是应该更好地搭配使用安全色和非安全色。

216 网页安全色是根据当前计算机设备的情况通过无数次反复分析论证得到的结果，这对于一个网页设计师来说是必备的常识，且利用它可以拟定出更安全、更出色的网页配色方案。

提示：

Dreamweaver 中的立方色（默认）和连续色调调色板使用 216 色网页安全调色板，从这些调色板中选择颜色会显示颜色的十六进制值。

6.2　网站风格定位与色彩搭配

6.2.1　确定网站的风格

风格（Flavor or Style），是指在艺术上独特的格调，或某一时期流行的一种艺术形式。一个网站，拥有别的网站所没有的风格，就会让浏览者愿意多停留些时间，细细浏览网站的内容，甚至该站会得到多人的鼓励与注目。

就网站的风格设计而言，它是汇聚了页面视觉元素的统一的外观来传递信息。好的网站风格设计不仅能帮助浏览者记忆和解读网站，也能帮助网站树立别具一格的形象。

网站不仅仅是一件产品，更是一件艺术品，风格独特并符合某种文化及所处行业的网站，对帮助树立品牌，提升影响力有不可估量的作用，所以，很多时候，网站风格的准确树立，可以帮助网站事半功倍。

通俗地讲，网站风格就是指网站的整体形象给浏览者的综合感受。这个“整体形象”包括站点的 CI（标志，色彩，字体，标语）、版面布局、浏览方式、交互性、文字、语气、内容价值、存在意义、站点荣誉等诸多因素。通过网站的色彩、技术或者交互方式，能让浏览者明确分辨出这是你的网站独有的。通过网站的外表、内容、文字、交流可以概括出一个网站的个性和特色。

当今世界网站设计归纳为三个主要风格，即欧美风格，韩国风格及中式风格。

1. 欧美风格的风格特点

页面风格简洁紧凑，文字与图片显示相对集中；图片及文字的布局文字明显多于图片，文字标题重点突出；善于应用单独色块区域及重点内容进行划分；页面执行速度快；广告宣传作用突出，善于用横幅的广告动画突出其产品或理念的宣传，整体搭配协调一致。

2. 韩国风格的风格特点

页面结构比较简单；色彩丰富而独特，但又不杂乱；较强的层次感，韩国网站把简单的图片或文字阴影效果，巧妙地利用构图来形成视觉上的差异。

3. 中式网站的风格特点

蕴涵丰富中国文化特色，包括具有民族特色的色彩、文字、图案或图片的应用，例如：各民族的传统服饰、装饰品、手工艺品、特色建筑、绘画等，通过这些元素的合理搭配，给浏览者一种富有浓重中式传统特色风格的印象，从而形成了一种民族特色与文化特色鲜明、整体搭配和谐的中式风格。

网页设计从另一个角度来说是 UI 设计，也就是用户交互界面的设计。韩国这类商业网站的设计习惯应用于多种工具。其中 Adobe 系列的绘图、图像处理和排版软件应用比较多。一般在动画方面，二维动画基本上用 Macromedia 的 Flash 工具，三维动画用 3ds max、Maya、Lightwave 等比较常用的工具。此外韩国的 CG 人物设定，可以说仅次于动漫产业高度发达的日本。韩国的网页元素一般都是用矢量软件制作设计的，造型创意相当出色，色彩搭配合理。在设计网站时，就如同软件设计者一样都会先提供网站的设计管理说明，以这种制订的说明来规范所有参与设计和开发的人员，这就保证了网站开发的一致性和连续性，这些经验都很值得参考和借鉴。

归纳起来，网站风格可以从以下几个方向来探讨，而每一项都是有关联性的。

（1）色系：网页的底色、文字字型、大小、图片的色系、颜色等。

（2）排版：表格、框架的应用、文字缩排、段落等。

（3）结构：栏目和板块、目录结构和链接设计等。

（4）内容：网站主题、整体实用性、内容切合度等。

（5）特效：让网页看起来生动活泼的各种应用，如 Flash 等。

6.2.2 网页色彩搭配与内涵

当用户看到不同的颜色时，每个人心理会受到不同颜色的影响而发生变化。色彩本身是没有灵魂的，它只是一种物理现象。人类长期生活在一个色彩的世界里，积累了许多视觉经验，一旦视觉经验与外来色彩刺激发生一定的呼应，就会在人的心理上引出某种情绪。这种变化虽然因人而异，但大多会有下列心理反应。

- 红色给人的感受是强烈，热情、喜悦，也使人表现急躁与愤怒。
- 黄色是明亮、年轻、光明、开朗，充满活力。
- 绿色给人以清新、清爽、年轻的印象感，像春天般充满活力。
- 蓝色具有理智的、寂静的印象感，令人觉得清凉和整洁。
- 黑色代表严肃、庄重，权威，以及恐怖、严酷。
- 灰色具有枯淡的平静感和稳定性。

表 6-1 概括了色彩的意义，表 6-2 概括了色调的意义，色彩和色调的搭配对整个网站的风格是十分重要的。

表 6-1 色彩的意义

色彩	意义
红	热情、艳丽、兴奋、喜庆、高贵、奋进、血液、注目、火焰、恐怖
橙	光明、温暖、愉快、激烈、活跃、甜美 阳光、食欲、妒嫉、疑惑
黄	明朗、希望、贵重、愉悦、黄金、收获 华丽、富丽、警惕、猜疑
绿	活力、舒适、和平、新鲜、青春、温和、和平、春天、无知、平凡
青	清泉、凉爽、安宁、秀气、高洁、沉静、清淡、轻柔、淡漠、酸涩
蓝	冷静、深远、透明、开朗、理智、天空、海洋、智慧、严厉、凄凉
紫	高贵、庄严、神秘、豪华、思念、温柔、女性、朝霞、忏悔、悲哀
白	纯洁、洁净、明朗、透明、纯真、简洁、白银、清爽、投降、失败
灰	阴天、烟雾、随便、沉着、平易、暧昧、抑郁、普通、消极、失望
黑	黑夜、深沉、庄重、成熟、稳定、压抑、消极、沉没、悲感、死亡

相同色相的颜色在变化时，可看到变淡、变灰、变深时不同效果。

表 6-2 色调的意义

色调	意义
淡色调	温和、愉快、轻柔、 优美、清澈、清朗、透明、简洁、娇柔、柔弱
亮色调	明快、纯粹、高贵、浪漫、鲜明、昂贵、光辉、华丽、新鲜、魅力
鲜色调	新鲜、艳丽、热闹、华美、活泼、外向、兴奋、热情、刺激、浪漫
深色调	奥秘、深沉、高深、理智、高尚、深邃、简朴、传统、忧郁、无聊
暗色调	坚硬、持重、刚毅、朴素、坚强、沉着、刚正、无私、消极、沉默
灰色调	稳重、质朴、老成、消极、成熟、平淡、含蓄、沉着、顺服、中庸

网页的色彩搭配往往是读者感到头疼的问题，尤其是那些完全没有美术基础的读者。到底用什么色彩搭配好看呢？下面做一些简单的说明。

红色的色感温暖，性格刚烈而外向，是一种对人刺激性很强的颜色。红色容易引起人的注意，也容易使人兴奋、激动、紧张、冲动，还是一种容易造成人视觉疲劳的颜色。

① 在红色中加入少量的黄，会使其热力强盛，趋于躁动、不安。

② 在红色中加入少量的蓝，会使其热性减弱，趋于文雅、柔和。

③ 在红色中加入少量的黑，会使其性格变的沉稳，趋于厚重、朴实。

④ 在红中加入少量的白，会使其性格变的温柔，趋于含蓄、羞涩、娇嫩。

黄色的性格冷漠、高傲、敏感、具有扩张和不安宁的视觉印象。黄色是各种色彩中，最为娇气的一种色。只要在纯黄色中混入少量的其他色，其色相感才会发生较大程度的变化。

① 在黄色中加入少量的蓝，会使其转化为一种鲜嫩的绿色。其高傲的性格也随之消失，趋于一种平和、潮润的感觉。

② 在黄色中加入少量的红，则具有明显的橙色感觉，其性格也会从冷漠、高傲转化为一种有分寸感的热情、温暖。

③ 在黄色中加入少量的黑，其色感和色性变化最大，成为一种具有明显橄榄绿的复色印象。其色性也变的成熟、随和。

④ 在黄色中加入少量的白，其色感变的柔和，其性格中的冷漠、高傲被淡化，趋于含蓄，易于接近。

蓝色的色感冷，性格朴实而内向，是一种有助于人头脑冷静的颜色。蓝色的朴实、内向性格，常为那些性格活跃、具有较强扩张力的色彩，提供一个深远、平静的空间，成为衬托活跃色彩的友善而谦虚的朋友。蓝色还是一种在淡化后仍然似能保持较强个性的色。如果在蓝色中分别加入少量的红、黄、黑、橙、白等色，均不会对蓝色的性格构成较明显的影响力。

绿色是具有黄色和蓝色两种成分的色。在绿色中，将黄色的扩张感和蓝色的收缩感相中和，将黄色的温暖感与蓝色的寒冷感相抵消。这样使得绿色的性格最为平和、安稳。是一种柔顺、恬静、优美的色。

① 在绿色中黄的成分较多时，其性格就趋于活泼、友善，具有幼稚性。

② 在绿色中加入少量的黑，其性格就趋于庄重、老练、成熟。

③ 在绿色中加入少量的白，其性格就趋于洁净、清爽、鲜嫩。

紫色的明度在有彩色的色料中是最低的。紫色的低明度给人一种沉闷、神秘的感觉。

① 在紫色中红的成分较多时，其知觉具有压抑感、威胁感。

② 在紫色中加入少量的黑，其感觉就趋于沉闷、伤感、恐怖。

③ 在紫色中加入白，可使紫色沉闷的性格消失，变得优雅、娇气，并充满女性的魅力。

白色的色感光明，性格朴实、纯洁、快乐。白色具有圣洁的不容侵犯性。如果在白色中加入其他任何色，都会影响其纯洁性，使其性格变得含蓄。

① 在白色中混入少量的红，就成为淡淡的粉色，鲜嫩而充满诱惑。

② 在白色中混入少量的黄，则成为一种乳黄色，给人一种舒适的感觉。

③ 在白色中混入少量的蓝，给人感觉清冷、洁净。

④ 在白色中混入少量的橙，有一种干燥的气氛。

⑤ 在白色中混入少量的绿，给人一种稚嫩、柔和的感觉。

⑥ 在白色中混入少量的紫，可诱导人联想到淡淡的芳香。

6.2.3　网页色彩搭配原则与方法

1. 色彩搭配原则

在选择网页色彩时，除了考虑网站本身的特点外还要遵循一定的艺术规律，从而设计出精美的网页。

1）色彩的鲜明性

如果一个网站的色彩鲜明，很容易引人注意，会给浏览者耳目一新的感觉。

2）色彩的独特性

要有与众不同的色彩，网页的用色必须要有自己独特的风格，这样才能给浏览者留下深刻的印象。

3）色彩的艺术性

网站设计是一种艺术活动，因此必须遵循艺术规律。按照内容决定形式的原则，在考虑网站本身特点的同时，大胆进行艺术创新，设计出既符合网站要求，又具有一定艺术特色的网站。

4）色彩搭配的合理性

色彩要根据主题来确定，不同的主题选用不同的色彩。例如，用蓝色体现科技型网站的专业，用粉红色体现女性的柔情等。

2. 网页色彩搭配方法

网页配色很重要，网页颜色搭配的是否合理会直接影响到访问者的情绪。好的色彩搭配会给访问者带来很强的视觉冲击力，不恰当的色彩搭配则会让访问者浮躁不安。

1）同种色彩搭配

同种色彩搭配是指首先选定一种色彩，然后调整其透明度和饱和度，将色彩变淡或加深，而产生新的色彩，这样的页面看起来色彩统一，具有层次感。

2）邻近色彩搭配

邻近色是指在色环上相邻的颜色，如绿色和蓝色、红色和黄色即互为邻近色。采用邻近色搭配可以是网页避免色彩杂乱，易于达到页面和谐统一的效果。

3）对比色彩搭配

一般来说，色彩的三原色（红、黄、蓝）最能体现色彩间的差异。色彩的强烈对比具有视觉诱惑力，能够起到集中视线的作用。对比色可以突出重点，产生强烈的视觉效果。通过合理使用对比色，能够使网站特色鲜明、重点突出。在设计时，通常以一种颜色为主色调，其对比色作为点缀，以起到画龙点睛的作用。

4）暖色色彩搭配

暖色色彩搭配是指使用红色、橙色、黄色、集合色等色彩的搭配。这种色调的运用可为网页营造出稳性、和谐和热情的氛围。

5）冷色色彩搭配

冷色色彩搭配是指使用绿色、蓝色及紫色等色彩的搭配，这种色彩搭配可为网页营造出宁静、清凉和高雅的氛围。冷色色彩与白色搭配一般会获得较好的视觉效果。

6）有主色的混合色彩搭配

有主色的混合色彩搭配是指以一种颜色作为主要颜色，同色辅以其他色彩混合搭配，形成缤纷而不杂乱的搭配效果。

7）文字与网页的背景色对比要突出

文字内容的颜色与网页的背景色对比要突出，底色深，文字的颜色就应浅，以深色的背景衬托浅色的内容（文字或图片）；反之，底色淡，文字的颜色就要深些，以浅色的背景衬托深色的内容（文字或图片）。

以上几个搭配方法可以结合使用，但是一定要切记：

（1）不要将所有颜色都用到，尽量控制在三种色彩以内。

（2）背景和前文的对比尽量要大（绝对不要用花纹繁复的图案作背景），以便突出主要文字内容。

6.3 网站设计原则

网页设计的成功，往往不是靠复杂的创意，反而是一些网页中元素的整体设计。一个优秀网站设计应具备以下原则。

1．主题明确有特色

主题也就是网站的题材，网络的特色是及时、新鲜、丰富、热闹，这是吸引读者上网的条件。选择题材，定位要小，内容要精。全而不精的内容很容易造成信息杂乱的感觉。此外，还可以在特殊议题或主题上加以突出。

2．内容第一

内容可以是任何东西，包括文字、图片、影像、声音等，而且要跟这个网站所要提供给人的讯息有关系。

3．首页设计很重要

首页是用户浏览网站的第一印象。在首页中对网站的性质与所提供内容做个扼要说明与导引，对内容设置类别选项，使用户可以快速找到需要的主题。在首页的设计中，尽量不要放置大型图形文件或加上不当的程序，因为它会增加下载时间，导致观赏者失去耐心；其次画面不要散置得太过杂乱无序。

4．巧妙运用图形

图形是 WWW 网站的特色之一，它带有醒目、吸引用户及传达信息的功能，好的图形应用可以让网页增色不少，但不当的图形应用则会带来反效果，而其中又以大量使用无意义及大型的图形成为网页的败笔。笔者建议，应尽量缩小或省略图形。设计者必须依据 HTML 文件、图形文件的大小，考虑传输速率、延迟时间、网络交通状况，以及服务端与用户端的软/硬件条件，估算网页的传输与显示时间。在图形使用上，尽量采用一般浏览器均可支持的压缩图形格式，如 JPEG 与 GIF 等，而其中 JPEG 的压缩效果较好，适合中大型的图形，可以节省传输时间。如果真要放置大型图形文件，最好将图形文件与网页分开，在网页中先显示一个具有联结功能的缩小图档或是一行说明文字，然后加上该图形文件大小的说明（如 100KB），如此不仅加快网页的传输，而且可以让用户判断是否继续浏览。

5．背景底色

若没有绝对必要，最好避免使用背景图案，保持干净清爽的本文。但如果真的需要使用背景，那么最好使用单一色系，而且要跟前景的文字有明显的区别。而使用花俏多色的背景，不仅大量耗费传输与显示时间，而且会严重混乱用户的阅读。

6．考虑用户的软/硬件支持

网页设计必须考虑使用者的硬件和浏览器软件等。网页中的内容应采用所有浏览器都可以阅读的格式，如果需要添加一些新技术等，可以考虑在主页中设置几种不同的观赏模式选项（例如，纯文字模式、Frame 模式、Java 模式等），供用户自行选择。

7．避免滥用技术

使用技术时一定要考虑传输时间，不要成为用户浏览的沉重负担；其次，技术一定要与本身网站的性质及内容相配合；最后，技术最好不要用得太过多样而复杂。Java 小程序是目前网络上的常见技术，虽然只要浏览器支持就可以动，但也需要考虑传输时间，以及一般用户的计算机系统的负荷等问题。

8．即时、更新、维护

所有用户对最新的信息都有兴趣，所以网页上的资料一定要注意即时性。如果想要经营一个带有即时性质的网站，除了注意内容外，资料还要记得每日更新。笔者建议，网页要周期性地更新，时时保持新鲜感。最后，需要考虑的就是事后维护管理的问题，制作网页很简单，但维护管理就比较烦琐。个人性质的网站在维护管理上比较简单，但公司网站的维护不仅加快网页的传输，而且可以让使用者判断是否继续浏览。

6.4　网页版面布局设计

就像传统的报刊杂志编辑一样，将网页看作一张报纸，一本杂志来进行排版布局。虽然动态网页技术的发展使得学习者开始趋向于学习场景编剧，但是固定的网页版面设计基础依然是必须学习和掌握的。

6.4.1 页面布局步骤

因为每个用户的显示器分辨率不同，所以同一个页面的大小可能出现 640*480 像素，800*600 像素，1024*768 像素等不同尺寸。布局，就是以最适合浏览的方式将图片和文字排放在页面的不同位置。下面了解一下版面布局的步骤。

（1）做草案

新建页面就像一张白纸，没有任何表格，框架和约定俗成的东西，尽可能的发挥想象力，将想到的“景象”画上去，这属于创造阶段，不讲究细腻工整，不必考虑细节功能，只以粗陋的线条勾画出创意的轮廓即可。尽可能多画几张，最后选定一个满意的作为继续创作的脚本。

（2）粗略布局

在草案的基础上，将确定需要放置的功能模块安排到页面上。（功能模块主要包含网站标志，主菜单，新闻，搜索，友情链接，广告条，邮件列表，计数器，版权信息等）。注意，这里必须遵循突出重点、平衡谐调的原则，将网站标志，主菜单等最重要的模块放在最显眼，最突出的位置，然后再考虑次要模块的排放。

（3）定案

将粗略布局精细化，具体化。在布局过程中，可以遵循的原则如下。

- 正常平衡，也称“匀称”。多指左右、上下对照形式，主要强调秩序，能达到安定诚实、信赖的效果。
- 异常平衡，即非对照形式，但也要平衡和韵律，当然都是不均整的，此种布局能达到强调性、不安性、高注目性的效果。
- 对比，所谓对比，不仅利用色彩、色调等技巧来表现，在内容上也可涉及古与今、新与旧、贫与富等对比。
- 凝视，所谓凝视是利用页面中人物视线，使浏览者仿照跟随的心理，以达到注视页面的效果，一般多用明星凝视状。
- 空白，空白有两种作用，一方面对其他网站表示突出卓越，另一方面也表示网页品位的优越感，这种表现方法对体现网页的格调十分有效。
- 尽量用图片解说，此法对不能用语言说服、或用语言无法表达的情感，特别有效。图片解说的内容，可以传达给浏览者更多的心理因素。

6.4.2 页面布局结构

下面看一下经常用到的版面布局形式。

1．“T”结构布局

指页面顶部为横条网站标志和广告条，下方左面为主菜单，右面显示内容的布局，整体效果类似英文字母“T”，所以称为“T”型布局。这是主页设计中用的最广泛的一种布局方式。优点是页面结构清晰，主次分明，容易掌握。缺点是规矩呆板，如果细节色彩上不注意，很容易让人看之无味。

2．“口”结构布局

这是一个象形的说法，就是页面一般上下各有一个广告条，左面是主菜单，右面是友情链接等，中间是主要内容。这种布局的优点是充分利用版面，信息量大，缺点是页面拥挤，不够灵活。

3．分栏式布局

该结构是一种开放式框架，通常适用于信息流量大、更新较快、信息存储量大的站点，可以根据情况分为两栏、三栏、四栏或更多。

4．对称对比布局

顾名思义，采用左右或者上下对称的布局，一半深色，一半浅色，一般用于设计型站点。优点是视觉冲击力强，缺点是将两部分有机的结合比较困难。

5．POP 布局

POP 引自广告术语，就是指页面布局像一张宣传海报，以一张精美图片作为页面的设计中心。优点显而易见，漂亮吸引人。缺点就是速度慢。

6．Flash 布局

这种结构通常以 flash 手法来表现全站的主要内容，往往在设计上非常考究，讲究创意，适合信息量较小的个人网站或者工作室网站，但制作过程相对较复杂，下载速度相对较慢。

以上是目前网络上常见的布局，其实还有许许多多别具一格的布局，关键是创意和设计了。对于版面布局的技巧，这里提供四个建议：

- 加强视觉效果；
- 加强文案的可视度和可读性；
- 统一感的视觉；
- 新鲜和个性是布局的最高境界。

随着网页设计行业的发展，在首页设计中也会使用无规律的页面结构，在栏目中使用有规律的分栏式或区域排版结构，可以多参考一些优秀的网站，依据需要进行设计。

6.5　本章小结

网页配色是网页设计中的非常重要的一个环节。本章由于篇幅所限，只能涉及比较基础的内容，包括色彩的三要素、色彩的寓意和结构设计。最后希望读者对这方面的知识有一个初步的认识。涉及更深的知识，读者还应查阅相关专业书籍。

6.6 本章习题

一、填空题

1．RGB 方式表示的颜色都是由红、绿和__________这 3 种基色调和而成。

2．常见的颜色模式有________、_________、_________、__________、和_________。

3．色彩的三要素是__________、__________、__________。

二、选择题

1．关于网页设计的色彩搭配原则，以下不正确的是（　　）。

A．色彩的鲜明性

B．色彩的独特性

C．色彩的艺术性

D．色彩越多越好

2．下列关于网页配色的说法不正确的是（　　）。

A．在色彩使用上应该尽量多地使用颜色，以丰富页面的色彩

B．可以采用同一种颜色，通过色彩变淡或者加深从而产生统一感和层次感

C．先选定一种颜色，然后选择它的对比色，这样可以达到醒目、新颖的效果

D．在颜色数量的使用上，尽量不要使用过多过杂的颜色

第7章　页 面 设 计

本章要点：

☑ 层的创建、选择、编辑、保存等操作方法

☑ 层的属性设置、层及嵌套层、层的叠放次序、层的可见性等内容

☑ 创建框架网页

☑ 框架和框架集的概念

☑ 框架和框架集的创建

☑ 框架和框架集的属性设置

☑ 编辑框架

一个优秀的网页设计者，在制作前都会确定网站的风格、基本框架和页面布局方式。在Dreamweaver中有多种布局页面的工具，如表格、AP Div及框架等，有效利用这些工具就可以制作出各种结构类型的网页。本章通过具体的实例，讲解表格、AP Div及框架等工具在网页布局中的作用。通过本章的学习，读者可以非常熟练地掌握这些工具的应用方法和相关技巧。

7.1　设置页面属性

工欲善其事，必先利其器。用Dreamweaver设计网站的时候，可以先把一些经常要调用的属性参数预先设好（例如：背景颜色、默认文本字体、文本大小、字体颜色、链接样式等），以便随时调用。在Dreamweaver的主窗口，选择菜单【修改】→【页面属性】命令，如图7-1所示，或者使用快捷键Ctrl+J，打开【页面属性】对话框，如图7-2所示。利用该对话框可以设置【外观】、【链接】、【标题】、【标题/编码】和【跟踪图像】页面属性。

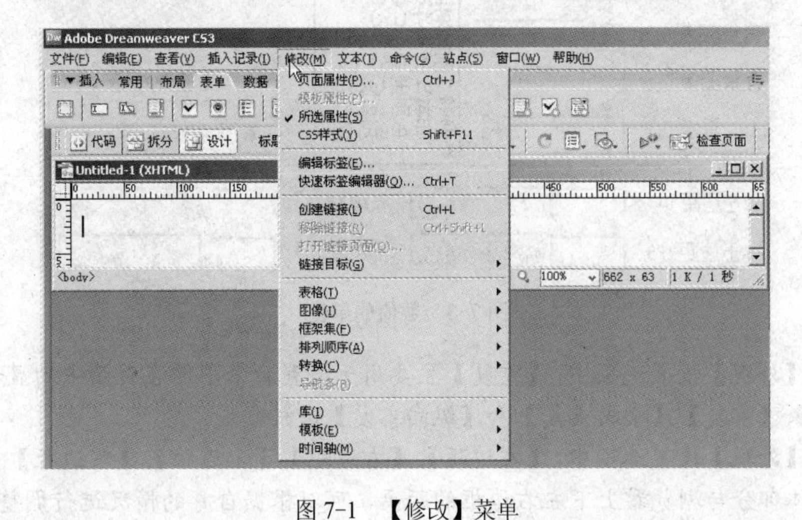

图7-1　【修改】菜单

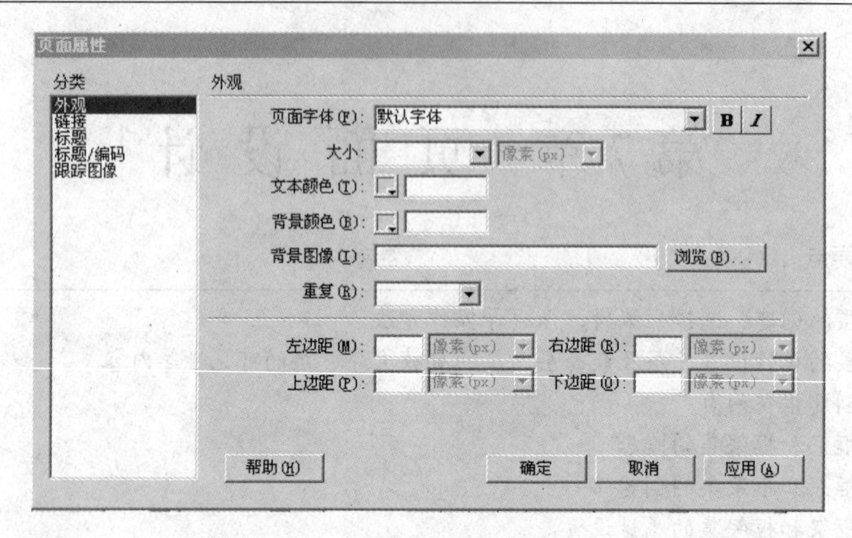

图 7-2 【页面属性】对话框

7.1.1 外观设置

通过【外观】设置选项，可以设置页面的一些基本属性，包括字体的字型、大小、文本颜色、背景颜色、背景图像、页边距等信息。

提示：

（1）Dreamweaver 中如果不选择单位，以像素（px）为默认单位，除此之外可以选择其他单位，如图 7-3 所示。

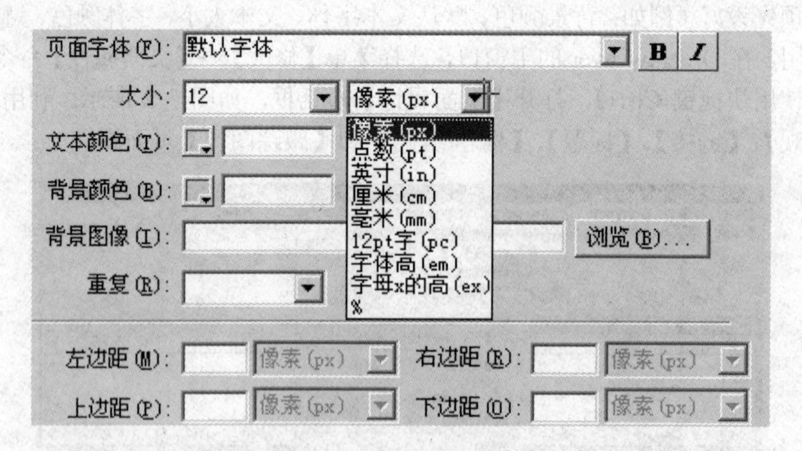

图 7-3 数值的单位

（2）在【外观】设置选项中，【重复】主要用于设置背景图像在页面中的显示方式，共有【不重复】、【重复】、【横向重复】和【纵向重复】四种方式。

（3）在【外观】设置选项中，【左边距】、【右边距】、【上边距】、【下边距】是用来设置页面文档主体部分与浏览器上下左右边框的距离，可以根据自身的情况进行调整。

7.1.2　链接设置

设置链接,【链接】选项是一些与页面的链接效果有关的设置，如图 7-4 所示。可以设置链接文字的字型、大小和链接的四种颜色及下划线的样式等。

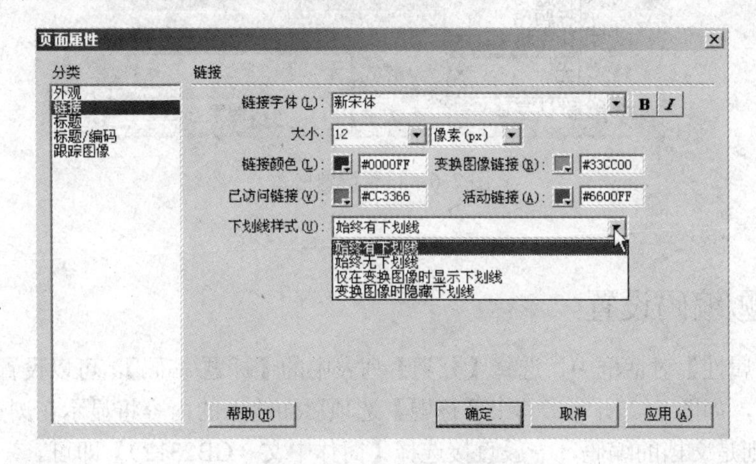

图 7-4　【链接】选项

提示:

【变换图像链接】其实就是定义鼠标放在链接上时文本的颜色。

7.1.3　标题设置

【标题】选项用来设置标题字体的一些属性。可以定义【标题字体】及 6 种预定义的标题字体样式，包括粗体、斜体、大小和颜色，如图 7-5、图 7-6 所示。【标题】设置好之后就可以在页面下方【属性栏】的【格式】选项里面调用了。

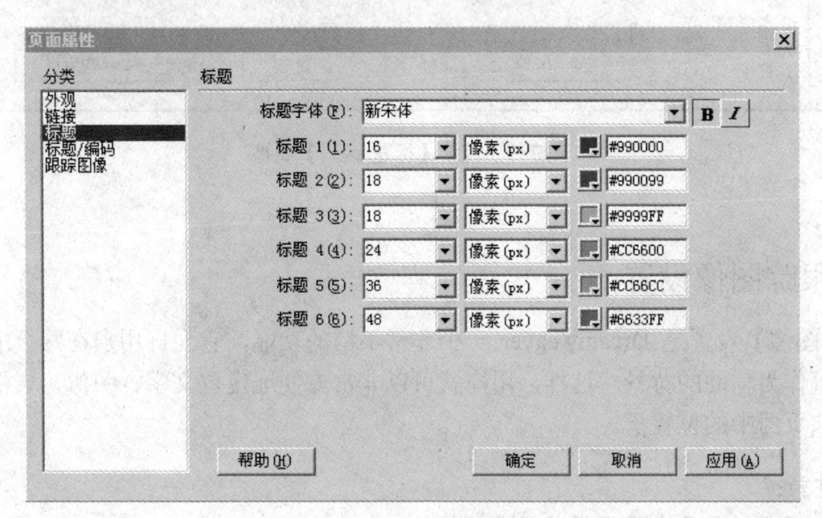

图 7-5　标题属性

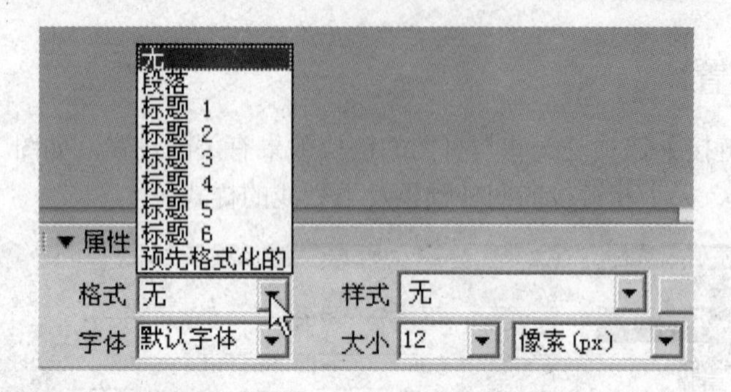

图 7-6 设置标题格式

7.1.4 标题/编码设置

在【页面属性】对话框中，选择【分类】列表中的【标题/编码】，可以设置网页的标题、文字和编码等，如图 7-7 所示。其中【标题】选项后面输入的内容将显示在浏览器的标题栏中，【编码】则是文档的编码，一般直接选择【简体中文（GB2312)】即可。

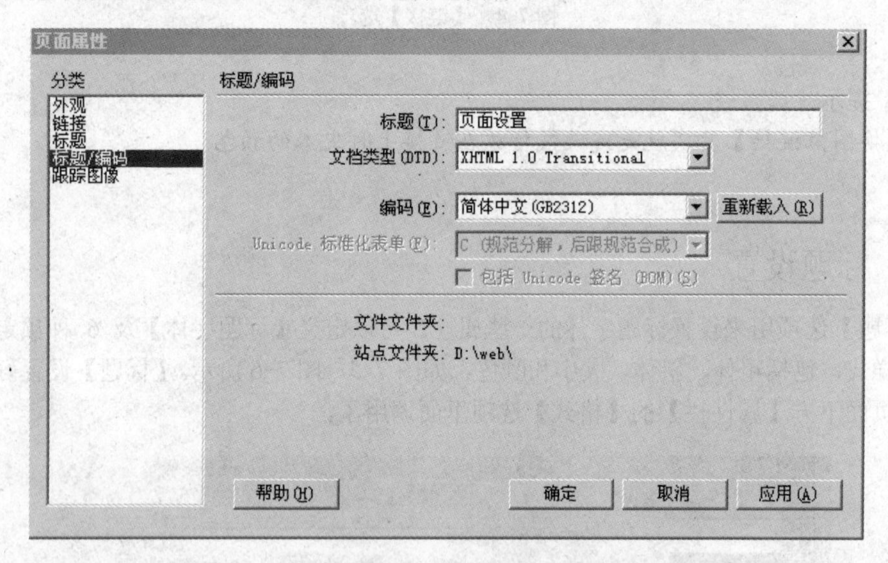

图 7-7 设置【标题/编码】属性

7.1.5 跟踪图像设置

【跟踪图像】设置是 Dreamweaver 一个非常不错的功能，它允许用户在网页中将原来的平面设计稿作为辅助的背景。这样，用户就可以非常方便地定位文字、图像、表格、层等网页元素在该页面中的位置了。

注意：

要根据页面的需要来设置图像的透明度。

7.2 利用表格布局页面

在前面的第 5 章中，已经学习了表格的一些使用方法。通过前面的学习，会发现表格虽然是布局定位工具，但是很难把表格自身定位在一个随意的位置，表格或者是靠左对齐，或者靠右对齐，或者居中对齐。那么如果想把表格放置在页面的任意处，是非常困难的事情。如何解决这个问题呢？这就是本节要学习的内容——使用布局表格。布局表格是 Dreamweaver 提供的一个工具，目的是使设计师能够更方便地进行网页布局设计。

通常网页的布局是以从上到下的顺序进行布局的，用户大致可以将它分为 3 大块：栏目导航区、主内容区和版权区。栏目导航区又可以分为栏目区和导航区，主内容区可以细分为左边区域、中间区域和右边区域。这些区域也不是必须要按照固定的排列来划分区域，有时候违反常规的一些设计往往会因为它的与众不同而更能吸引浏览者。

页面布局是网页制作的宏观设置，使用表格进行页面布局是其中最常用的手段。通过表格对网页的版面进行分割，把不同的区域分开用以填充不同的内容，将图像或文本放置在表格的各个单元格中，从而精确控制其位置。

在布局页面时，往往要利用表格来定位页面元素，通过设置表格和单元格的属性，可实现对页面元素的准确定位，合理地利用表格来布局页面，有利于协调页面结构的平衡。创建好表格后，可以在表格中输入文字、插入图像、修改表格属性、嵌套表格等。本节将通过一个简单的布局制作实例，使读者了解如何搭建网页框架。

1. 网页顶部（一般包括图标、广告、导航菜单）

（1）新建一个网页文档，选择菜单【修改】→【页面属性】命令，打开【页面属性】对话框，在【分类】列表中选择【外观】设置页面字体【大小】为“12”像素，【文本颜色】为“#000000”，设置【背景颜色】为“#CCCCCC”，设置页面上、下、左、右的边距均为“0”，如图 7-8 所示。

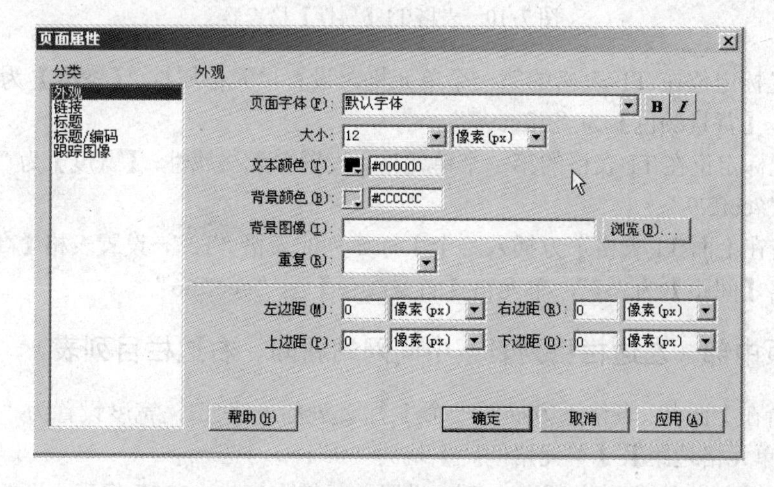

图 7-8 设置外观

（2）创建一个 1 行 2 列的“T1”，【表格宽度】设置为“778”像素，【边框粗细】、【单元格边距】、【单元格间距】均为“0”，如图 7-9 所示。

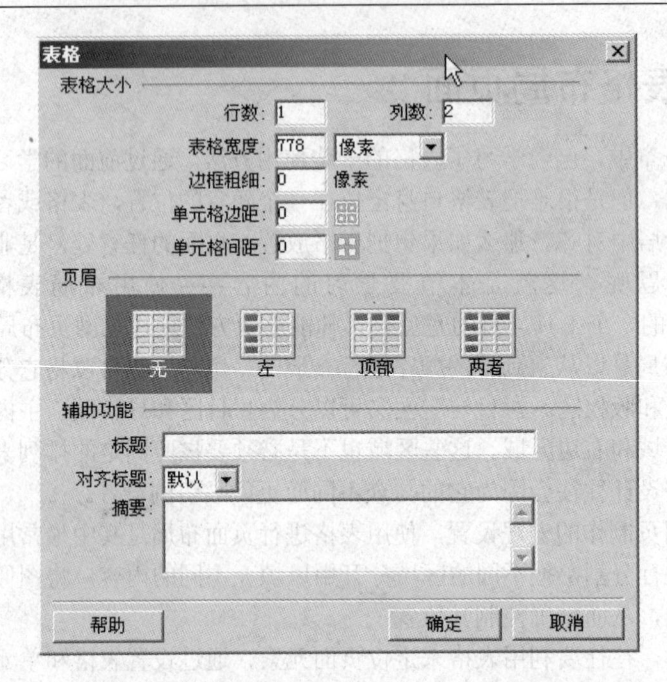

图 7-9 创建表格

（3）选中“T1”表格，设置表格对齐方式为【居中对齐】，如图 7-10 所示。

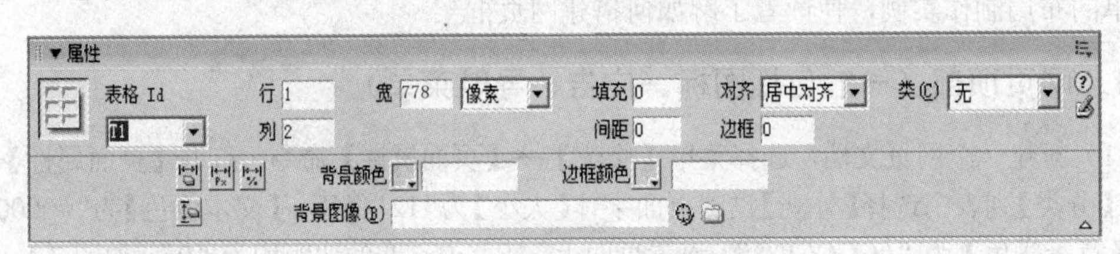

图 7-10 表格 T1【属性】检查器

（4）将光标定位在 T1 表格的第一个单元格，设置单元格属性，【宽度】为“120”，【高度】为“60”，【背景颜色】为“#ffcc99”。

（5）将光标定位在 T1 表格的第二个单元格，设置单元格属性，【宽度】为“100%”，【背景颜色】为“#ccff99”。

（6）接着在上面 T1 表格下方插入一个 1 行 8 列的表格“T2”，设置表格【高度】为“20”像素。单元格【间距】为“1”，单元格【背景颜色】为“#ccff66”。

2．网页中部（左边栏目列表、中间网站新闻、右边栏目列表）

（1）接着在上面 T2 表格下方插入一个 1 行 2 列的表格 T3，宽度设置为“778”像素，表格边框、【单元格边距】、【单元格间距】均为“0”。

（2）将光标定位在 T3 表格的第 1 列，设置单元格宽度为“195”像素，设置【背景颜色】为“#ffffcc”，然后插入一个 4 行 1 列的表格 T4，并设置 T4 表格的【宽度】为“90%”，对齐方式为【居中对齐】。

（3）在【属性】检查器中设置 T4 表格的单元格的【高度】分别为“20”像素、“180”

像素、“20”像素、“180”像素，【背景颜色】分别为“#cc6600”、“#cccc33”、“#cc6600”、“#cccc33”，插入表格 T4 后的效果如图 7-11 所示。

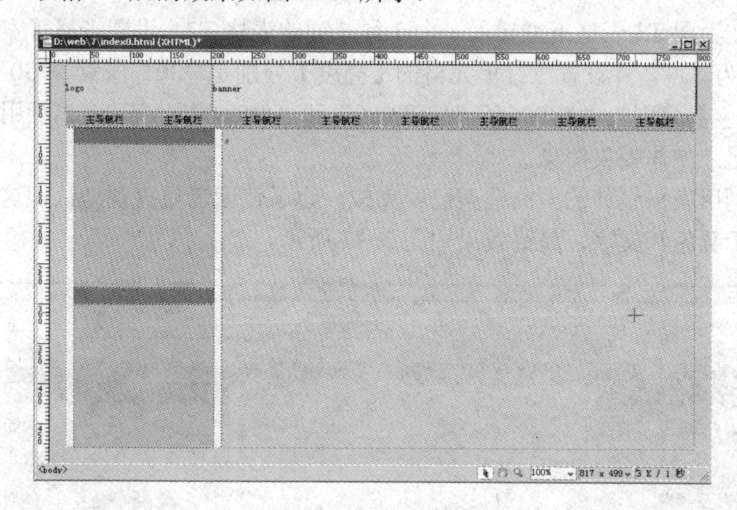

图 7-11 插入 T4 表格后的效果

（4）选中 T3 表格的第 2 列单元格，合并成一个单元格并拆分成 2 行 1 列 A 和 B 单元格，设置单元格的【高度】依次为“260”像素、“140”像素。

（5）将光标定位在 A 单元格内，拆分成两列得到 C 和 D 单元格，设置单元格 C 的【宽度】为“400”像素，【背景颜色】为“#ffff66”。

（6）将光标定位在 C 单元格内，插入 2 行 1 列表格 T5，表格宽度为“90%”，设置表格的【背景颜色】为“#ffffcc”，设置其单元格【高度】为“20”像素、“240”像素，设置其【背景颜色】分别为“#cc6600”、“#cccc33”。

（7）将光标定位在 B 单元格内，插入 2 行 5 列表格 T6，设置 T6 表格间距为“1”，设置 T6 第 1 行和第 2 行的【高度】分别为“120”像素、“20”像素，【背景颜色】分别为“#ccff66”、“#99cc99”，如图 7-12 所示。

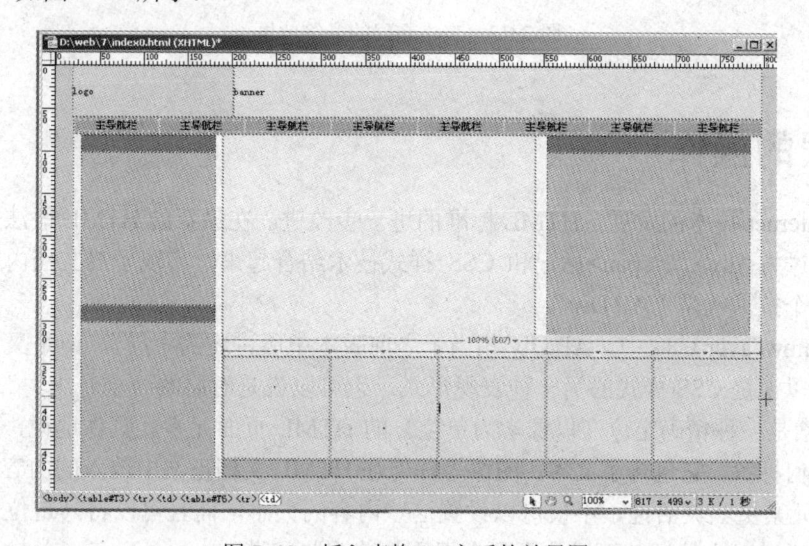

图 7-12 插入表格 T6 之后的效果图

3．网页底部（一般包括版权信息及其他相关内容）

（1）接着在上面 T3 表格下方插入一个 3 行 8 列的表格 T7，设置表格【宽度】为“778”像素，【间距】为“1”，并设置三行单元格的【高度】分别是“30”像素、“30”像素和“50”像素，【背景颜色】分别为“#ff9966”、“#ff9966”和“#ffcc00”。第 1、2 行用来制作友情链接，最后一行用来制作版权信息。

（2）至此利用表格设计的页面框架已经完成，为了使读者更直观地认识这个布局，笔者在实例中添加了颜色和文字，最终效果如图 7-13 所示。

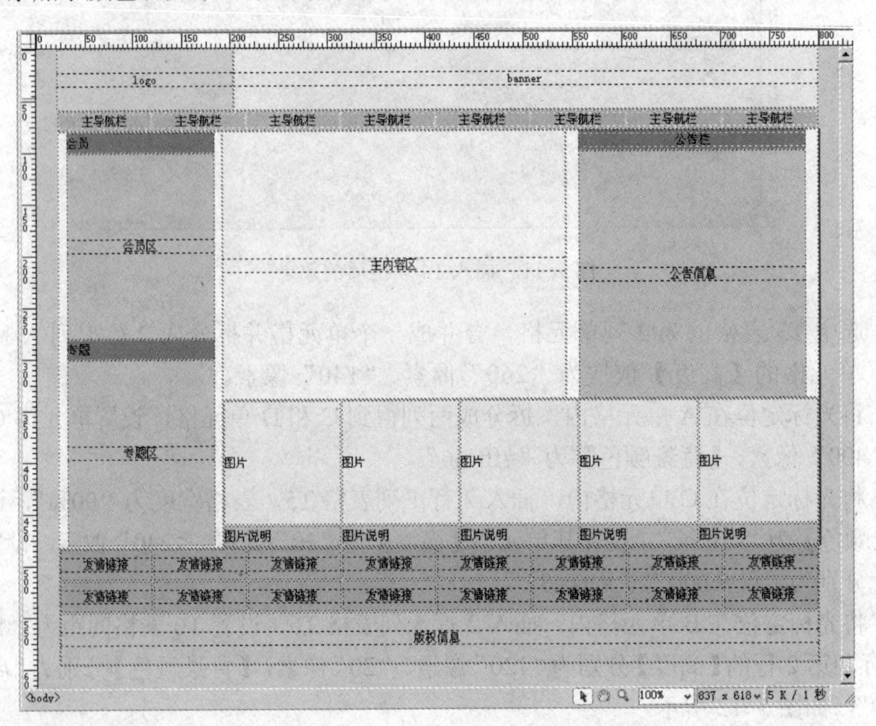

图 7-13　表格布局的最终效果

7.3　层的操作

随着 Internet 技术的发展，HTML 标准的进一步改进。在最新的 HTML 语法规范中，软件开发者通过将<div>、<span>标记和 CSS 样式技术结合起来，实现了对文档内容的快速精确定位，这个技术就是“AP Div”。

在 Dreamweaver CS3 中，AP Div 相当于之前版本中所讲述的“层”。但是又与层有着一些区别，可以说是 CSS 样式的另一种表现形式，也可以说是对层的一个升级。

AP 元素是一种精确定位（以像素为单位）的 HTML 页面元素。具体地说，就是 div 标签或其他任何标签。它包含了文本、图像等任何在 HTML 文档正文中放入的内容。相对表格来说，AP 元素更具灵活性，不仅可以设置这些内容的大小，而且可以将其定位在页面上的任意位置。通过对它的调整可以使页面布局更加美观与和谐。

7.3.1　创建层

Dreamweaver 对绘制 AP Div 提供许多方便、快捷的方法。下面介绍几种创建方法。

方法一：在【标准】或者【扩展】两种模式下都可以使用绘制 AP Div 按钮创建绘制一个随意大小的 AP Div。

方法二：在菜单栏选择【插入记录】→【布局对象】→【AP Div】命令，在网页中即可绘制一个 AP Div。

技巧：

在文档窗口中一次只可以绘制一个 AP Div，若想绘制多个 AP Div，就可以在单击【绘制 AP Div】按钮后、按住 Ctrl 键的同时，在文档窗口中连续拖曳，就可以绘制出多个 AP Div。

7.3.2　创建嵌套 AP Div

在表格中可以插入表格，形成嵌套关系，同样在 AP Div 中也可以插入嵌套 AP Div，通过嵌套 AP Div 可以把多个 AP Div 组合成一个整体。

方法一：新建一个普通 AP Div，在单击【绘制 AP Div】按钮后，按住 Alt 键，就可以在 AP Div 中拖曳出一个自定义大小的嵌套 AP Div。

方法二：在创建好一个 AP Div 后，在【插入】面板的【布局】选项卡中单击【绘制 AP Div】按钮，按住左键，在新建好的 AP Div 中松开左键，即可以得到一个预设大小的嵌套 AP Div。

方法三：在 AP 活动面板中拖动到已有 AP Div 松开左键即可。

方法四：选择【编辑】→【首选参数】命令，打开【首选参数】对话框，如图 7-14 所示。

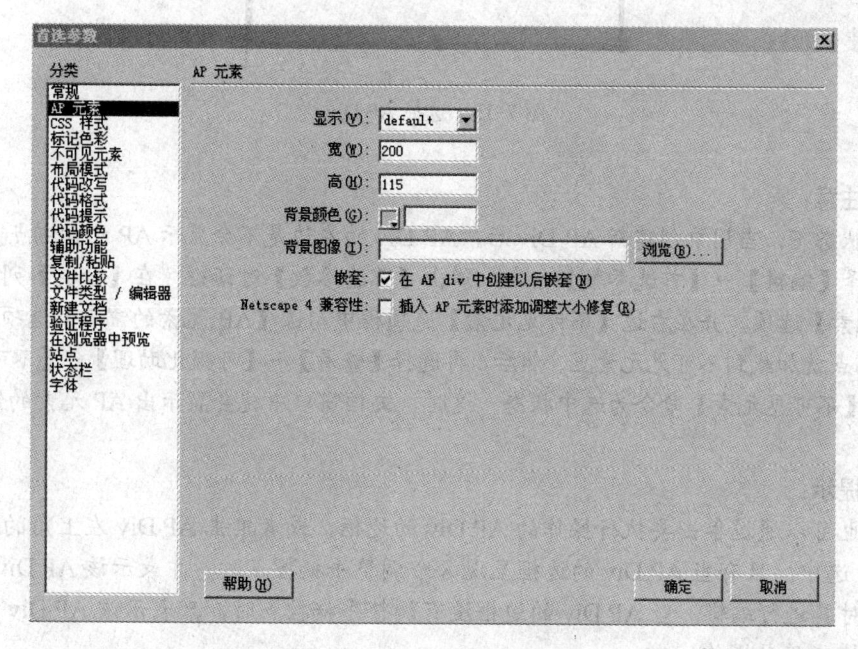

图 7-14　【首选参数】对话框

在此对话框的左边【分类】列表中选择【AP 元素】选项。右边则会自动跳转到【AP 元素】选项框。勾选【在 AP Div 创建以后嵌套】选项将其选择，用户就可以直接在原有 AP Div 里绘制出一个嵌套 AP Div 了。当勾选此选项后，在文档窗口中绘制 AP Div 时，需注意的是：软件会自动地将绘制时相交的两个 AP Div，按先后顺序创建为嵌套 AP Div。

注意：

在【首选参数】对话框中勾选【在 AP Div 创建以后嵌套】选项后，仍创建不了嵌套 AP Div。解决的办法就是在【AP 元素】面板中将【防止重叠】选项勾选为不选择状态。【防止重叠】格式，会在以后的章节里进行讲解。

7.3.3 选择 AP Div

要对一个 AP Div 执行其他的操作，首先必须选中此 AP Div。在 Dreamweaver 中，用户可以利用可视化的方式来完成选中操作。

1. 选择单个 AP Div

每新建一个 AP Div 之后，在 AP Div 的左上边都会显示出一个如图 7-15 左上角的小图形，单击此锚点就可以选择 AP Div。

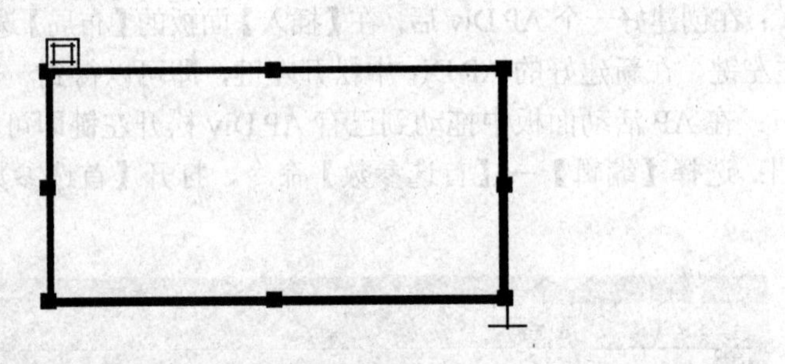

图 7-15 选择 AP Div

注意：

默认状态下，当用户创建新 AP Div 后，AP Div 的左边是不会显示 AP 元素锚点的。这时需要选择【编辑】→【首选参数】命令，弹出【首选参数】对话框；在【分类】列表中选择【不可见元素】选项，并在右边【不可见元素】选项框中勾选【AP 元素的锚点】选项。此时，AP 元素锚点就加载到不可见元素里。然后，再选择【查看】→【可视化助理】→【不可见元素】命令，使【不可见元素】命令为选中状态。这时，文档窗口中就会显示出 AP 元素的锚点。

提示：

用户也可以通过单击要执行操作的 AP Div 的边框，或者单击 AP Div 左上角的选择手柄将 AP Div 选中。只有当 AP Div 的边框呈现 8 个调整手柄控点时，才表示该 AP Div 被选中，并且可以对其进行编辑。当 AP Div 的边框没有调整手柄控点时，只表示该 AP Div 被选中，对其可以执行移动操作。

2. 选择多个 AP Div

为了对页面中局部的多个 AP Div 执行其他操作，需要对多个 AP Div 进行选择。那么，就要用到 Shift 键。按住 Shift 键之后，逐个单击想要操作的 AP Div 的边框，则可以选中多个 AP Div，如图 7-16 所示，此图中后选中的 AP Div 边框的调整手柄控点是实心小方块，其他 AP Div 边框的调整手柄控点皆为空心的小方块。

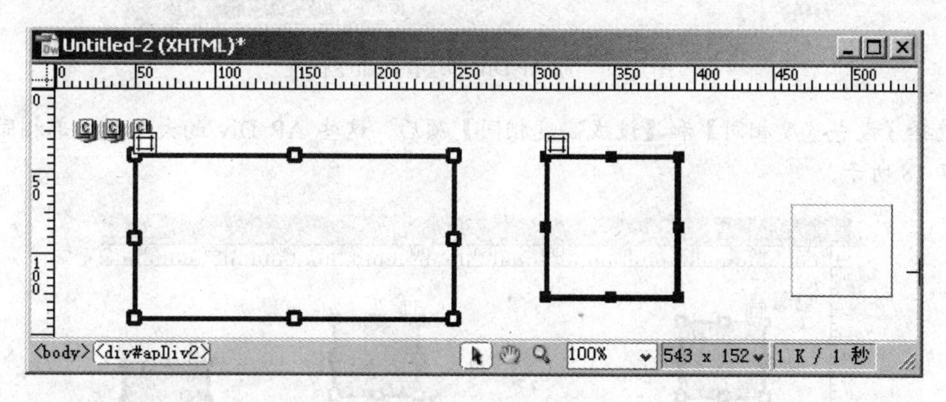

图 7-16　选中多个 AP Div

技巧：

如果希望对文档窗口中所有 AP Div 进行选择。还可以用 AP 元素的锚点，在按住 Shift 键后，单击 AP Div 的锚点列中的首个锚点，即可选中页面中所有的 AP Div。

7.3.4　调整 AP Div 的大小

用户通过对 AP Div 大小的调整，可以在布局时呈现想要突出表达的部分，让整个页面的主题更加鲜明与规范。

方法一：选中将要进行操作的 AP Div，将光标移动 AP Div 的边框上，当鼠标为双向箭头时，按住光标拖曳就可以调整此 AP Div 的大小。

方法二：选中 AP Div 之后，按住 Ctrl 键，按下相应方向的方向键即可改变 AP Div 的大小。

提示：

每按一次方向键，AP Div 就会调整一个像素的大小。按住 Ctrl+Shift 组合键，然后按下相应方向的方向键，则每按一次方向键，AP Div 就会调整 10 个像素的大小。

当需要同时调整多个 AP Div 时，则需要选择【修改】→【排列顺序】命令，在【排列顺序】菜单选项显示的子菜单中，可以选择调整 AP Div 大小的方式。

注意：

在选择【设成宽度相同】或【设成高度相同】选项时，被选中的多个 AP Div 将被设为最后一个被选中的 AP Div 的宽度或高度。

如图 7-17 所示为原 AP Div 和选择的命令位置。

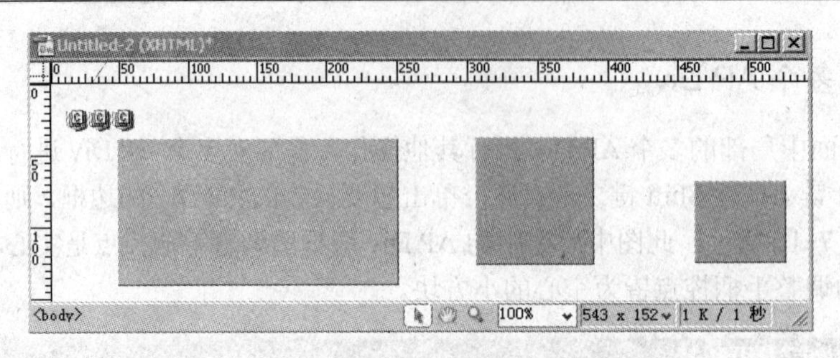

图 7-17　原 AP Div 和选择的命令位置

选择【设成宽度相同】和【设成高度相同】项后，这些 AP Div 的大小就全部相同了，如图 7-18 所示。

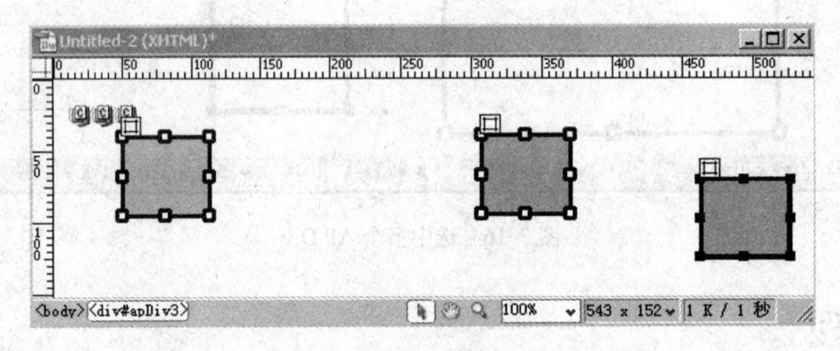

图 7-18　设置改变后的位置

7.3.5　移动 AP Div

AP Div 在 Dreamweaver 中相当于一个游离于文档窗口之上的又一文档窗口，这样可以对 AP Div 在下方的文档窗口任意移动。但是如果【防止重叠】选项被选中，那么当一个 AP Div 与其他 AP Div 已经重叠时，则无法再对其移动。有两种实现方法：

（1）选中一个 AP Div，可以按住 AP Div 左上角的移动手柄对其移动；

（2）也可以将光标移到 AP Div 的边框上，当出现十字箭头时，按住光标就可以对其进行移动。

提示：

当需要对多个 AP Div 进行移动时，用户只需移动最后一个被连续选中的 AP Div，就可以对所有选中的 AP Div 进行移动。

7.3.6　排列 AP Div

如果页面中存在多个 AP Div，可能会使页面感觉杂乱无序，影响页面的布局和文档的设置。这时，就需要使用对齐命令来对齐 AP Div。

首先选中将要对齐的 AP Div，然后选择【修改】→【排列顺序】命令，在弹出的子菜单中对其执行左对齐、右对齐、上对齐和对齐下缘等操作。使用这些对齐方式，就可以得到一个页面相对和谐的布局。

提示：

在对 AP Div 进行对齐时，即使是没有被选择的子 AP Div 也会随着其父 AP Div 移动，为了避免这种现象，尽量不要使用嵌套 AP Div。

7.3.7　删除 AP Div

当选中一个层后，按 Delete 键或单击【剪切】按钮，可删除该层。

7.3.8　将 AP Div 转换成表格

对于 AP Div 与表格之间的转换，可以选择【修改】→【转换】→【将 AP Div 转换为表格】命令，弹出【将 AP Div 转换为表格】对话框，如图 7-19 所示。

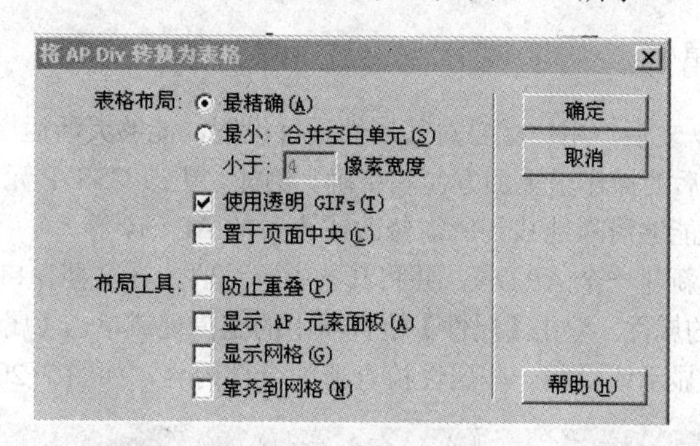

图 7-19　【将 AP Div 转换为表格】对话框

用户可以通过对【将 AP Div 转换为表格】对话框里的各个选项进行设置，来决定当 AP Div 转换为表格的显示方式。【将 AP Div 转换为表格】对话框分为【表格布局】和【布局工具】两部分。

1. 表格布局

【最精确】：此选项可为每个 AP Div 创建一个单元格，并且保留 AP Div 之间的间隔所必需的附加单元格。

【最小：合并空白单元】：如果需要执行转换的 AP Div 被定位在指定的像素值内，那么 AP Div 的边缘应处在对齐状态。但是选择此项，生成的表格中将包含较少的空行和空列，可能不能与布局精确匹配。

【使用透明 GIFs】：选中此复选框，用户可以强制地使用透明的 GIF 图像填充表格的最后一行。让转换后的表格在所有浏览器中都可以显示相同的列宽，需要注意的是当选中此项时，用户将不能通过拖动表格来编辑生成的表格。若没有选中，生成的表格中将不包含透明的

GIF，但在不同的浏览器中可能具有不同的列宽。

【置于页面中央】：当选中此复选框后，生成的表格将在文档窗口中居中显示。如果没有选中此选项，表格默认的对齐方式为左对齐。

2. 布局工具

【防止重叠】：选中此选项，可以防止出现 AP Div 重叠的现象。

【显示 AP 元素面板】：选择此选项，可以在 AP Div 向表格转换完成后显示【AP 元素】面板。

【显示网格】和【靠齐到网格】：在将 AP Div 转换为表格时，通过对它们的选择可以使用网格来协助 AP Div 进行定位。

注意：

表格中的单元格是不允许重叠的。因此要将 AP Div 转换为表格需要对【防止重叠】命令进行选择，并对页面中使用嵌套的 AP Div 进行调整。

7.3.9 AP Div 属性

当创建了 AP Div 之后，用户就要对其属性进行设置，能够灵活运用 AP Div 的属性检查器，可以让用户在以后的操作里更加方便和精确。例如，更改 CSS-P 元素，方便在以后对页面的修改或查看时，能够清晰地找到所需修改或查看的 AP Div 等。

在文档窗口中，新建一个 AP Div，并将其选中。这时，在文档窗口下方的属性检查器，就会显示出 AP Div 的属性。双击【属性】检查器中的空白处或单击【属性】检查器右下方的【扩展】按钮，可以显示或隐藏一些属性检查器的全部内容，如图 7-20 所示。

图 7-20 AP Div 的【属性】检查器

主要选项介绍如下。

1. CSS-P 元素

指定 AP Div 的名称，用于识别不同的层，并标示【AP 元素】面板和 JavaScript 代码中的 AP Div。用户可以在文本框中输入 AP Div 的名称。此名称具有唯一性，当页面中 AP Div 比较多的时候，可以在下拉列表中对 AP Div 进行选择。

注意：

AP Div 的名称只能由英文字母和数字组成，不能使用特殊字符，如空格、百分比号、斜杠等，而且只能以英文字母开头。

2．左、上、宽和高

【左】和【上】用以标明 AP Div 的位置，用户可以通过对【左】和【上】的调整，来对 AP Div 进行横坐标和纵坐标的调整。【左】是指定 AP Div 相对于页面或父 AP Div 左上角的位置，【上】用来调整距离顶边的值。宽（W）和高（H）注明 AP Div 的宽和高。

AP Div 通过对【宽】和【高】的调整来调整 AP Div 的大小。调整后，AP Div 会向右下或左上进行扩展或收缩。【左】、【上】、【宽】和【高】的默认单位是像素（px）。这样相比使用拖曳方法来改变 AP Div 的大小更加精确。

3．Z 轴

Z 轴的数值用来显示 AP Div 的堆叠顺序号。其值可以为正数，也可以为负数。数值大的 AP Div 将会出现在数值小的 AP Div 的上方。通过在【AP 元素】面板中对 AP Div 的调整，可以改变 Z 轴的大小，也会因此改变 AP Div 的堆叠顺序。

4．可见性

AP Div 的【可见性】用来确定 AP Div 的最初显示状态。单击下拉箭头，在下拉列表中有 4 个选项可以选择和应用。

default：为默认值，一层的 AP Div 遮盖。

inherit：表示继承其父 AP Div 的可见性。这时，AP Div 默认可见，但也可以被用于嵌套 AP Div。

visible：表示可见，AP Div 中的内容都将显示。在嵌套 AP Div 中，选择此项，该 AP Div 即可继承无条件的显示。

hidden：表示隐藏。在嵌套 AP Div 中，无论其父 AP Div 是否可见，此 AP Div 的内容都将隐藏。

AP Div 的可见性属性一般应用于某些行为来为网页增添变换效果，例如，设置当按钮按下时页面中某 AP Div 不可见，那么就可以在按钮按下时，将 AP Div 的属性设置为 hidden。

5．背景图像

此选项用来选择 AP Div 的背景图像，在文本框中直接输入图像的路径，也可以单击文件夹图标，在弹出的【选择源文件】对话框中，即可选择所需图像文件。单击【确定】按钮后，选中的图片添加为当前层的背景图片。

6．背景颜色

此选项用来设定 AP Div 的背景颜色。默认的背景颜色为透明色。用户可以单击【颜色选择器】按钮，在颜色选择器中选择需要的背景颜色。

7．溢出

使用此选项可以调整 AP Div 中内容的显示方法。解决 AP Div 中的内容（包括文本、图片等）超过 AP Div 的范围时的问题。单击【溢出】下拉菜单会出现以下 4 个选项。

Visible：表示显示 AP Div 中的内容，即通过对 AP Div 向下和向右方向的延伸来显示超出 AP Div 范围的内容，即超出的部分照样显示。

Hidden：表示对超出 AP Div 范围外的内容进行隐藏处理，也可以说是对 AP Div 不做任何改变，剪裁掉超出此 AP Div 的内容。

Scroll：表示添加滚动条，即无论 AP Div 中的内容是否超出其范围都将添加滚动条。

Auto：表示智能地添加滚动条，当 AP Div 中的内容未超出其范围时不添加滚动条，超出其范围时就会自动添加滚动条。

注意：

设置了【溢出】为 Visible，要防止页面的改变，而掩盖其下方的内容。

8．剪辑

设置 AP Div 的可见区域，分别从【左】（左边距）、【右】（右边距）、【上】（上边距）和【下】（下边距）的文本框中输入数值，剪辑并不是将 AP Div 中的内容剪裁掉，而是对其隐藏。在一个 350*350 的层中插入一个 300*300 的图像，未作剪辑设置前的层如图 7-21 所示，剪辑设置后的层如图 7-22 所示。

图 7-21　未作剪辑设置前的层

图 7-22　剪辑设置后的层

为了布局格式的统一性或对多个 AP Div 在页面中的位置进行统一调整时，可以选择需要执行操作的多个 AP Div，Dreamweaver 对于多个 AP Div 也可以在【属性】检查器中对其进行设置。

7.3.10　AP 元素面板

在对 AP Div 进行各种操作和管理时，用户会经常用到【AP 元素】面板。可以选择【窗口】→【AP 元素】菜单命令或按 F2 键打开【AP 元素】面板，如图 7-23 所示。【AP 元素】面板分为 3 列。使用【AP 元素】面板可以设置 AP Div 嵌套或层叠、更改 AP Div 的可见性及对单个或多个 AP Div 的选择等。

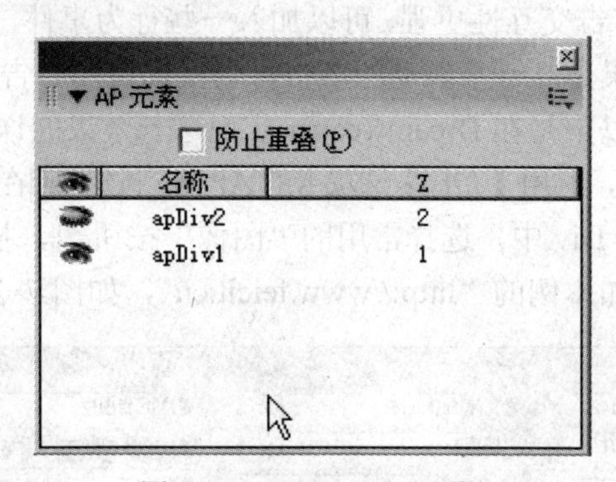

图 7-23　AP Div 活动面板

【AP 元素】面板的主体部分如下。

第一列：显示与隐藏栏。在小眼睛图标的下方，通过单击来决定 AP Div 显示和隐藏。

可以将文档窗口中的 AP Div 全部隐藏，也可以选择显示某一个 AP Div。当在默认状态下，面板中 AP Div 为显示或继承状态。

第二列：名称栏。它和 AP Div 属性检查器中的 CSS-P 元素是相同的。在想要更改名称的 AP Div 名称上双击，就可以改变其名称。

第三列：Z 轴栏。此栏和 AP Div 属性检查器中的 Z 轴选项是相同的，显示文档窗口中的 AP Div 的堆叠顺序。单击要操作的 AP Div 名称，按住鼠标左键进行拖动，改变它们的堆叠顺序，此时，Z 轴的堆叠顺序号也相应改变。也可以直接输入来改变 AP Div 的堆叠顺序。

技巧：

（1）在【AP 元素】面板中，选择单个 AP Div 只需在其名称上单击即可。当按住 Shfit 键，在多个 AP Div 上单击，就可以选择多个想要进行操作的 AP Div。

（2）在选中一个 AP Div 后，按住 Ctrl 键，将它拖至想要嵌套的 AP Div 的上面，就可以将它嵌套入此 AP Div 中，成为此 AP Div 的子 AP Div。

（3）当用户将 AP Div 转换为普通的表格时，由于表格中的单元格是不可以重叠的。所以在转换之前，必须重新调整 AP Div 的位置，使其不重叠，勾选【AP 元素】面板中的【防止重叠】选项。在文档窗口中调整 AP Div 的位置时，就可以禁止 AP Div 的相互重叠。

7.4 层运用实例

随着网络技术的发展，网页对象仅仅停留在平面二维是落伍的，Dreamweaver 的 AP Div 可以轻松建立三维效果，可以使网页中的对象在垂直方向互相重叠，再配合时间轴 Timeline 的应用做出意想不到的效果，使网页动感十足。

Timeline（时间轴）是 Dreamweaver 最精华中的一点。用 Timeline 做动画可以满页飞，动画的实现主要是通过 Java Script 语句来完成的，在 Dreamweaver 中只需用鼠标点几下就好了。Dreamweaver 动画是建立在 AP Div 上的，下面将通过一个范例的实现来体现 AP Div 和 Timeline 的强大功能。

时下非常流行在网站首页放置飘动的广告，这样的广告节省页面空间、交互性强，往往点击率很高，为了使飘动广告交互性更强，可以加入一些行为事件，如 Onclick、OnMouseOver 等。下面范例要实现的效果是：一个飘动的广告，当鼠标指向广告时，时间轴动画停止，当鼠标移开广告恢复原状。以下是在 Dreamweaver 实现这一效果的详细步骤。

（1）打开一个网页文件，利用【布局】选项卡的 AP Div 按钮 在适当位置插入一个 AP Div。

（2）将光标定位在 AP Div 中，选择常用的“图像”按钮，插入图像，在图像【属性】检查器中设置链接地址，如本例的“http://www.feicit.cn”，如图 7-24 所示。

图 7-24　AP Div 中图像【属性】检查器

（3）选择【窗口】→【时间轴】，或者按住 Alt 和 F9 组合键打开【时间轴】面板。

（4）选中页面上创建的层，用鼠标按住 AP Div1 左上角的小方框图标，将其拖放到时间轴的第 1 帧（时间轴中每一个小方格称为一帧）中。这时自动创建了一个长度为 15 帧的时间轴，如图 7-25 所示。

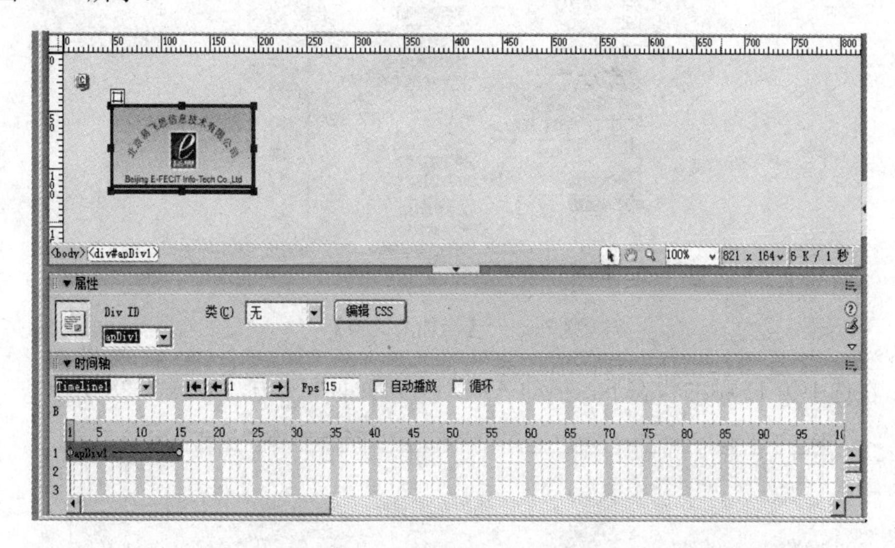

图 7-25　在时间轴上的 1～15 帧

（5）选中时间轴上的第 1 帧，将页面中的层拖放到页面左上角，即动画开始时的位置。

（6）选中时间轴上的第 15 帧，可以拖动该帧至任意长度，如 30 帧。

（7）选中第 30 帧，将 AP Div1 拖放到页面的右上方，此时窗口中显示出 AP Div1 从第 1 帧到第 30 帧的运动轨迹。此时运动为直线，如图 7-26 所示。

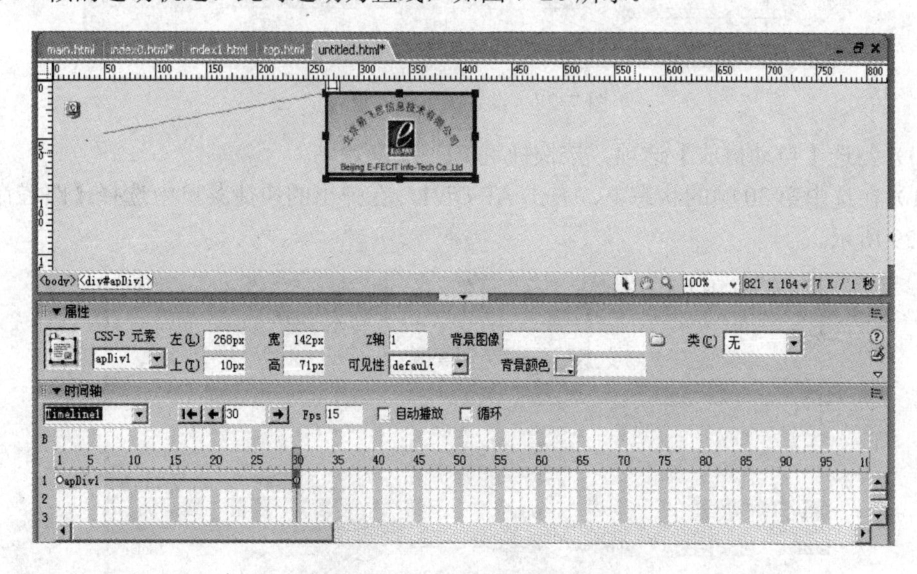

图 7-26　设置最后一帧的位置

（8）可以右击第 15 帧，选择【增加关键帧】，如图 7-27 所示。

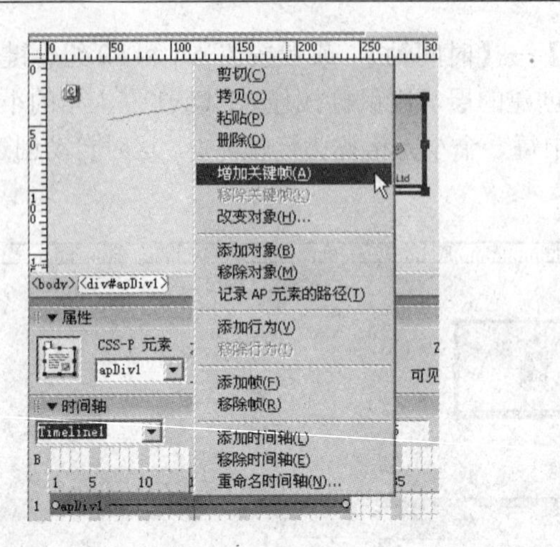

图 7-27　【增加关键帧】

（9）在选中第 15 帧的状态下，拖动 AP Div1 到页面中下方，如图 7-28 所示。

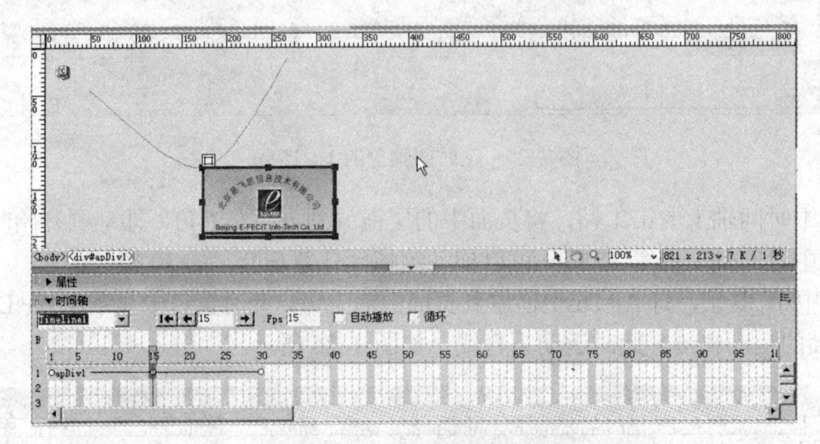

图 7-28　设置关键帧的位置

（10）勾选【自动播放】选项，按快捷键 F12 预览效果。

（11）在选中第 30 帧的状态下，右击 AP Div1，在弹出的快捷菜单中选择【路径命令】，如图 7-29 所示。

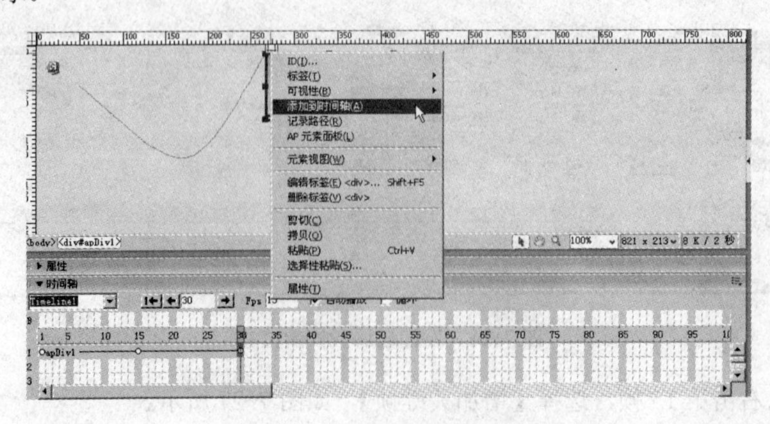

图 7-29　AP Div 的快捷菜单

（12）然后用鼠标左键拖动 AP Div 在页面画出一个运动轨迹，此时【时间轴】面板上会自动显示，并且自动在时间轴上添加相应的帧，如图 7-30 所示。

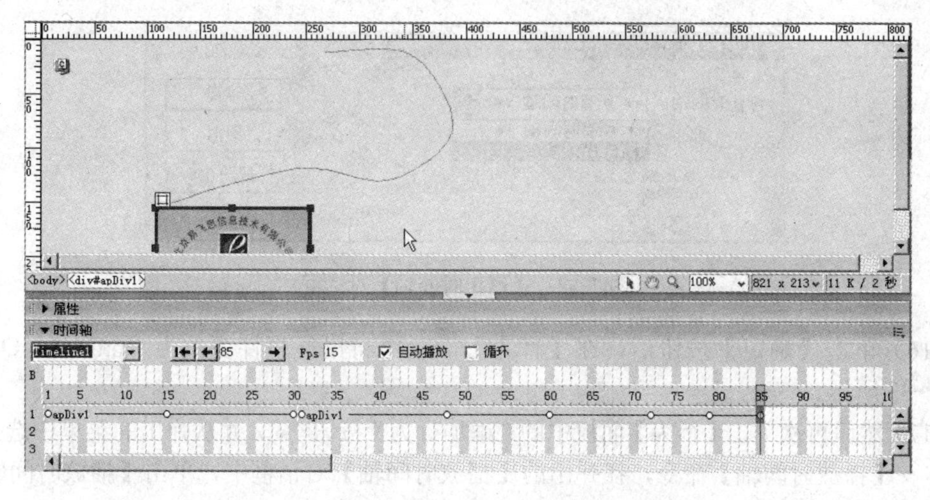

图 7-30　绘制 AP Div 的运动路径

（13）保存，按住快捷键 F12 预览效果。

为了方便用户单击图像，还应添加一种功能，就是当鼠标移动到漂浮图像上时，图像停止运动，鼠标移出图像后，图像继续运动。

（14）选择【窗口】→【行为】命令，打开【行为】面板，选中漂浮图像，然后单击【行为】面板中的“添加行为”按钮 +，并从弹出的菜单中选择【时间轴】→【停止时间轴】命令，如图 7-31 所示。

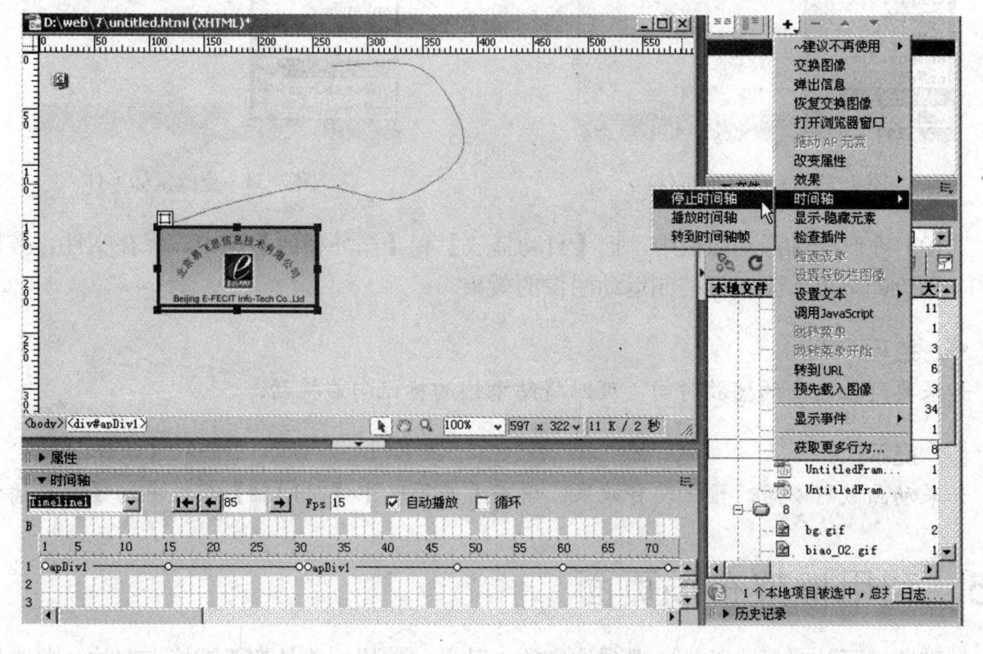

图 7-31　【时间】轴命令

（15）在弹出的【停止时间轴】对话框中，单击【停止时间轴】下拉列表，选择要停止的时间轴，如图 7-32 所示。本例可以选择停止 Timeline1 或者停止所有时间轴。

图 7-32 【停止时间轴】对话框

（16）单击【确定】按钮后，在【行为】面板中将鼠标事件更改为“onMouseOver”，如图 7-33 所示。

（17）然后再次单击【行为】面板中的“添加行为”按钮 +，并从弹出的菜单中选择【时间轴】→【播放时间轴】命令，在弹出的【播放时间轴】对话框中，单击【播放时间轴】下拉列表，选择要停止的时间轴。

（18）单击【确定】按钮后，在【行为】面板中将鼠标事件更改为“onMouseOut”，如图 7-34 所示。

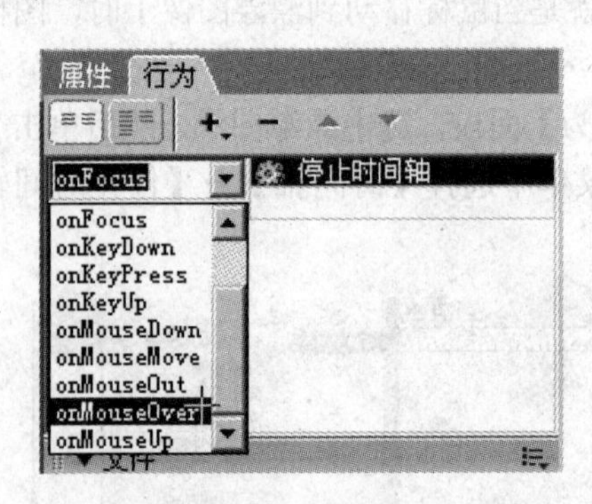

图 7-33 更改鼠标事件

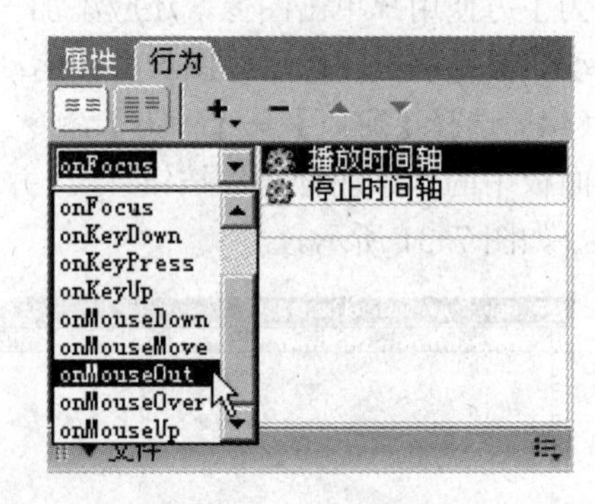

图 7-34 更改鼠标事件

（19）在时间轴浮动面板中，把【自动播放】和【循环播放】选中，保存文件，按快捷键 F12 预览即可以看到鼠标控制运动图像的效果。

技巧：

如果要延长动画的播放时间，可以将结束帧的标记向右拖动。

提示：

如果动画做好以后，预览没有效果，请查看是否选中【时间轴】面板中的【自动播放】。

7.5 利用框架布局页面

在浏览网页的时候，常常会遇到这样的一种导航结构，就是超级链接在左边，单击以后链接的目标出现在右面；或者超级链接在上边，单击以后链接目标页面出现在下面。这就是使用框架制作出的效果。

框架是设计网页时经常用到的一种布局技术。利用框架把浏览器窗口划分为若干个区域，每个区域可以分别显示不同的网页，各个网页文档之间可以毫无关联，这些子窗口有各自独立的背景、滚动条和标题等。通过对这些不同的 HTML 文档恰当地设置超级链接，就可以在浏览器窗口中呈现出有动有静的精彩效果。

框架能够方便地完成导航工作，而且各个框架之间决不存在干扰问题，所以框架技术一直普遍应用于页面导航。导航条被放置于一个框架之中，可以单击导航条向服务器请求网页，链接的网页出现在另外的框架中，而导航栏所在的网页不发生变化。此外框架网页还可以免除浏览器来回滚动窗口。如果网页中的内容部分很长，浏览者拖动滚动条到了页面底部后要切换到别的页面，可以不必再拖动滚动条返回页面顶部，因为导航条在另外的框架中，并不受内容框架的影响。

7.5.1　利用预设的框架集创建新框架

框架集是指定义一组网页布局结构与属性的 HTML 页面，其中包含显示在页面中框架的数目、框架的尺寸、装入框架页面的来源及其他一些可定义的属性的相关信息。框架集页面不会在浏览器中显示，它只用来存放页面中框架的显示信息。

创建预设的框架集有以下几种方法。

（1）打开【新建文档】对话框，如图 7-35 所示，在【示例文件夹】列表中选择【框架集】选项，选择预设的框架集即可。

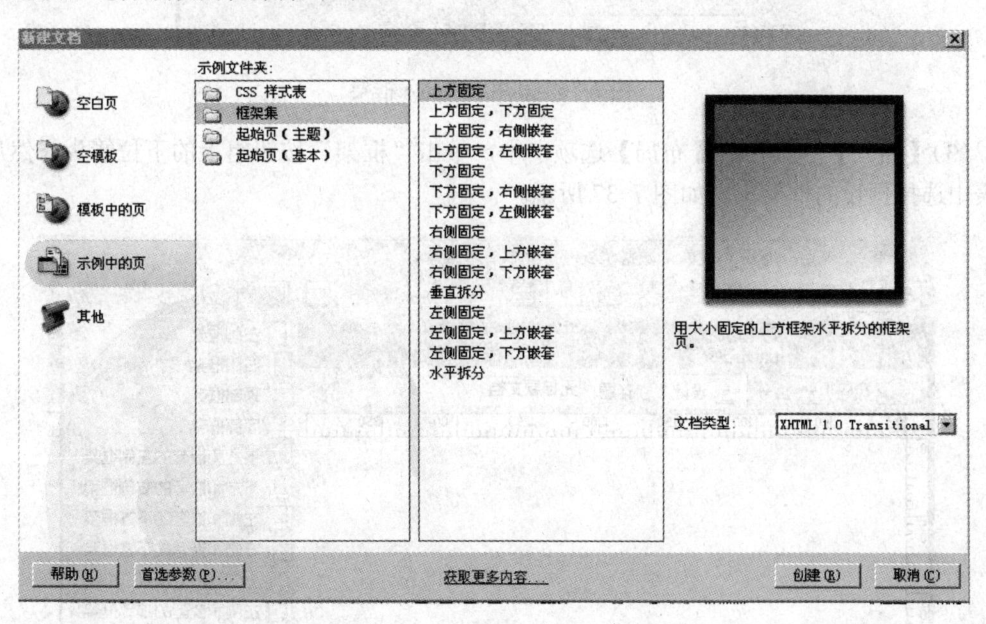

图 7-35　【新建文档】对话框

（2）在页面中选择插入的位置后，选择【插入记录】→【HTML】→【框架】命令，选择预设的框架集，如图 7-36 所示。

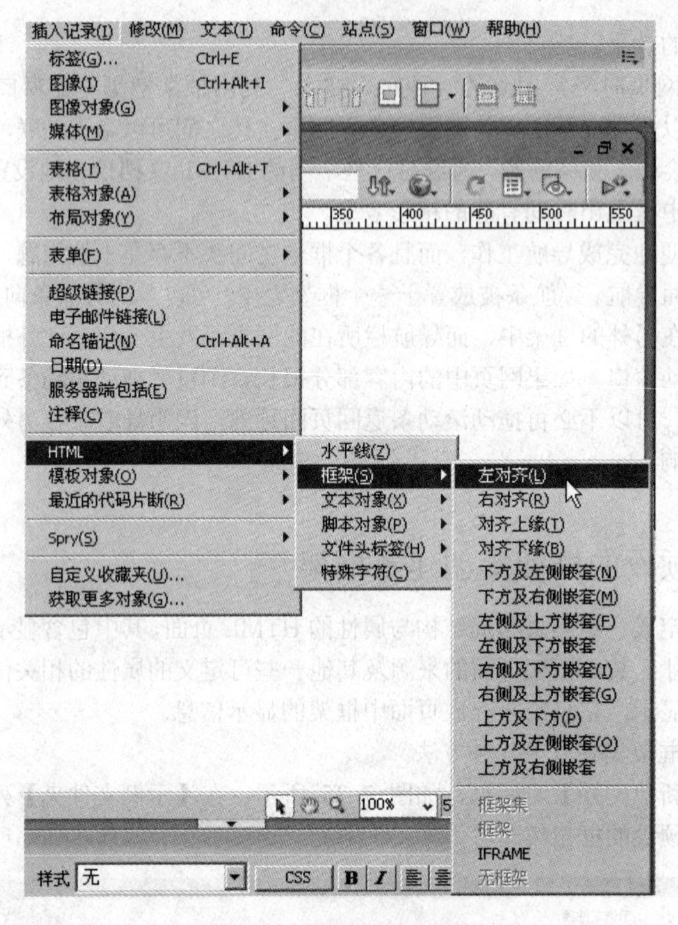

图 7-36　利用菜单插入框架

（3）【插入】工具栏的【布局】选项卡中，单击“框架”按钮组上的下拉箭头，然后从列表中选择预设的框架集，如图 7-37 所示。

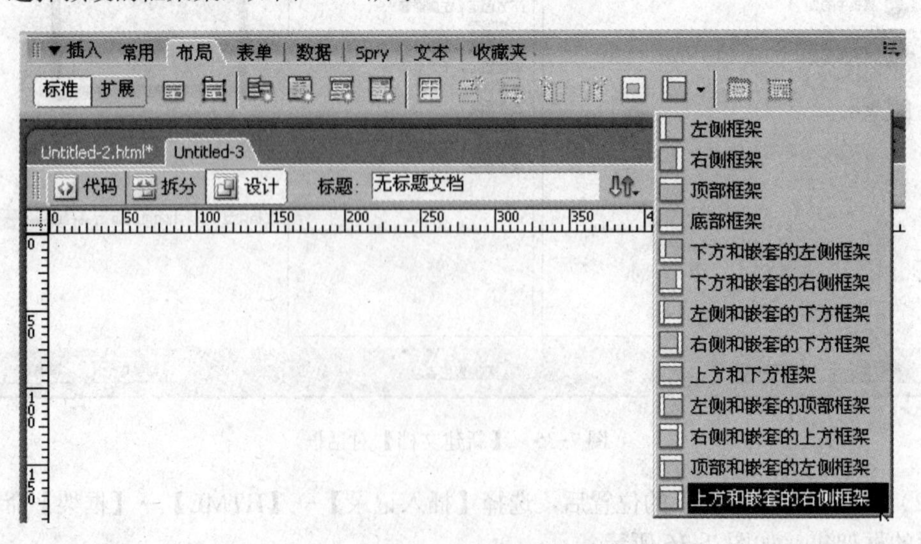

图 7-37　利用“框架”按钮插入框架

框架集图标提供应用于当前文档的每个框架集的可视化表示形式，能够很直观地看到框架展现的视觉效果。框架集图标的蓝色区域显示当前文档，而白色区域显示其他文档的框架。

注意：

当用户应用框架集时，Dreamweaver 将自动设置该框架集，以便在某一框架中显示当前文档（插入点所在的文档）。

提示：

如果已将 Dreamweaver 设置为提示用户输入框架标签辅助功能属性，则会弹出【框架标签辅助功能属性】对话框，如图 7-38 所示。在该对话框中按需要为每个框架完成设置，然后单击【确定】按钮，即可完成。

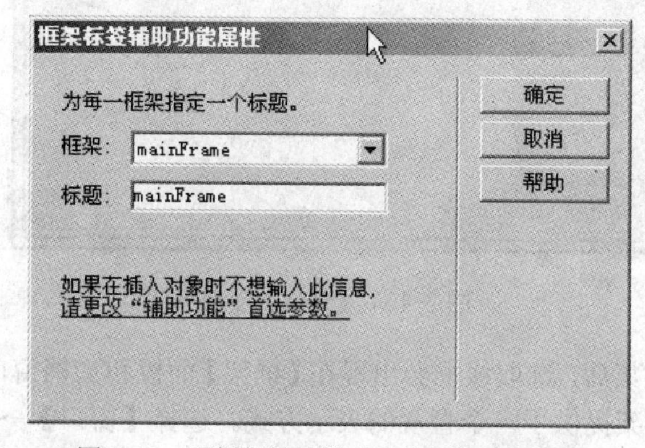

图 7-38　【框架标签辅助功能属性】对话框

提示：

【首选参数】对话框的【辅助功能】选项中未激活【框架】选项，如图 7-39 所示，则在创建框架时不会弹出【框架标签辅助功能属性】对话框。

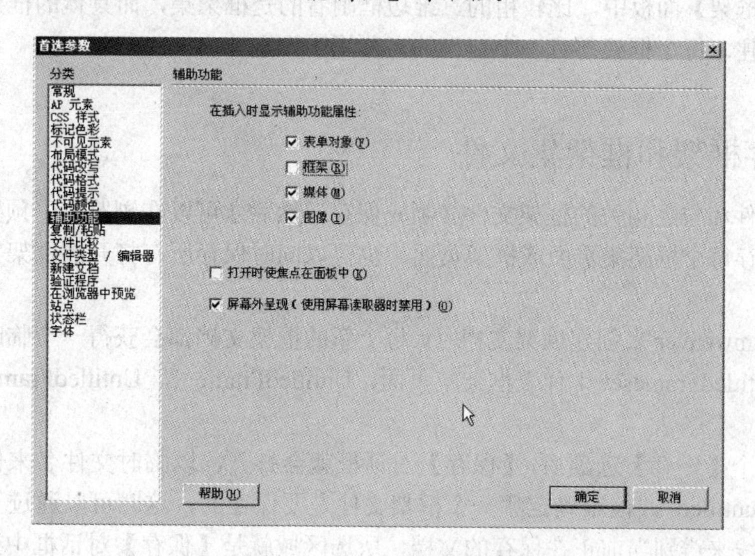

图 7-39　【首选参数】对话框

7.5.2 选择框架和框架集

框架和框架集都是一些独立的 HTML 文档。要对框架或框架集进行修改，应从选取要进行修改的框架和框架集开始。用户选择要更改的框架或框架集，既可以在文档窗口中选择框架或框架集，也可以通过【框架】面板进行选择，如图 7-40 所示。

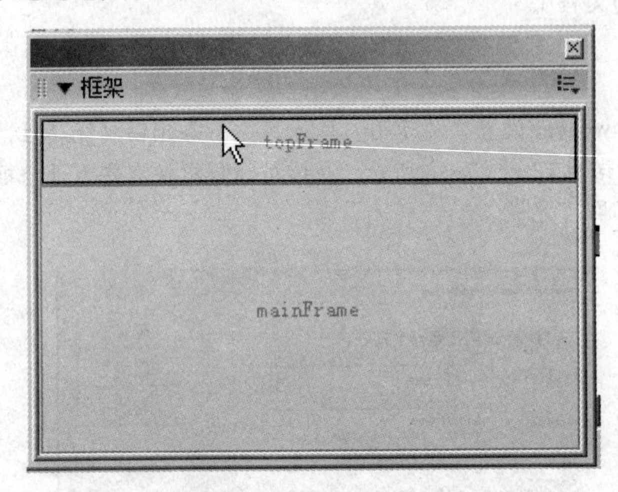

图 7-40 【框架】面板

当选择框架或框架集后，选取线框会出现在【框架】面板和文档窗口的设计视图中。【框架】面板为文档中的框架提供了一个直观的表示方式。选择【窗口】→【框架】菜单命令，即可打开【框架】面板。

用户可以在【框架】面板中单击框架或框架集，从而将文档中的框架或框架集选中，然后在【属性】检查器中对所选项目的属性进行查看或编辑操作。

【框架】面板会将整个页面框架集的结构层次显示出来，而在文档窗口中可能就没有这么清晰。在【框架】面板中，比较粗的三维边框围着的是框架集，而具体的框架使用比较细的灰色线条围住，每个框架都有一个自己的名称用于识别。

7.5.3 保存框架和框架集文件

框架集文件和与之相关的框架文件必须先保存，然后才可以在浏览器中预览该页面。用户可以分别保存每个框架集页面或框架页面，也可以同时保存所有打开的框架文件和框架集页面。

使用 Dreamweaver 来创建框架文档时，每个新的框架文档都会获得一个临时的默认文件名。例如，UntitledFmmeset-1 代表框架集页面，UntitledFrame-1、UntitledFrame-2 等代表框架页面。

当选择一个【保存】选项后，【保存】对话框就会打开，以临时文件名来保存。由于每个文件都是“untitled”，很难确定哪一个框架文件是要保存的，这时可以通过查看文档窗口中的框架选项线来辨别当前正在保存的文档，所选区域就是【保存】对话框中当前要保存的框架。被选框架或框架集的文件名也会出现在标题栏中。

如果要保存框架集文件，可以执行【文件】→【保存框架集】命令，或者按 Ctrl+S 键，在弹出的【另存为】对话框中选择保存框架集文件的位置。如果以前没有保存过该框架集文件，则这两个命令是等效的。

在框架中单击，然后选择【文件】→【保存框架】命令或选择【文件】→【框架另存为】命令，就可以保存框架文件或另存为新框架文件了。如果希望保存框架集中的所有内容，可以选择【文件】→【保存所有框架】命令。这项操作会保存所有打开的文档，包括独立的文档、框架文档及框架集文档。

技巧：

插入 n 个框架，能够生成 n+1 个框架页面。

注意：

如果用户选择【文件】→【在框架中打开】命令在框架中打开文档，则当保存框架集时，在框架中打开的文档将成为在该框架中显示的默认文档。如果用户不希望该文档成为默认文档，则不要保存框架集文件。

7.5.4　编辑框架集

在创建框架集或使用框架前，通过选择【查看】→【可视化助理】→【框架边框】命令，可以使文档窗口中的框架边框可见。

当框架边框显示出来后，文档边框周围会增加一些空间，这给在文档中的框架区域提供了一个视觉化指示器。创建框架集可以选择【修改】→【框架集】命令，然后从子菜单选择【拆分】选项。Dreamweaver 将窗口拆分成几个框架。如果打开一个现有的文档，它将出现在其中一个框架中。

调整框架的大小，可以根据用户需要选择方法。设置框架的粗略大小，可以在文档窗口的设计视图中拖动框架边框。而如果要指定准确大小，则可使用【属性】检查器进行设置，如图 7-41 所示。

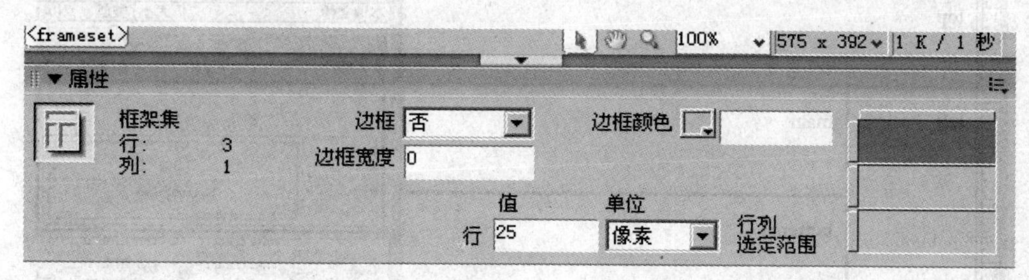

图 7-41　框架【属性】检查器

【边框】：确定在浏览器中查看文档时在框架周围是否显示边框。如果要显示，则选择【是】选项；如果不想显示，则选择【否】选项。如果要根据要用户的浏览器来确定是否显示边框，则选择【默认值】选项。

【边框宽度】：输入一个数字可以指定当前框架集中所有边框的宽度。

【边框颜色】：输入一个颜色的十六进制值或者使用颜色选择器来为边框选择颜色。

技巧：

（1）向文档窗口中央拖动一个框架边框来垂直或水平分割文档，创建新的框架。

（2）在文档窗口内，按住 Alt 键进行拖曳，分割的是内部框架。

（3）将框架边框拖离页面或将其拖至父框架的边框，即可删除框架。如果要删除的框架中的文档有未保存的内容，则 Dreamweaver 将提示用户保存该文档。

注意：

用户不能通过拖动边框完全删除一个框架集。要删除一个框架集，需关闭显示它的文档窗口。如果该框架集文件已保存，则可以删除该文件。

7.5.5　创建嵌套框架集

在框架集内放入另一个框架集被称为嵌套框架集。每个新创建的框架集都包括它自己的框架集 HTML 文档和框架文档。大多数网页使用的框架实际上是嵌套框架，Dreamweaver 中的几个预设框架集也是使用嵌套框架的。

用户在制作嵌套框架时可以先在页面中添加一个框架，然后选择【修改】→【框架集】命令，从子菜单中选择【拆分】选项。使框架在其内部拆分多个框架。或者在【插入】面板的【布局】选项卡中，单击【框架】按钮组上的下拉箭头，然后从中选择一个预设的框架集。

为了能够很好地区分嵌套的框架，可以在属性检查器中将第一个框架的边框颜色进行设置，然后再对嵌套进去的框架边框再设置一种颜色。这样在视觉上就可以很好地将它们区分开，如图 7-42 所示。

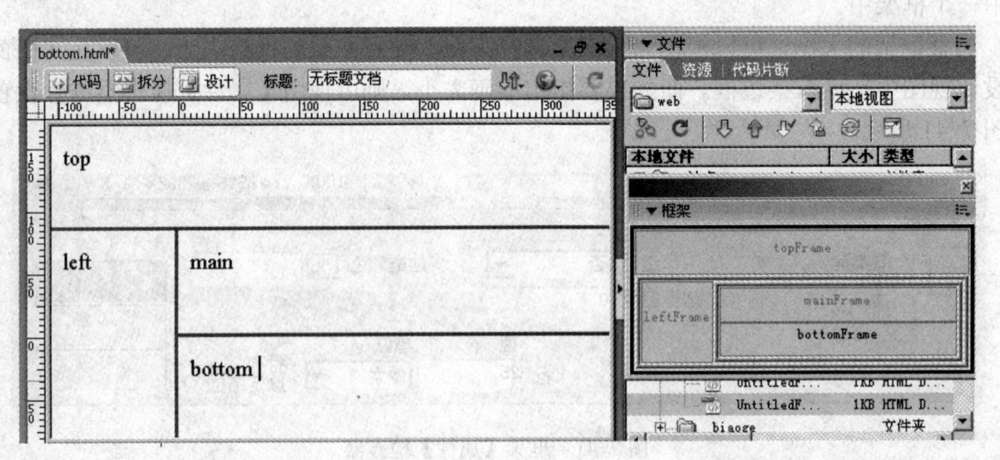

图 7-42　嵌套框架

技巧：

鼠标定位的那个框架文件名即显示的页面文件名，如图 7-42 所示，鼠标定位在 bottom 框架中，窗口文件名即为“bottom.html”。

7.5.6　查看和设置框架属性

使用框架【属性】检查器可以命名框架、设置边框和边距。如果要查看所有的框架属性，单击属性检查器右下角的“扩展箭头”按钮即可。为了使网页上的链接工作正常，对每个框架进行命名是十分必要的。设置框架属性，操作步骤如下。

(1) 在【框架】面板上单击【框架】，或在文档窗口中按住 Alt 键单击【框架】，即可选取框架。

(2) 打开框架【属性】检查器，单击其右下角的“扩展箭头”按钮即可查看所有的框架属性，如图 7-43 所示。

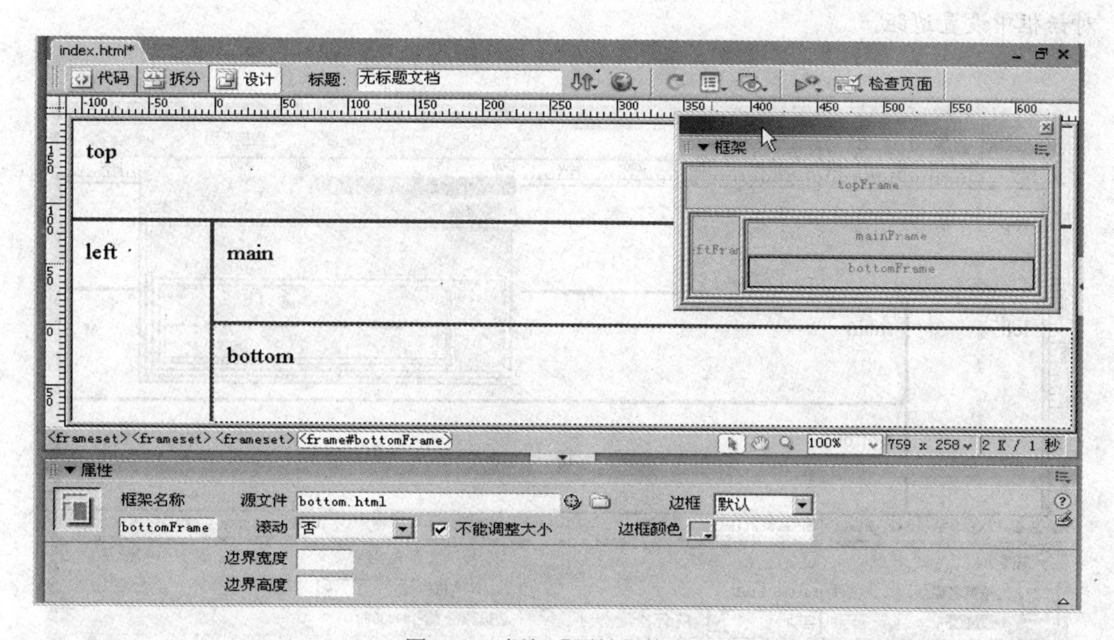

图 7-43　框架【属性】检查器

框架【属性】检查器各项设置含义如下。

【框架名称】：即框架的名称，输入名称即可。

【源文件】：指定在框架中显示的源文档。可以直接输入名字，也可以单击文件夹图标查找并选取文件，还可以通过将插入点放在框架内并选择【文件】→【在框架中打开】菜单命令来打开文件。

【滚动】：确定当框架内的内容显示不下的时候是否出现滚动条。大多数浏览器默认为【自动】选项，即只有当浏览器窗口中没有足够空间来显示当前框架的完整内容时才显示滚动条。

【不能调整大小】：限定框架尺寸，防止用户拖动框架边框。通常在文档窗口可以调整框架大小；但是，如果选取这个选项，用户就不能在自己的浏览器中调整框架大小了。

【边框】：在浏览器中查看框架时，显示或隐藏当前框架的边框。

【边框颜色】：为所有框架的边框设置边框颜色。此颜色应用于和框架接触的所有边框，这一设置会替换掉框架集的默认边框颜色设置。

【边界宽度】、【边界高度】：都用来设置框架边框和内容之间的距离，如图 7-44 所示，经过设置的框架。

注意：

（1）框架名称是指用于超链接和脚本索引的当前框架的名称。框架名称必须是一个单独的词，可以包含下划线“_”，不能包含连字符“-”、句点“.”和空格“␣”，框架的名称开头必须是字母，不可以是数字。

（2）设置框架的边距宽度和高度并不等同于在【修改】→【页面属性】菜单命令弹出的对话框中设置边距。

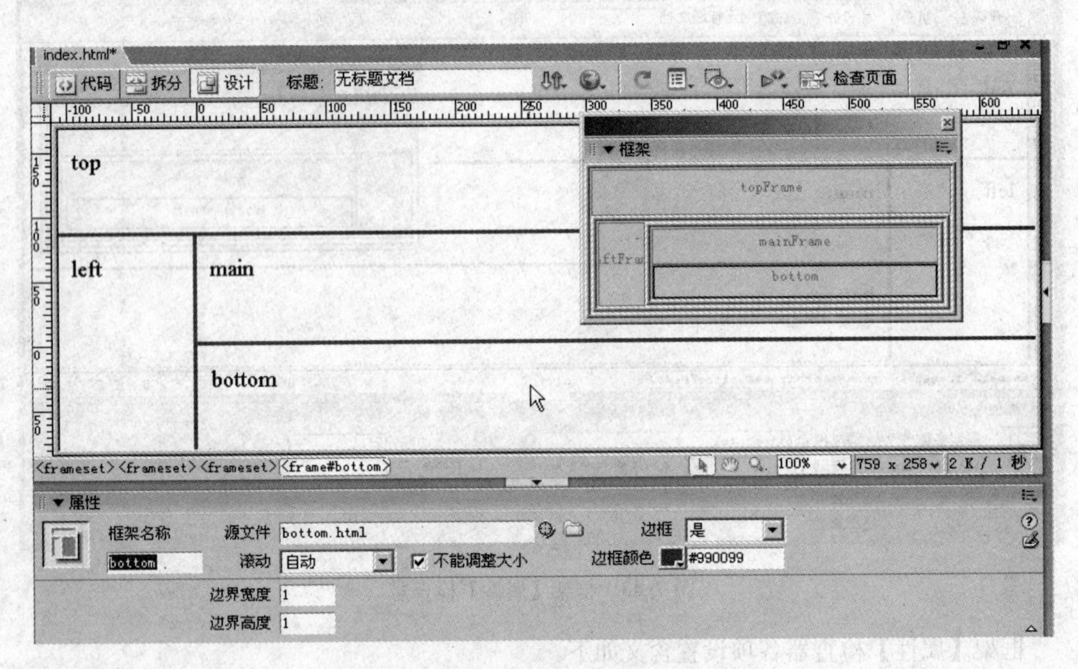

图 7-44　经过设置的框架

提示：

子框架属性设置

在框架页的代码视图中可以看到一些子框架的属性设置，其中，重要的有以下几个。

cols：设定子框架的宽度（横向）。

rows：设定子框架的高度（纵向）。

例如，当纵向有两个子框架时，由 rows 设定它们的高度。

rows = 150，300，即上框高度 150 像素，下框 300 像素。

当横向有两个子框架时，由 cols 设定它们的宽度。

cols = 30%，70%，即左框宽度为屏幕宽度的 30%，右框宽度为屏幕宽度的 70%。

技巧：

（1）最后面的数字可以用“*”号替代，表示最下面的框架（或最右侧的框架中）宽度（或高度）自动适应屏幕的宽（高）度。

（2）最后面的数字，最好用“*”，这样做能够自动适应不同的屏幕分辨率，尤其对于设定纵向高度的 rows。

7.5.7　在框架内控制链接

在框架内使用链接，必须为链接设置一个目标，这个目标是指框架内链接要打开的内容。例如，用户希望将链接到的内容在主框架中显示时，就必须为添加过链接的内容指定目标。这个目标是主框架的名称，如“main”。这样当用户单击设置好链接的内容时，链接到的部分就会显示在主框架中。设置目标框架，操作步骤如下。

（1）在设计视图中，选择创建链接所需的文本或对象。

（2）在【属性】检查器的【链接】文本框中，单击文件夹图标浏览或将指向文件图标拖动到【文件】面板以选择要链接到的文件。

（3）在属性检查器的【目标】下拉列表框中，选择链接文档显示的框架或窗口。框架名称也出现在该菜单中，选择一个命名框架以打开该框架中链接的文档，如图 7-45 所示。

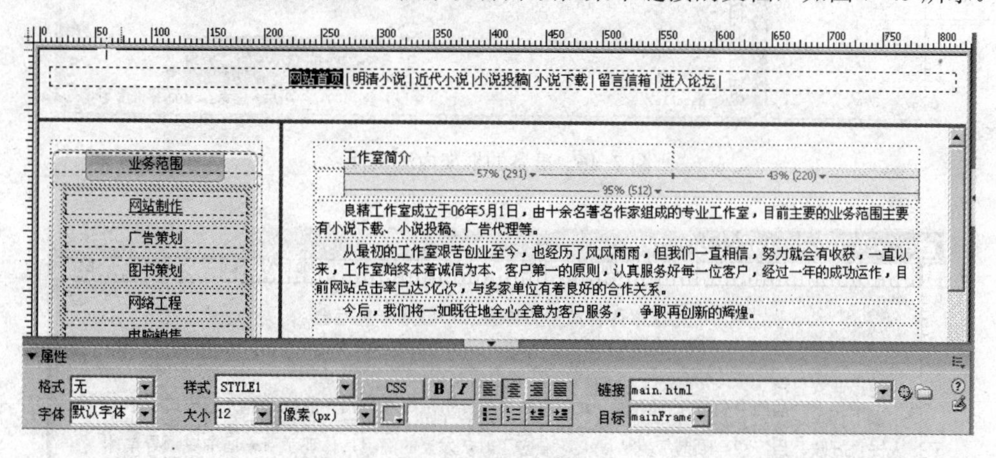

图 7-45　框架内链接

注意：

只有当用户在框架集内编辑文档时才显示框架名称。当用户在文档自身的文档窗口中编辑该文档时，框架名称不显示在【目标】下拉列表框中。如果用户正在编辑框架集外的文档，则可以将目标框架的名称输入【目标】文本框中。

7.5.8　框架页面实例

（1）提前做好四个页面文件，top.htm、main.htm、left.htm，beijing.htm，如图 7-46 所示，如图 7-47 所示。

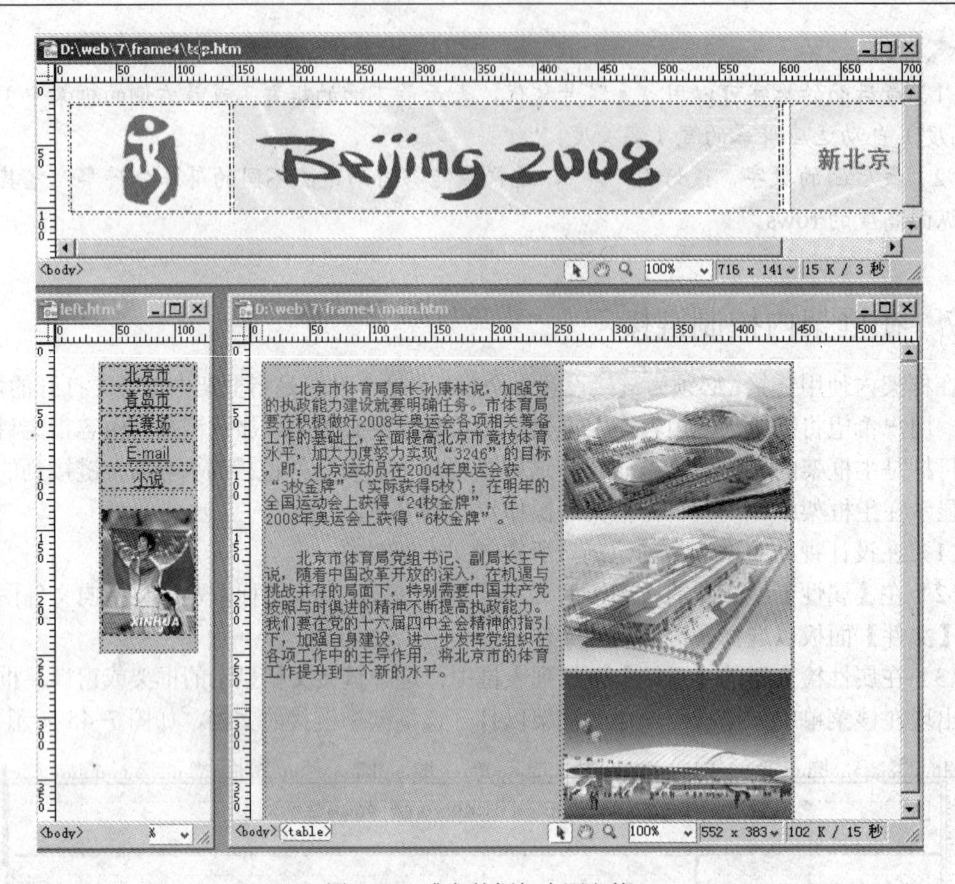

图 7-46 准备的框架内源文件

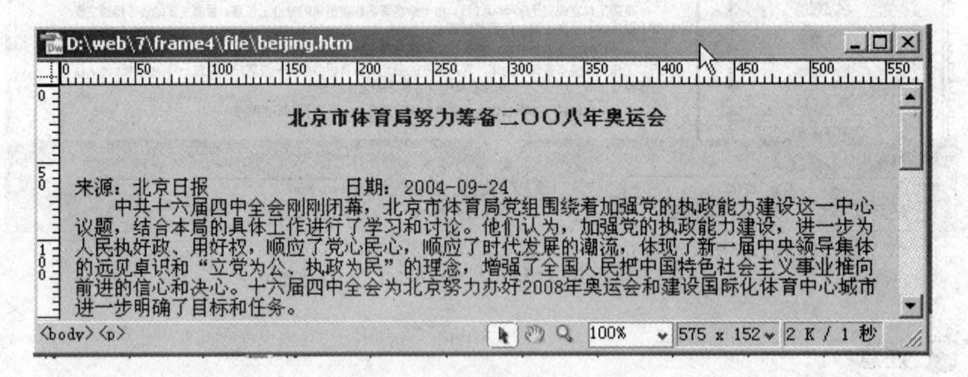

图 7-47 准备的框架内源文件

（2）选择【文件】→【新建】命令，弹出【新建文档】对话框，在【示例文件夹】列表中选择【框架集】，然后在【示例页】列表中选择【上方固定，左侧嵌套】类型，单击【创建】按钮，如图 7-48 所示。

（3）选择【文件】→【框架集另存为】命令，打开【另存为】对话框，将框架集文件命名为 index.htm，并保存在站点内。

（4）选择【窗口】→【框架】命令，显示【框架】面板。

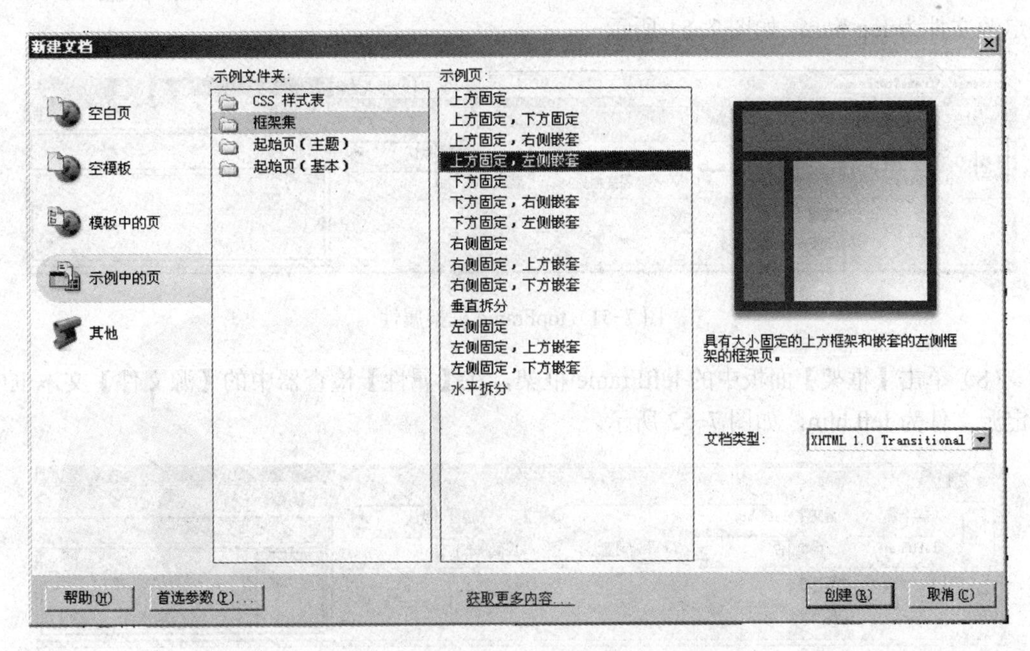

图 7-48　创建一个上方固定的框架集

（5）在【框架】面板中选中，选中整个上方固定的框架集，设置第 1 行高为“20%”，如图 7-49 所示。

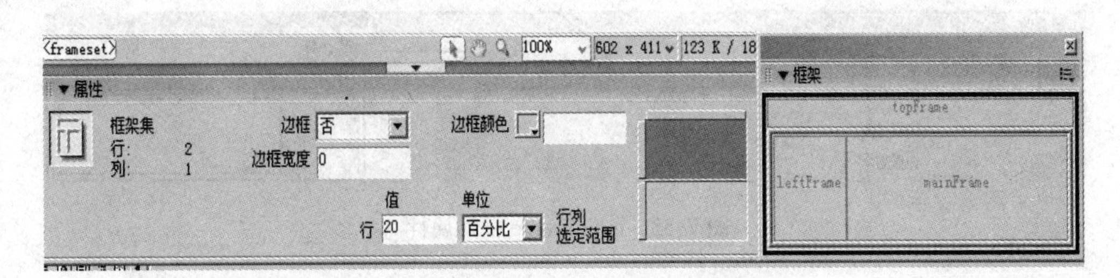

图 7-49　上方固定的框架集属性

（6）在【框架】面板中，选中整个左侧固定的框架集，设置第 1 列宽度为“25%”，如图 7-50 所示。

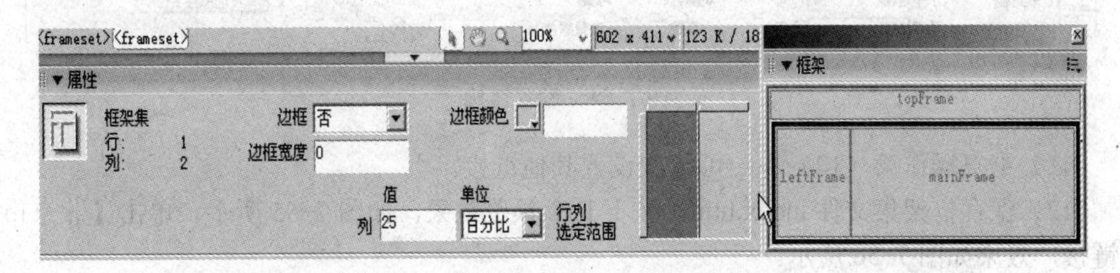

图 7-50　左侧固定的框架集属性

（7）单击【框架】面板中的topFrame框架，在【属性】检查器中的【源文件】文本框中指定源文件为top.htm，如图7-51所示。

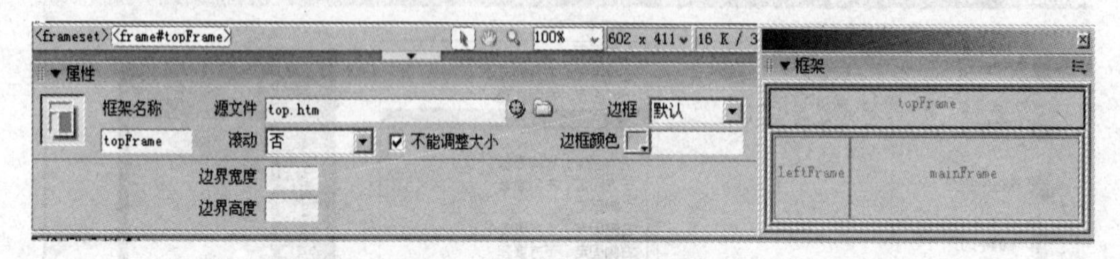

图7-51　topFrame框架属性

（8）单击【框架】面板中的leftFrame框架，在【属性】检查器中的【源文件】文本框中指定源文件为left.htm，如图7-52所示。

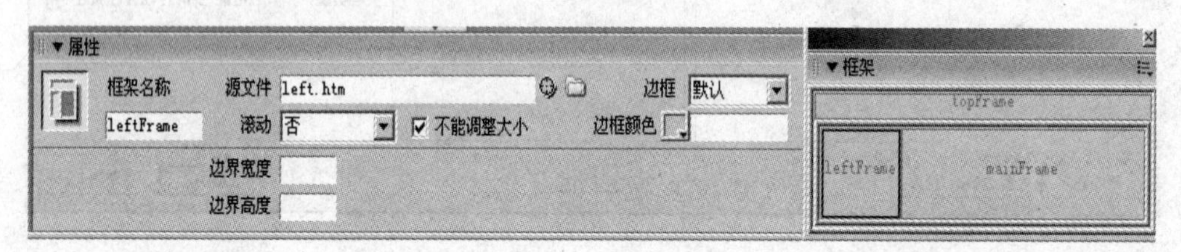

图7-52　leftFrame框架属性

（9）单击【框架】面板中的mainFrame框架，在【属性】检查器中的【源文件】文本框中指定源文件为main.htm，如图7-53所示。

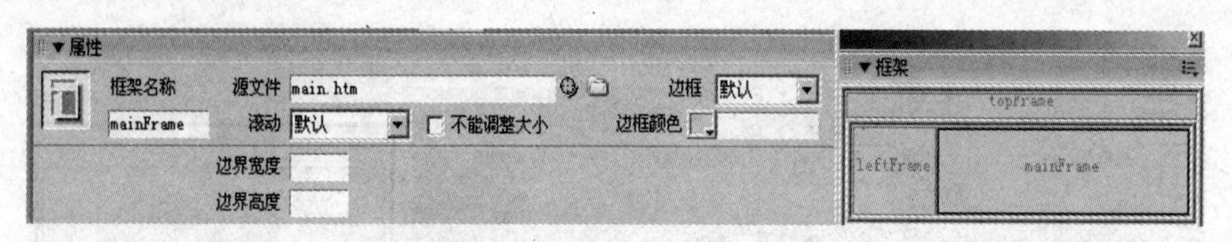

图7-53　mainFrame框架属性

（10）选中leftFrame框架中文字【背景】，设置其链接指向的文件为beijing.htm，链接目标为mainframe，如图7-54所示。

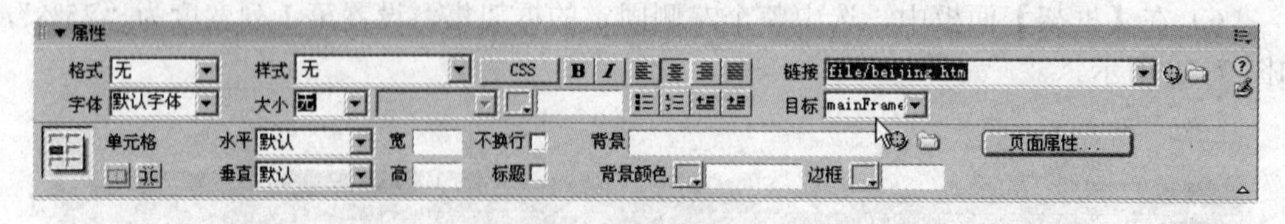

图7-54　设置链接

（11）重复操作第（10）步，可依次设置其他链接。

（12）保存框架集文件index.htm，按下F12预览效果，如图7-55所示，单击【北京市】的链接，效果如图7-56所示。

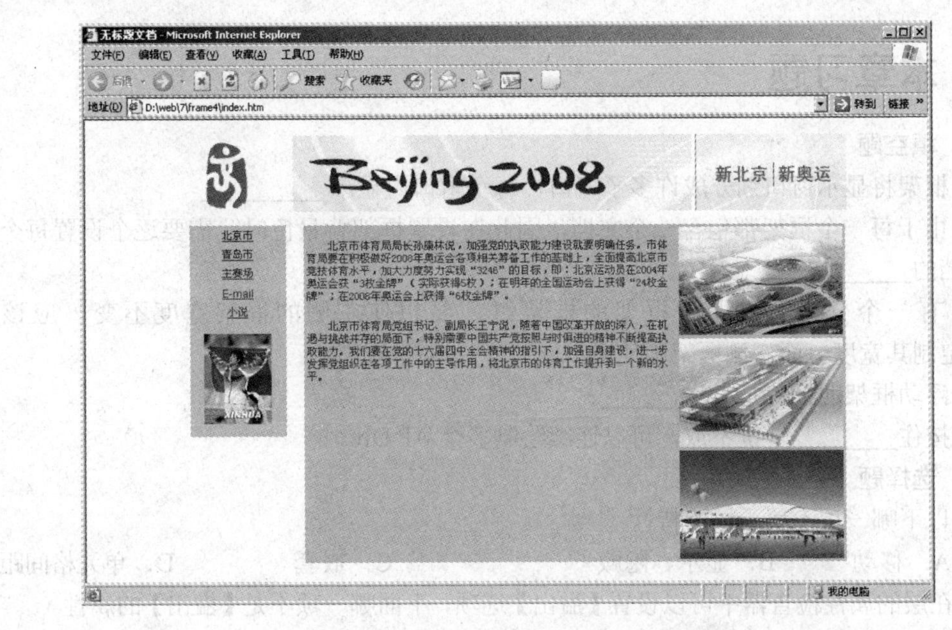

图 7-55　框架页面的效果

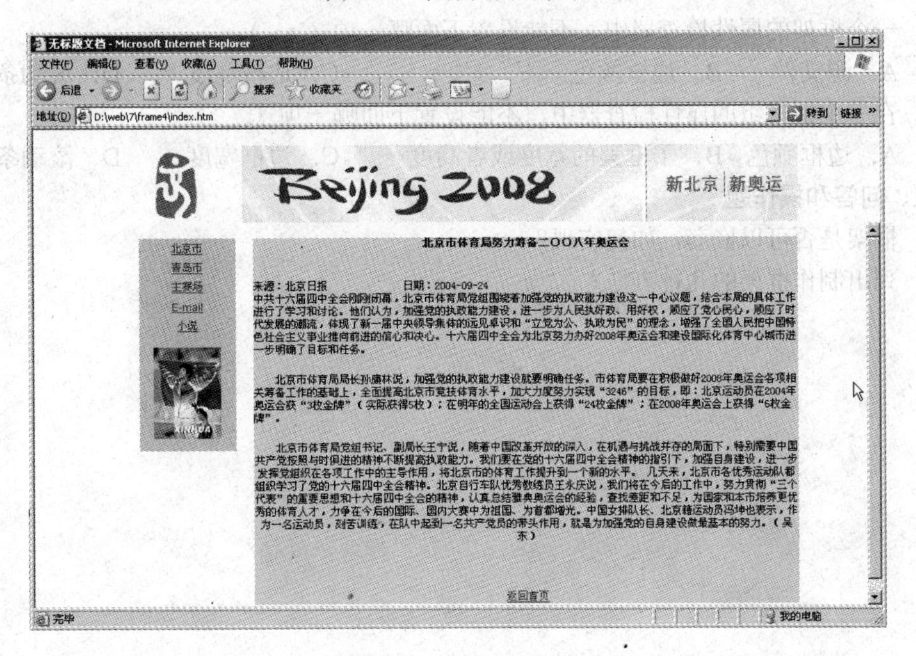

图 7-56　链接后的效果

7.6　本章小结

网页布局在网页设计中是非常重要的，一份优秀的网页作品在布局方面应该清楚合理，内容清晰明了，侧重点分明。本章通过大量的实例，详细讲解了网页中运用表格进行布局排版，运用层来实现特定格式效果，利用框架布局的基础知识、主要内容及其制作过程。通过本章的学习，读者应该能够掌握表格、层、框架进行网页的布局设计，制作出合理的网页结构。

7.7 本章习题

一、填空题

1．框架将显示窗口划分成许多子窗口，每个窗口内显示__________。

2．由于每一个框架都包含一个文档，因此在设置框架背景色时，需要逐个设置每个框架中文档的__________。

3．有一个分为左右两个框架的框架组，要想使左侧的框架宽度不变，应该用单位来定制其宽度，而右侧框架则使用__________单位来定制。

4．浮动框架的标签是__________。

5．按住__________键不放，可以连续绘制多个 AP Div。

二、选择题

1．以下哪一项不属于层的特性（　　）。

A．移动　B．显示、隐藏　C．嵌套　D．单元格间距

2．在层的属性检查器中可以设置【溢出】选项，下面哪一项不是【溢出】的属性（　　）。

A．visible　B．hidden　C．inherit　D．auto

3．一个框架的属性检查器中，不能设置下面哪一项（　　）。

A．源文件　B．边框颜色　C．边框宽度　D．滚动条

4．在一个框架组的属性检查器中，不能设置下面哪一项（　　）。

A．边框颜色　B．子框架的宽度或者高度　C．边框宽度　D．滚动条

三、问答和操作题

1．框架是否可以嵌套，如何实现？

2．列出制作框架的几种方法？

第 8 章　嵌入表单元素

本章要点：

- ☑　表单的概念
- ☑　表单的类型
- ☑　表单的创建

表单是实现网页数据传输的基础，可以用于在线注册、在线调查、在线购物等功能，利用表单，可以实现访问者与网站之间的交互，也可以根据访问者输入的信息，自动生成页面反馈给访问者等。本章将详细讲解表单中各对象的使用方法，并通过具体的实例来讲解如何创建表单、设置表单对象，以及如何提交表单。

通过本章的学习，读者可以掌握表单的使用方法，为以后的动态网页学习打下良好的基础。

8.1　表单的基本概念

HTML 网页与浏览器端实现交互的重要方法就是表单的使用。通过表单可以收集客户端提交的相关信息。例如，常见的留言簿、讨论区、会员注册/登录、在线查询等，都需要通过表单才能将数据传送到后台程序进行处理。使用表单，可以帮助 Internet 服务器从用户那里收集信息。在 Internet 上也同样存在大量的表单，让用户输入文字进行选择，实际上表单的作用就是收集信息和数据。

如图 8-1 所示的博客网页面，即为利用表单制作的注册申请表。当用户填写完相关资料并提交后，输入在表单中的信息就会上传到服务器中，然后再由服务器的有关应用程序进行处理。并执行某些程序将处理结果反馈给用户。

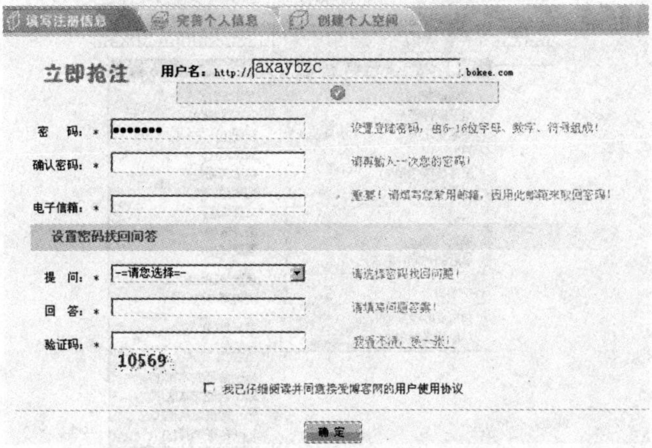

图 8-1　表单实例

8.2 创建表单对象并设置其属性

在 Dreamweaverr 中，一个表单通常由两部分组成，即表单域和表单对象，其中表单域相当于一个“容器”，所有的表单对象都放在表单域中。表单域包含处理数据所用到的程序及数据提交给服务器的方法。通常在 Dreamweaver 中表单域的范围由一个红色的虚线框来表示。表单输入类型称为表单对象，它是允许用户输入数据的工具，可以像其他对象一样在 Dreamweaver 中被插入。

在网页页面中一个完整的表单主要包含三个基本组成部分。

（1）表单标签：即表单域，所有的表单对象都放在表单域中。表单域里面包含了处理表单数据所用 CGI 程式的 URL 及数据提交到服务器的方法。

（2）表单对象：即表单输入类型，是允许用户输入数据的工具，可以像其他对象一样在 Dreamweaver 中被插入。表单对象主要包含了文本框、密码框、隐藏域、多行文本框、复选框、单选框、下拉选择框和文件上传框等。

（3）表单按钮：包括提交按钮、复位按钮和一般按钮。表单按钮用于将数据传送到服务器上的 CGI 脚本或取消输入，还能用表单按钮来控制其他定义了处理脚本的处理工作。

本节主要讲解如何插入表单的相关元素，以及如何设置这些表单项。

8.2.1 创建表单

表单和 Dreamweaver 中的表格一样，是独立的单元。尽管系统不阻止给页面添加多重表单的行为，但是在使用表单时仍要注意，它不能像表格一样任意嵌套。

下面介绍创建表单的两种方法。

方法一：选择【插入记录】→【表单】从中选择所需的表单对象，如图 8-2 所示。

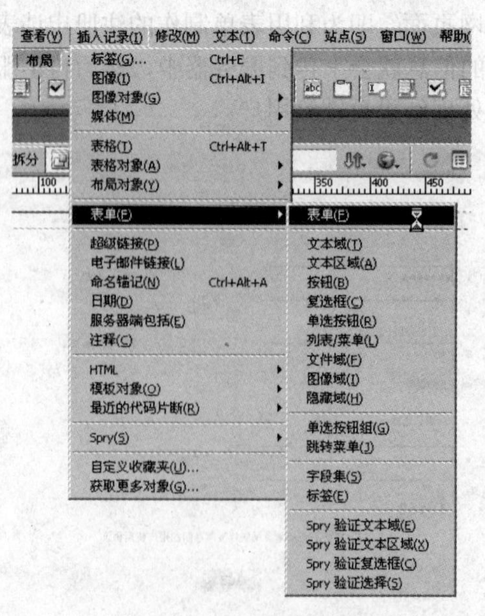

图 8-2 插入表单命令

方法二：在【插入】面板中选择【表单】选项卡，单击对应的图标按钮，就可以在页面中插入表单对象，如图 8-3 所示。

图 8-3 【表单】选项卡

利用上述方法制作一个注册表单页面，步骤如下。

（1）打开一个网页文档，把插入点置于要放置表单的位置。

（2）在【插入】面板的【表单】选项卡上单击“表单”按钮，如图 8-4 所示，即可插入一个空的表单。

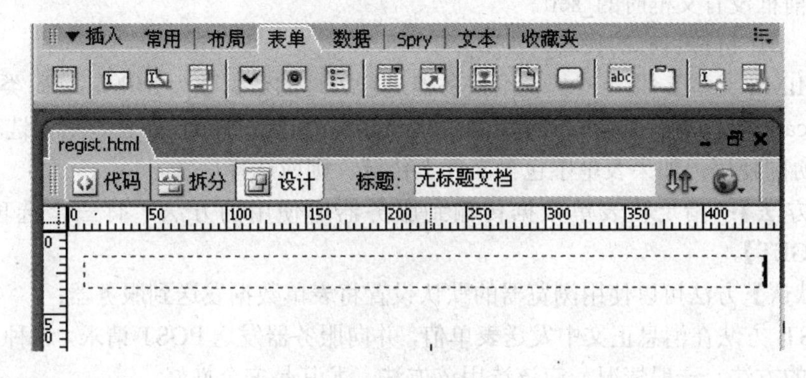

图 8-4 空表单

当页面处于设计视图中时，红色的虚轮廓线指示表单。

提示:

如果没有看到所创建的表单(红色轮廓线)，可以在【首选参数】对话框中选择【不可见元素】中的【表单范围】，或者在文档窗口上面的【可视化助理】项中单击【隐藏所有可视化助理】，将该项取消选择。这样表单就可以显示在文档窗口中。

8.2.2 表单标签的属性设置

下面来简单了解如何设置表单的属性，将光标定位在表单内，可以看到表单【属性】检查器，如图 8-5 所示。

图 8-5 表单【属性】检查器

其主要选项如下。

（1）【表单名称】：用来设置表单的名称，该名称不能省略。

（2）【动作】：指定设置处理提交表单的服务器端脚本的 URL 地址（提交给程式）或邮件地址。

（3）【目标】：指定提交的结果文件显示的位置。有四个选项_blank、_self、_parent、_top。

① _blank 表示在一个新的、无名浏览器窗口调入指定的文件；

② _self 表示在指向这个目标元素的相同框架中调入文件；

③ _parent 表示把文件调入当前框的直接的父 FRAMESET 框中；这个值在当前框没有父框时等价于_self；

④ _top 表示把文件调入原来的最顶部的浏览器窗口中（因此取消所有其他框架）；这个值等价于当前框没有父框时的_self。

同 4.2.1 节中链接目标的设置。

（4）【MIME 类型】：指定对提交给服务器进行处理的数据使用 MIME 编码类型。有两个选项：application/x-www-form-urlencode 和 multipart/form-data。前者是默认选项，通常与 POST 方法协同使用；如果表单中包含文件上传域，则应选择后者。

（5）【方法】：指定将表单数据传输到服务器所使用的方法，有三个选项【默认】、【POST】、【GET】。

① 【默认】方法可以使用浏览器的默认设置将表单数据发送到服务器；

② POST 方法在消息正文中发送表单值，并向服务器发送 POST 请求，这种方法允许传输大量数据的方法，一般情况，应该选用该方法，尤其是安全性好；

③ GET 方法将表单值添加给 URL，并向服务器发送 GET 请求，所以传送的数据量（≤8192 字符）就会受到限制，但是执行效率却比 Post 方法好。

注意：

在发送银行卡号、密码等其他重要信息时，最好采用 POST 方法发送，因为如果以 GET 方法发送表单数据，表单会将数据附加到 URL 请求中发送，安全性降低。

8.2.3 文本域

文本域是可以输入文本内容的表单对象。在 Dreamweaver 中有两个按钮："文本字段"按钮和"文本区域"按钮，用户可以创建一个包含单行或多行的文本域，也可以创建一个隐藏用户输入文本的密码文本域。

1. 创建文本字段

在【插入】工具栏的【表单】选项卡中单击"文本字段"按钮，显示【输入标签辅助功能属性】对话框，设置 ID 和标签文字如图 8-6 所示，单击【确定】后，一个表示姓名的文本字段随即出现在文档中。

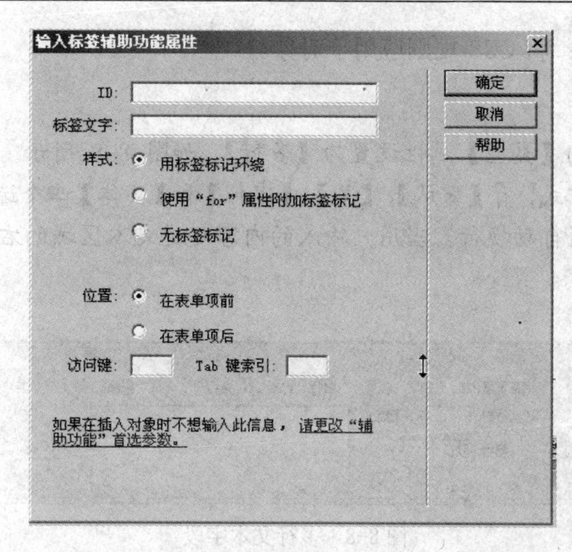

图 8-6　【输入标签辅助功能属性】对话框

2. 设置文本字段属性

选中文本字段，出现如图 8-7 所示的【属性】检查器。

图 8-7　文本字段【属性】检查器

在属性检查器中，根据需要设置文本域的属性。主要设置选项含义如下。

【文本域】：设置表单对象的 ID。

【字符宽度】：设置域中可显示的最大字符数。此数字可以小于最多字符数。

【最多字符数】：设置单行文本域中可输入的最大字符数。如使用【最多字符数】可将邮政编码限制为 6 位数，将密码限制为 10 个字符。

【类型】：指定是单行、多行或密码域。

【单行】：输入的文字不会发生换行，一般情况下用于一些简单的输入设置。

【密码】：产生一个密码文本域。当用户在密码文本域中输入时，输入内容显示为项目符号或星号，以保护它不被其他人看到。

【多行】：输入的文字如果超过了字符宽度，就会产生换行。常见于一些论坛帖子的评论设置。

【行数】（在选中了【多行】选项时可用）：设置多行文本域的域高度。实际上就是设置当前这个文本域的高度。

【初始值】：指定在首次载入表单时文本域中显示的文字。例如，通过包含说明或示例文字，可以指示用户在文本域中输入信息。

【类】下拉列表框：将 CSS 规则应用于对象。

提示：

通常将文本字段的【类型】属性设置为【多行】，如图 8-8 所示。其中【换行】选项表示文本区域内的换行方式，有【默认】、【关】、【虚拟】和【实体】四个选项值。【虚拟】选项：表示在文本区域中设置自动换行。当用户输入的内容超过文本区域的右边界时，文本换行到下一行。

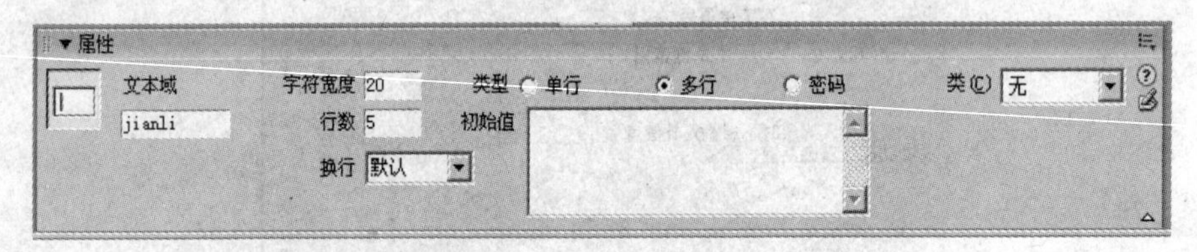

图 8-8　多行文本字段

8.2.4　隐藏区域

用户可以使用隐藏区域存储并提交非用户输入信息。该信息对用户而言是隐藏的。在【插入】工具栏的【表单】选项卡中单击“隐藏区域”按钮，文档中随即出现一个标记。如果用户未看到标记，可选择【查看】→【可视化助理】→【不可见元素】菜单命令来查看标记。

选择此表单对象，在【属性】检查器可以对它的显示文字进行设置，如图 8-9 所示。主要设置选项含义如下。

【隐藏区域】：隐藏域的名称。

【值】：嵌入（需要传递）的数据。

图 8-9　隐藏区域【属性】检查器

8.2.5　复选框

复选框常被用于选择多种条件的情况下，用户在填写到这一项时可以选择很多项。每个复选框都是独立的，必须有一个唯一的名称。

1．创建复选框

在【插入】工具栏的【表单】选项卡中单击“复选框”按钮，显示【输入标签辅助功能属性】对话框，设置 ID 和标签文字如图 8-6 所示，单击【确定】后，一个复选框随即出现在文档中，反复单击“复选框”按钮☑，可以创建更多复选框，8-10 所示。

2．设置复选框属性

选中复选框，出现如图 8-10 所示的【属性】检查器。

图 8-10　复选框【属性】检查器

在属性检查器中，根据需要设置复选框的属性，主要选项介绍如下。

【复选框名称】：复选框名称。

【选定值】：用于设置选定该复选框后，提交表单时传递的值。

【初始状态】：【未选中】和【已选中】两者之一。

注意：

对于表示同一个属性的复选框，其复选框的名称一定要统一。

8.2.6　单选按钮

单选按钮与复选框相似，主要用于标记一个选项是否被选中，单选按钮只允许用户从选项中选择唯一答案。单选按钮通常成组地使用。同一个组中的所有单选按钮必须具有相同的名称，但它们的区域值即选定值必须是不同的。

1．创建单选按钮

在【插入】面板的【表单】选项卡中单击“单选”按钮◉，显示【输入标签辅助功能属性】对话框，设置 ID 和标签文字，如图 8-6 所示，单击【确定】按钮后，一个单选按钮随即出现在文档中。反复单击单选按钮，可以创建更多单选按钮。

2．设置单选按钮属性

选中单选按钮，出现如图 8-11 所示的单选按钮【属性】检查器。

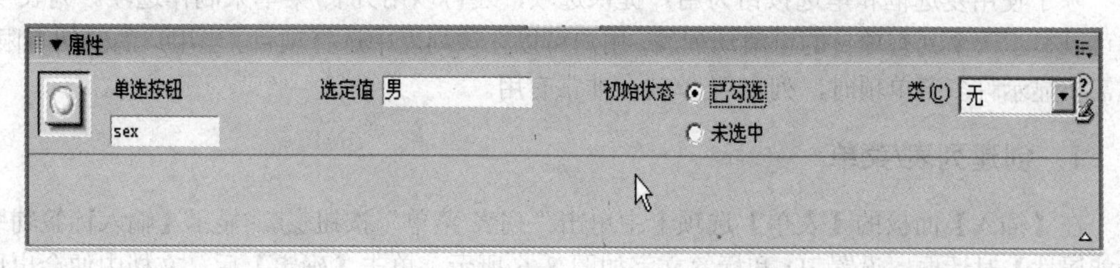

图 8-11　单选按钮【属性】检查器

在属性检查器中，根据需要设置复选框的属性，主要选项介绍如下。

【单选按钮】：单选按钮（组）名称。

【选定值】：选定该单选按钮（组）后，提交表单时，传递的值。

【初始状态】：【未选中】和【已选中】两者之一。

8.2.7 单选按钮组

用户可以用单选按钮一个个地创建表单选项，也可以用单选按钮组来同时创建多个表单选项供用户选择。在创建多个选项时，单选按钮组比单选按钮的操作更快捷。

在【插入】面板的【表单】选项卡中单击“单选按钮组”按钮，显示【单选按钮组】对话框，设置单选按钮组的名称、组内标签和值，如图 8-12 所示，单击【确定】按钮后，一个单选按钮组随即出现在文档中。

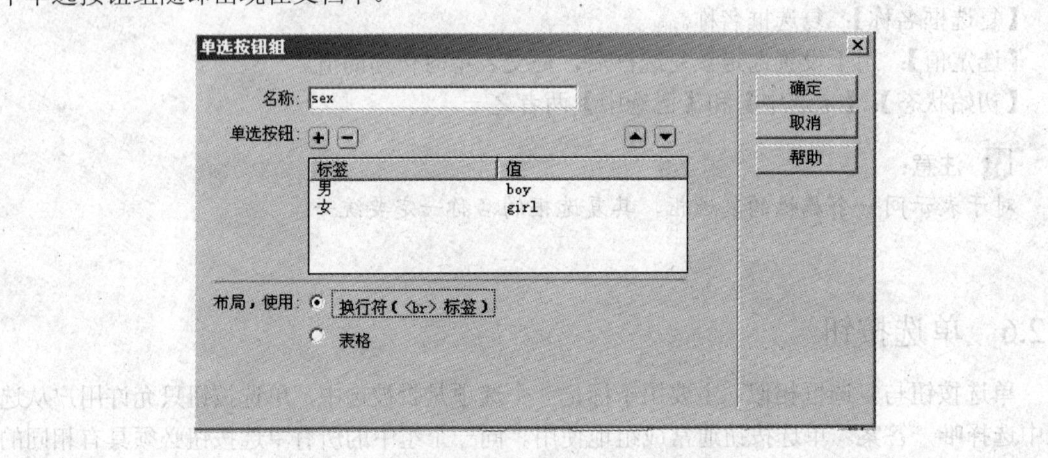

图 8-12 【单选按钮组】对话框

提示：

单击按钮，可以增加新的单选按钮，单击按钮可以删除一个单选按钮，单击和按钮可以调整按钮的顺序。

8.2.8 列表/菜单

除了使用复选框和单选按钮为用户提供选项，还可以用列表/菜单来制作选项。列表/菜单可以显示一个列有项目的可滚动列表，用户可以在该列表中选择项目。当用户的空间有限、但需要显示许多菜单项时，列表/菜单就会非常有用。

1. 创建列表/菜单

在【插入】面板的【表单】选项卡中单击“列表/菜单”按钮，显示【输入标签辅助功能属性】对话框，设置 ID 和标签文字如图 8-6 所示，单击【确定】后，文档中便会出现一个菜单。

2．设置列表/菜单属性

选中列表/菜单字段，出现如图 8-13 所示的【属性】检查器。

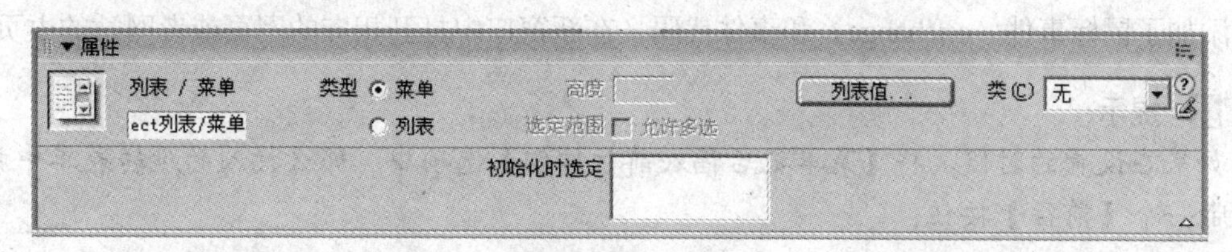

图 8-13　列表/菜单【属性】检查器

在属性检查器中，根据需要设置列表/菜单的属性。主要选项设置含义如下。

【列表/菜单】：列表/菜单的名称。

【类型】：两种选择，选中【菜单】单选按钮，网页中只能显示一行；选中【列表】单选按钮，则【高度】、【选定范围】均可行选择多行。

【列表值】按钮：单击此按钮后，弹出【列表值】对话框，可以在该对话框上设置列表值。

8.2.9　跳转菜单

跳转菜单利用表单元素形成各种选项的列表，可以说跳转菜单是列表/菜单功能的延伸，利用它不仅可以提供菜单项，而且还可给菜单项指定链接页面，选中列表中的某个选项时，浏览器会立即跳转到一个新网页。

1．创建跳转菜单

在【插入】面板的【表单】选项卡中单击的“跳转菜单”按钮，随即弹出【插入跳转菜单】对话框，根据需要设置其属性，如图 8-14 所示。

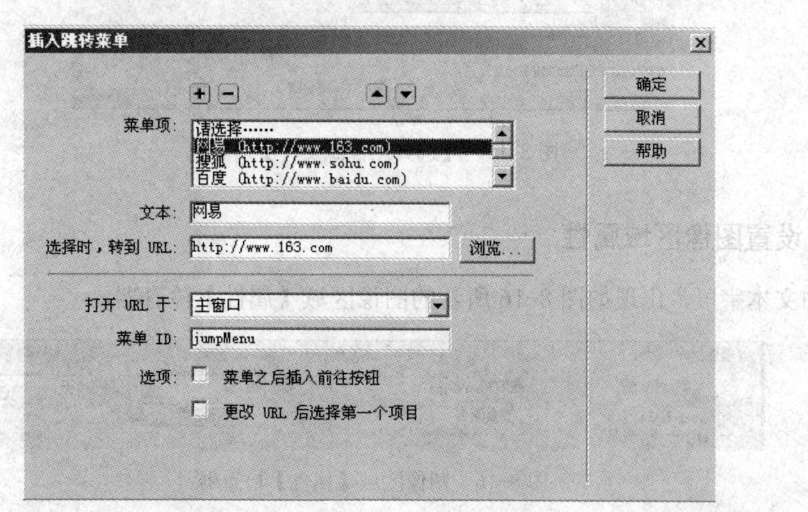

图 8-14　【插入跳转菜单】对话框

2．设置跳转菜单属性

跳转菜单属性与列表/菜单属性设置相似，但也有不同，区别主要是，跳转菜单多了行为设置。添加了鼠标事件（onchange）和事件代码（在新窗口中打开相应的网页或者网站的主页）。

提示：

如果在设置的时候，将【菜单之后插入前往按钮】选项中，那么插入的跳转表单中就会自动带一个【前往】按钮。

8.2.10 图像区域

在网页中插入图像区域能够使页面更加丰富多彩。如果使用图像来执行任务而不是提交数据，则需要将某种行为附加到表单对象。

1．创建图像区域

在【插入】面板的【表单】选项卡中单击“图像区域”按钮，弹出【选择图像源文件】对话框，如图 8-15 所示。选择一张图片作为表单对象。

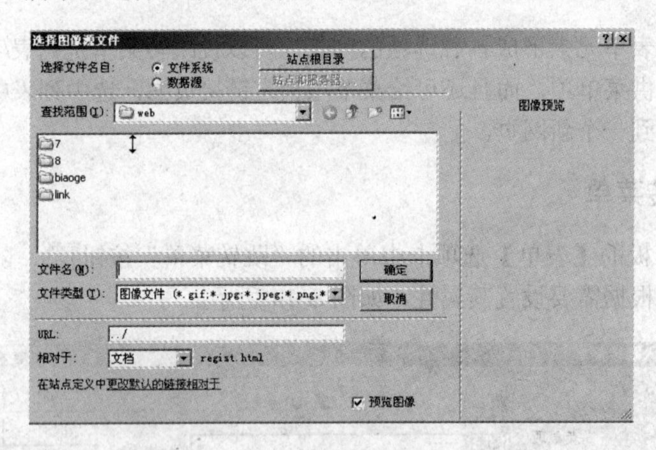

图 8-15 【选择图像源文件】对话框

2．设置图像区域属性

选中文本字段，出现如图 8-16 所示的图像区域【属性】检查器。

图 8-16 图像区域【属性】检查器

在【属性】检查器中，根据需要设置图像区域的属性。主要设置选项含义如下。

【图像区域】：图像域的名称。

【宽】、【高】：设定图像按钮在网页中显示的尺寸，不自行设定，则用默认值。

【源文件】：图像文件的 URL。

【替代】：当浏览器不能显示图像时，替代显示的文字。

【对齐】：图像在网页中的对齐方式，主要有【默认值】、【顶端】、【居中】、【底部】、【左对齐】和【右对齐】。

如果需要对插入的图像进行编辑，可以在属性检查器中单击【编辑图像】按钮，就可以直接打开 Fireworks 或 Photoshop 图像处理软件。

8.2.11　文件域

文件域对象比文件框对象多了一个【浏览】按钮。浏览者可以通过这个按钮来选择需要上传文件的路径和名称。

1．创建文件域

在【插入】面板的【表单】选项卡中单击“文件域”按钮，显示【输入标签辅助功能属性】对话框，设置 ID 和标签文字如图 8-6 所示，单击【确定】按钮后，随即插入一个文件域对象。

2．设置文件域属性

选中文件域，出现如图 8-17 所示的【属性】检查器。

图 8-17　文件域【属性】检查器

在【属性】检查器中，根据需要设置文件域的属性。主要设置选项含义如下。

【文件域名称】：文件域名称。

【字符宽度】：设定网页上显示【文件域】文本框的宽度。

【最多字符数】：设定网页上显示【文件域】文本框中，最多能输入多少字符数。

8.2.12　标准按钮

按钮对于表单而言是必不可少的，它可以控制表单的操作。使用按钮可将表单数据提交到服务器，或者重置该表单。在 Dreamweaver 中既可以通过图片来制作按钮，也可以使用表单里的按钮。表单中的按钮外形无法改变，但是却比图像按钮用起来更方便。

1．创建按钮

单击【插入】面板中【表单】选项卡的“按钮”按钮，显示【输入标签辅助功能属性】

对话框，设置 ID 和标签文字如图 8-6 所示，单击【确定】按钮后，随即插入一个按钮对象。

2．设置按钮属性

选中按钮，出现如图 8-18 所示的【属性】检查器。

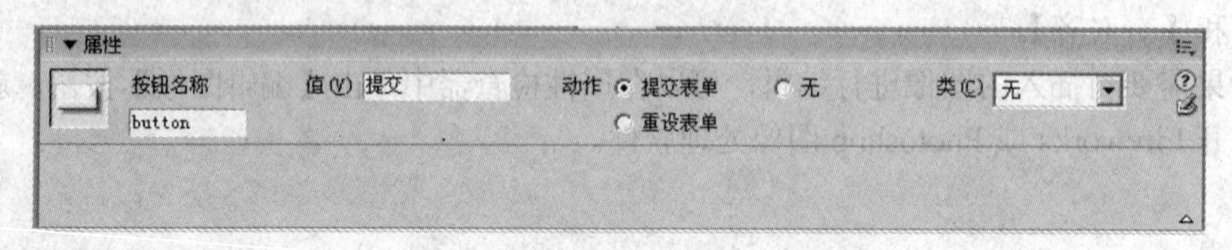

图 8-18　按钮【属性】检查器

在【属性】检查器中，根据需要设置按钮的属性。主要设置选项含义如下。

【按钮名称】：按钮的名称。

【标签】：在按钮上显示的文字。

【动作】：单击按钮后引发的事件。有三个单选按钮供选择：【提交表单】、【重设表单】和【无】。

8.3　表单应用实例

8.3.1　制作信息注册表

通常，表单最基本的应用就是制作调查表、人员信息表等具有具体信息采集功能的表单。本节将通过制作一个企业网上的人才信息采集注册表，来详细讲解如何利用表单的各个元素，如何设置表单属性，以及如何检查表单与提交表单，实例的最终效果如图 8-19 所示。

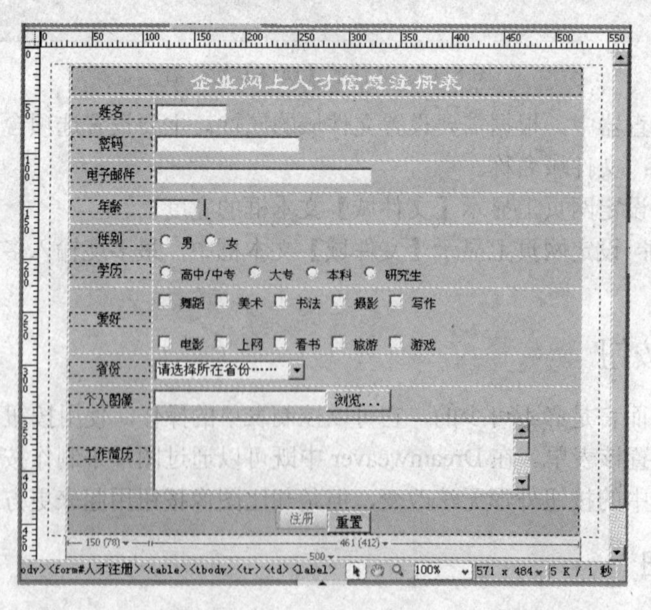

图 8-19　表单实例效果

1．插入与设置表单域

（1）新建一个文档，选择【修改】→【页面属性】命令，打开【页面属性】对话框，在【分类】列表中选择【外观】，将字体颜色设置为 9 pt，单击【确定】按钮返回，如图 8-20 所示。

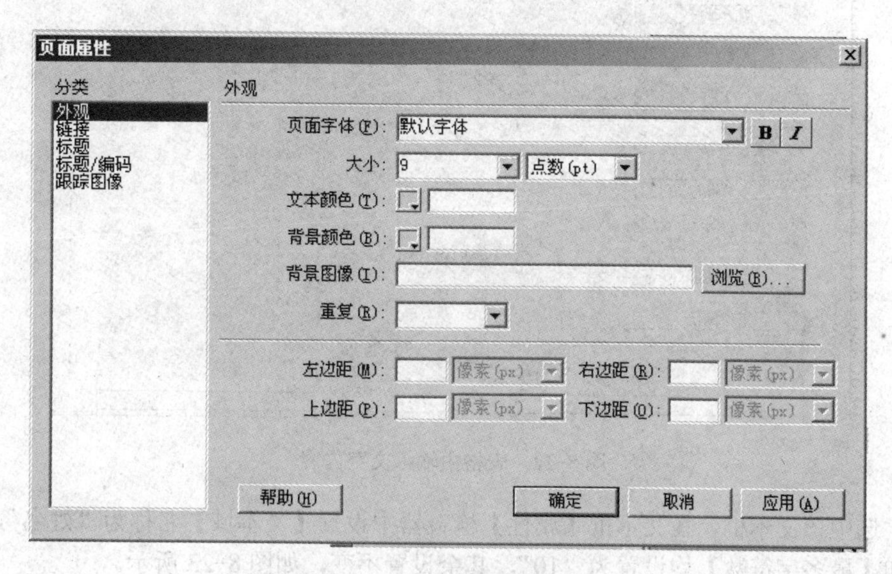

图 8-20　【页面属性】对话框

（2）在【插入】面板中单击【表单】选项卡上的“表单”按钮，插入一个表单域。

（3）单击表单的边框，选中表单，在其【属性】检查器中设置【表单名称】为【人才注册】，动作为 regist_check.asp，【方法】为 POST，表示此页面交给 regist_check.asp 页面程序处理，如图 8-21 所示。

图 8-21　设置表单属性

2．插入并设置表单元素

（1）将光标定位在表单内，按照第 5 章所学的表格知识，插入一个 12 行 2 列的表格，合并第一行和最后一行的单元格，并将表格进行美化。分别在第一列单元格内输入相应的文本内容，并设置单元格内文字居中对齐，如图 8-22 所示。

（2）将光标定位在【姓名】后的单元格内，在【插入】面板的【表单】选项卡中单击“文本字段”按钮，弹出【输入标签辅助功能属性】对话框，不做任何设置，直接单击【确定】按钮返回，即可按钮插入一个文本框。

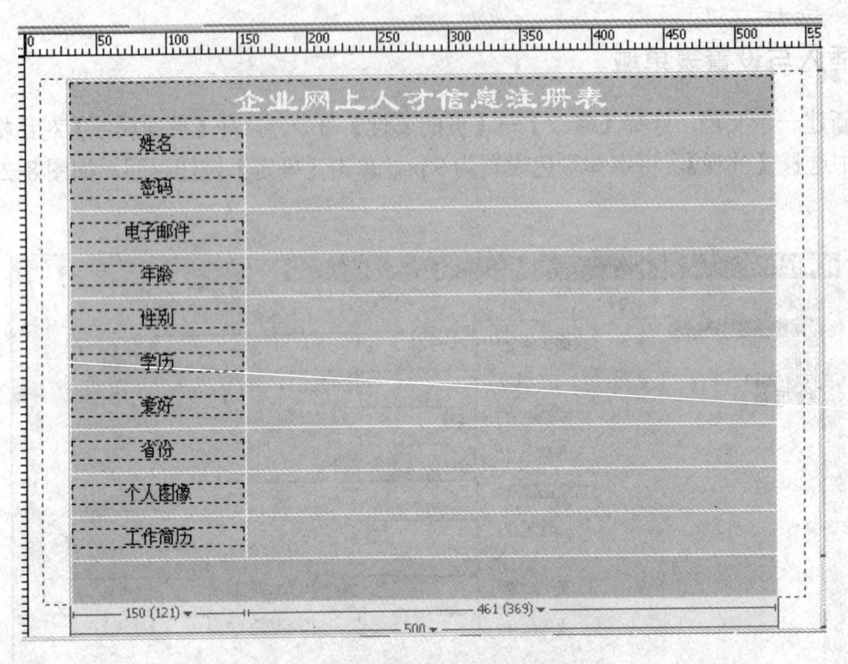

图 8-22　表格内输入文字内容

（3）选中该文本框，在文本框【属性】检查器中设置【文本域】名称为“姓名”，【字符宽度】和【最多字符数】均设置为“10”，其余设置不变，如图 8-23 所示。

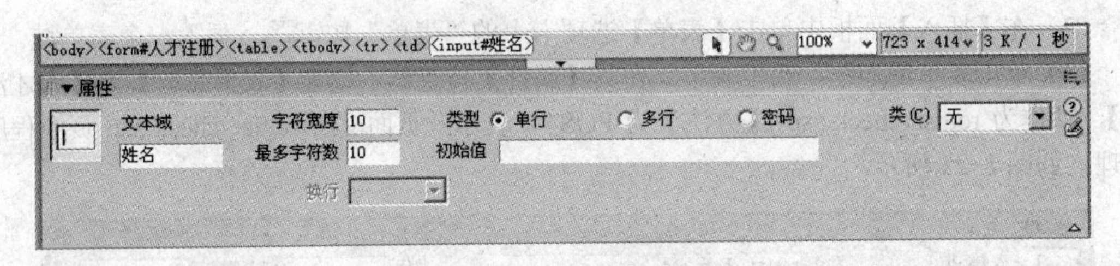

图 8-23　插入【姓名】文本框的属性设置

（4）用同样方法插入一个密码文本框，设置【文本域】名称为“密码”，【字符宽度】为“20”，【类型】为【密码】，如图 8-24 所示。

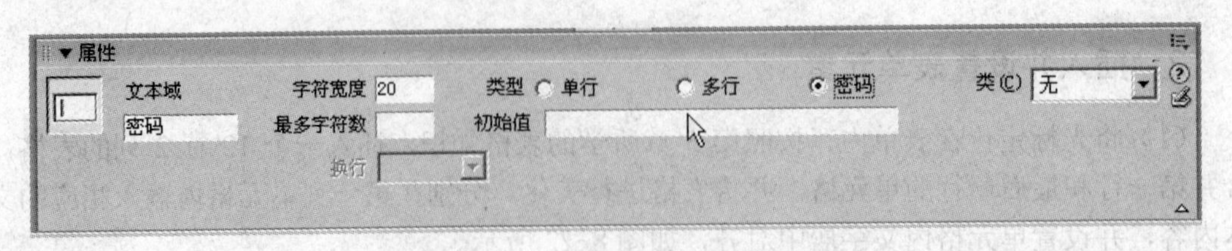

图 8-24　插入【密码】文本框的属性设置

（5）用同样方法插入一个电子邮件和年龄文本框，并根据需要设置【文本域】和【字符宽度】。

（6）将光标定位在“性别”后的单元格内，单击【插入】面板中【表单】选项卡的“单选”按钮，弹出【输入标签辅助功能属性】对话框，设置“ID”和【标签文字】均为“男”，【位置】选择【在表单项后】，如图 8-25 所示，最后单击【确定】按钮返回，即可插入一个单选按钮。

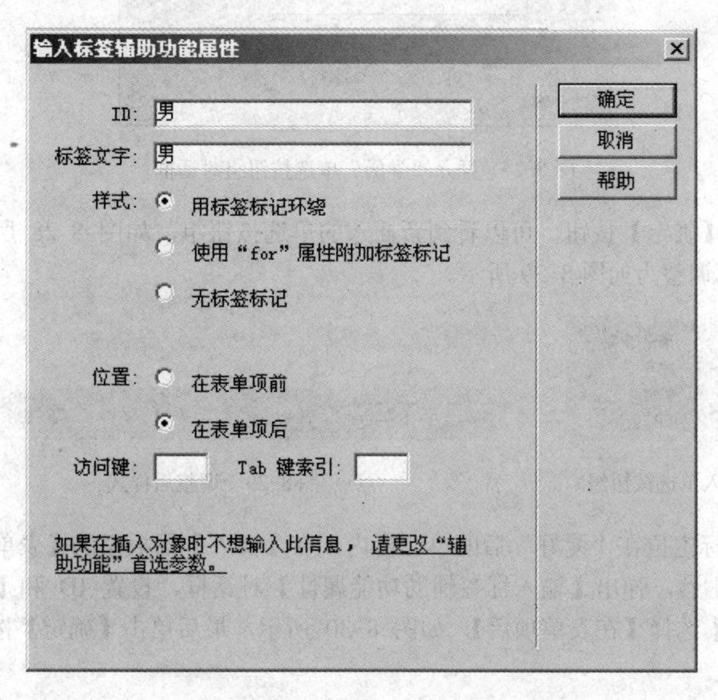

图 8-25　【输入标签辅助功能属性】对话框

（7）用同样方法再插入一个按钮，【ID】和【标签文字】设置为“女”。

（8）选中第一个单选按钮，在其【属性】检查器中【单选按钮】下的文本框输入“性别”，初始状态为【已勾选】，如图 8-26 所示。

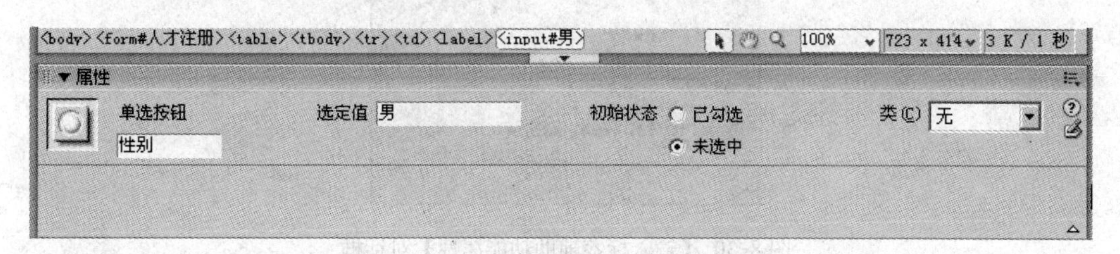

图 8-26　插入“性别”单选按钮属性

（9）用同样方法设置第二个单选按钮，在其【属性】检查器中【单选按钮】下的文本框输入“性别”，【初始状态】为【未选中】。

（10）将光标定位在“学历”后的单元格内，在【插入】面板的【表单】选项卡中单击单选按钮，弹出【单选按钮组】对话框，在【名称】文本框中输入“学历”，并依次设置单选按钮的【标签】和【值】，如图 8-27 所示，单击【确定】按钮返回，即可插入一个单选按钮组。

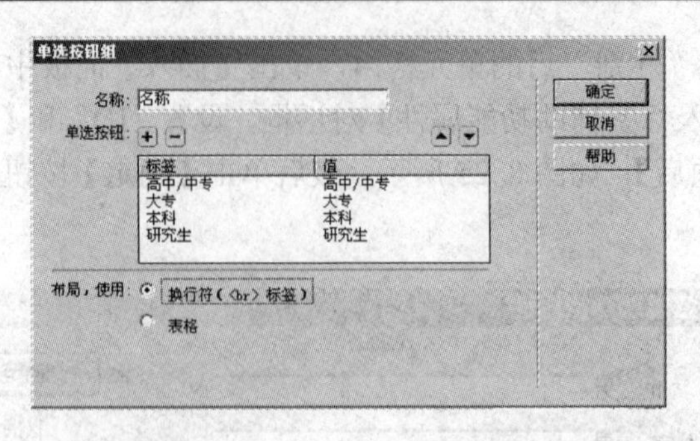

图 8-27 插入“学历”单选按钮组对话框

（11）单击【确定】按钮，可以看到新插入的单选按钮组，如图 8-28 所示，为了页面美观，这里将其调整为如图 8-29 所示。

图 8-28 插入单选按钮组

图 8-29 调整后样式

（12）将光标定位在“爱好”后的单元格内，在【插入】面板中的【表单】选项卡中单击“复选”按钮，弹出【输入标签辅助功能属性】对话框，设置 ID 和【标签文字】为“舞蹈”，【位置】选择【在表单项后】，如图 8-30 所示，最后单击【确定】按钮返回即可插入一个复选按钮。

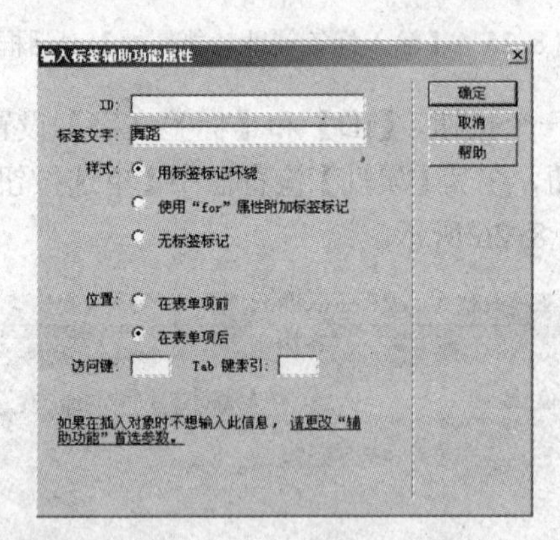

图 8-30 【输入标签辅助功能属性】对话框

（13）选中“舞蹈”文本前的复选框，在【属性】检查器中设置【复选框名称】为“爱好”，【选定值】为“舞蹈”，如图 8-31 所示。

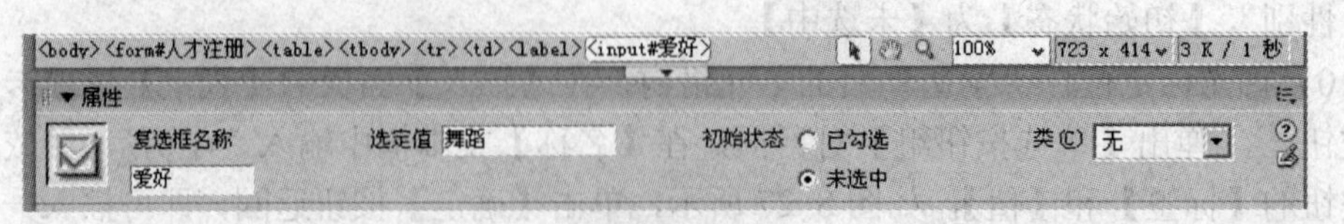

图 8-31 设置复选框属性

（14）重复上面两步操作，可依次插入其他复选框，如图 8-32 所示。

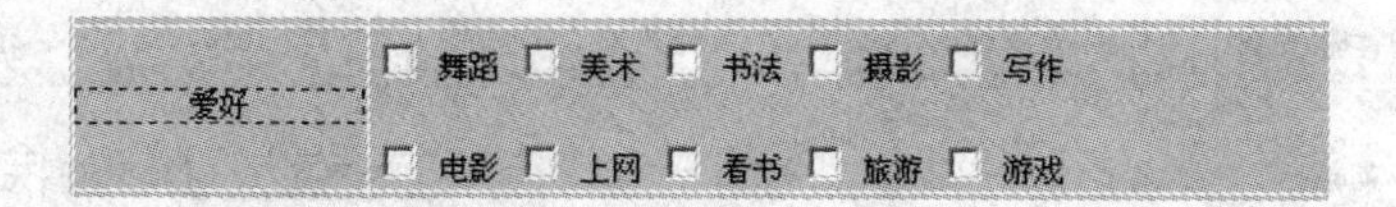

图 8-32　插入多个复选框

（15）将光标定位在【省份】后的单元格内，在【插入】面板的【表单】选项卡中单击“列表/菜单”按钮，弹出【输入标签辅助功能属性】对话框，设置【ID】为“省份”，如图 8-33 所示，单击【确定】按钮，即可插入一个空的列表项。

（16）选择插入的列表项，单击【属性】检查器中【列表值】按钮，弹出【列表值】对话框，如图 8-34 所示。

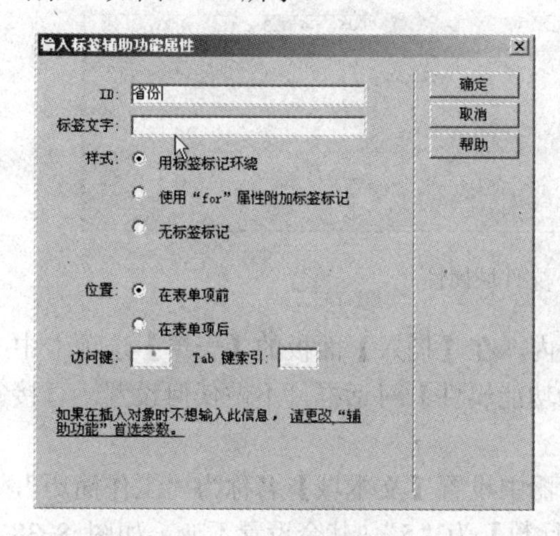

图 8-33　【输入标签辅助功能属性】对话框

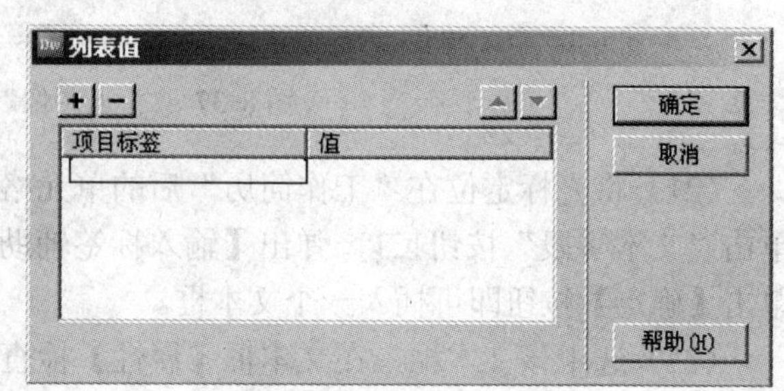

图 8-34　【列表值】对话框

（17）在第一个【项目标签】内输入“请选择所在省份……”，其值为空，用来提示用户进行选择，单击按钮添加列表标签，单击按钮删除列表标签，单击和按钮调整列表次序，完成其他列表值的设置，如图 8-35 所示。

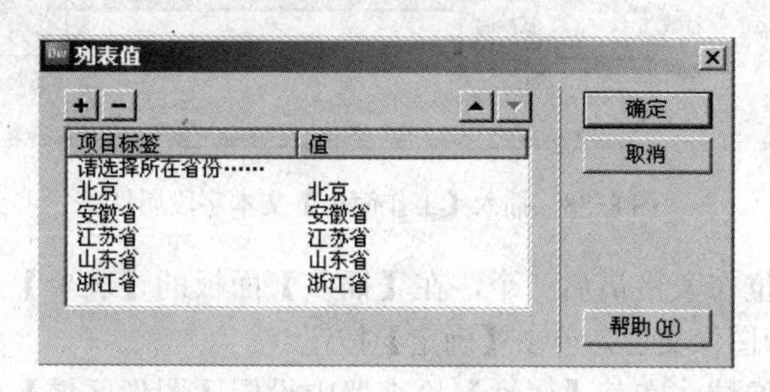

图 8-35　完成各个列表值

（18）单击【确定】按钮，在其【属性】检查器中设置【类型】为【列表】，【高度】为“1”，【初始化选定】为“请选择所在省份……”，如图 8-36 所示。

（19）将光标定位在“个人图像”后的单元格内，在【插入】面板的【表单】选项卡中单击“文件域”按钮，弹出【输入标签辅助功能属性】对话框，设置【ID】为“个人图像"，单击【确定】按钮，即可插入一个文件域。

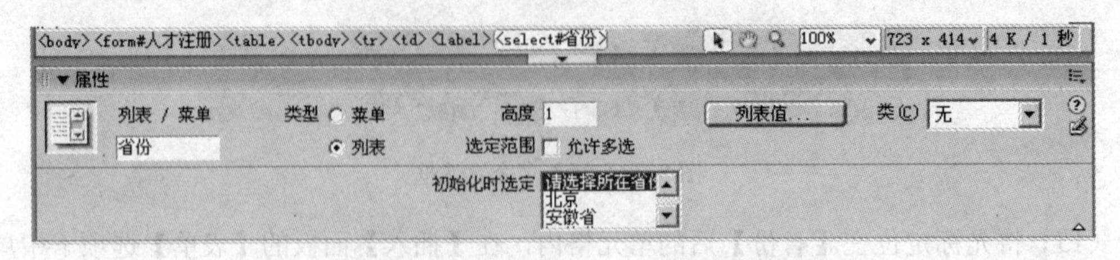

图 8-36　插入"省份"列表/菜单属性

（20）选中该文件域在其【属性】检查器中设置【字符宽度】为"50"，如图 8-37 所示。

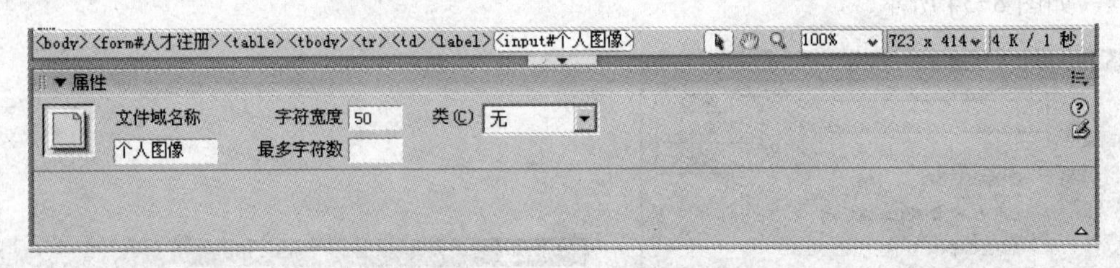

图 8-37 "个人图像"文件域属性

（21）将光标定位在"工作简历"后的单元格内，在【插入】面板的【表单】选项卡中单击"文本字段"按钮，弹出【输入标签辅助功能属性】对话框，不做任何设置，直接单击【确定】按钮即可插入一个文本框。

（22）选中该文本框，在文本框【属性】检查器中设置【文本域】名称为"工作简历"，【类型】为"多行"，【字符宽度】设置为"50"，【行数】为"5"，其余设置不变，如图 8-38 所示。

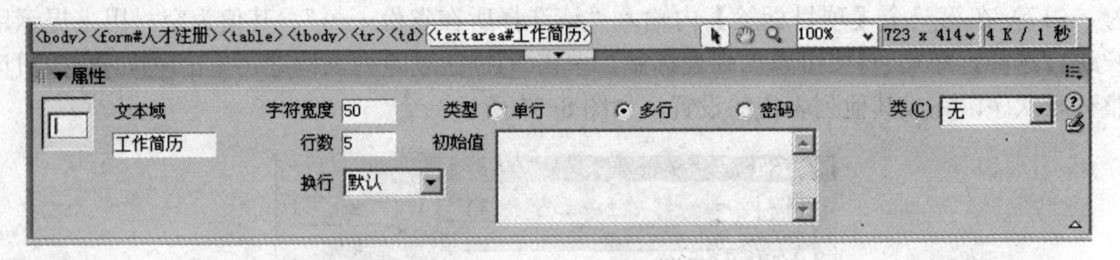

图 8-38　插入【工作简历】文本字段属性

（23）将光标定位在表格最后一个，在【插入】面板的【表单】选项卡中单击"图像域"按钮，选择源图像文件，单击【确定】按钮。

（24）选择此图像域，在其【属性】检查器中设置【图像区域】名称为"注册"，【替换】为"注册"，如图 8-39 所示。

（25）将光标定位在表格最后一个，在【插入】面板的【表单】选项卡中单击按钮，插入一个【提交】按钮。

（26）选择此按钮，在其【属性】检查器中设置按钮的名称为【按钮】，【值】为"重置"，【动作】为"提交表单"，如图 8-40 所示。

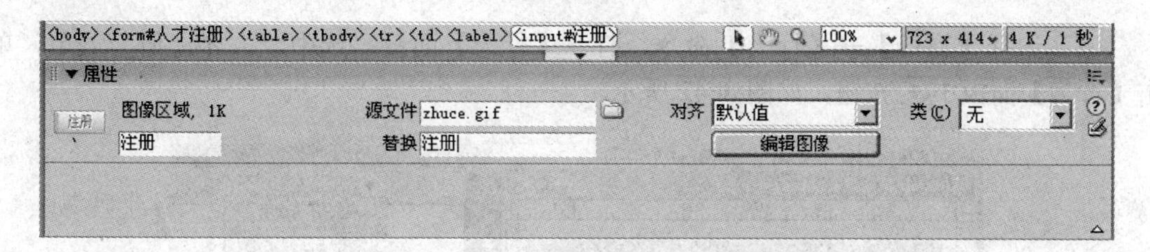

图 8-39　插入“注册”图像域的属性

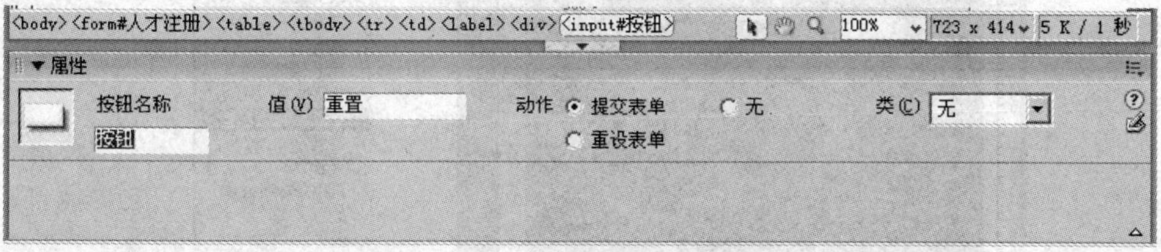

<body><form#人才注册><table><tbody><tr><td><label><div><input#按钮>
100%
723 x 414
5 K / 1 秒
属性
按钮名称
按钮
值(V) 重置
动作 ⊙ 提交表单 ○ 无
○ 重设表单
类(C) 无

图 8-40　插入“重置”按钮的属性

（27）至此，表单的基本功能就完成了，将文件保存，最后效果如图 8-41 所示。 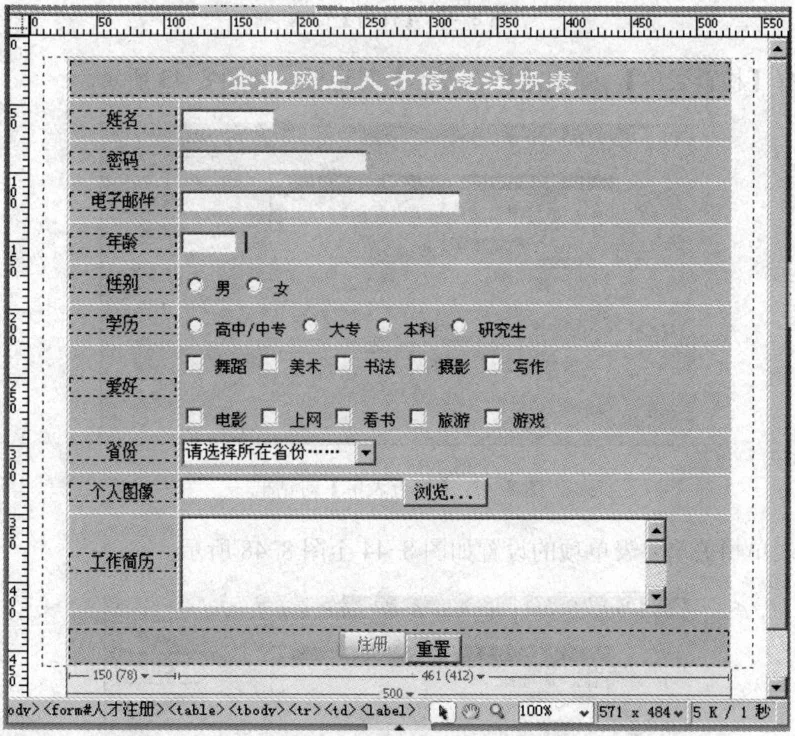

企业网上人才信息注册表
姓名
密码
电子邮件
年龄
性别 ○ 男 ○ 女
学历 ○ 高中/中专 ○ 大专 ○ 本科 ○ 研究生
爱好 □ 舞蹈 □ 美术 □ 书法 □ 摄影 □ 写作
□ 电影 □ 上网 □ 看书 □ 旅游 □ 游戏
省份 请选择所在省份……
个人图像 浏览...
工作简历
注册 重置
150 (78)
461 (412)
500
<body><form#人才注册><table><tbody><tr><td><label>
100%
571 x 484
5 K / 1 秒

图 8-41　完成后的表单

3．检查表单

通过前面的操作，表单文件已经可以正常提交了，若不对表单进行条件限制，往往会出现一些无用的信息，在 Dreamweaver 中，提供检查表单的行为，帮助用户输入正确信息。

（1）选择【窗口】→【行为】命令，打开【行为】面板，选中“人才注册”表单，单击【行为】面板中 +. 按钮，如图 8-42 所示。

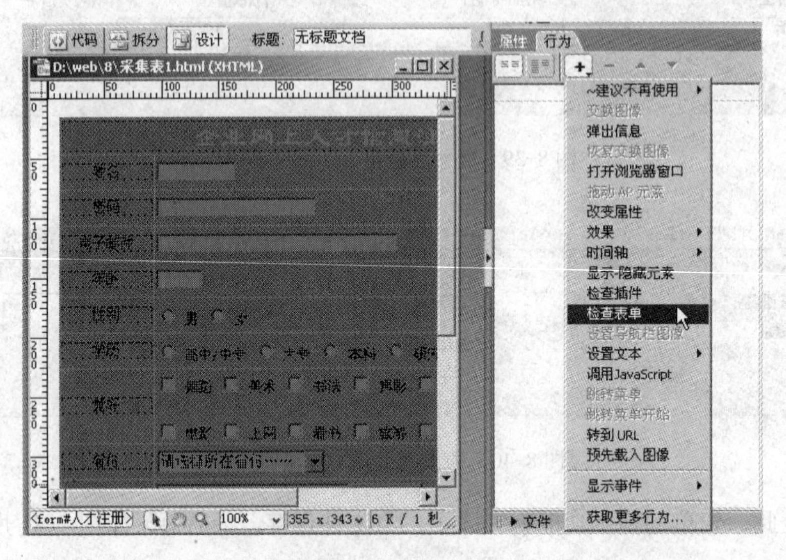

图 8-42 【行为】面板

（2）选择【检查表单】，弹出【检查表单】对话框，如图 8-43 所示。

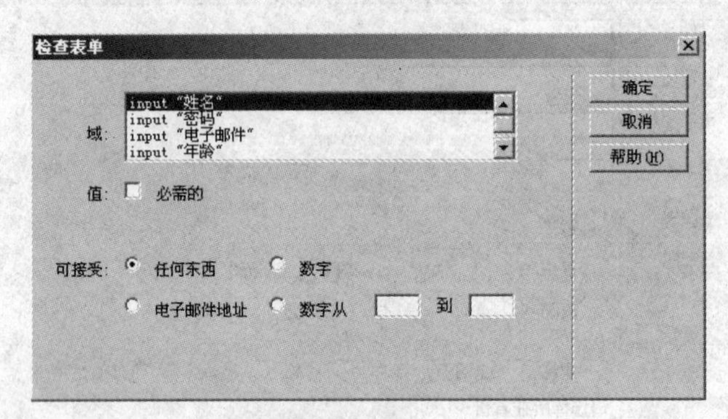

图 8-43 【检查表单】对话框

（3）该表单相关重要表单项的设置如图 8-44 至图 8-48 所示。

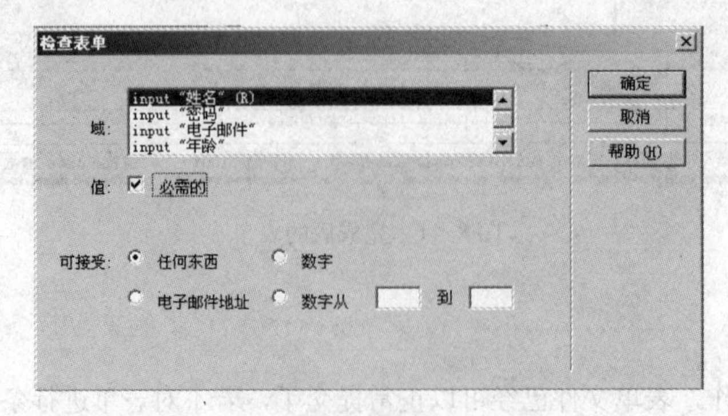

图 8-44 设置姓名

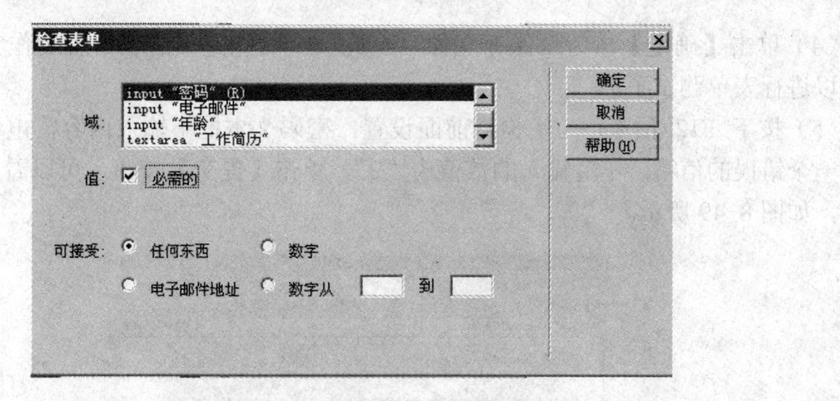

图 8-45　设置密码

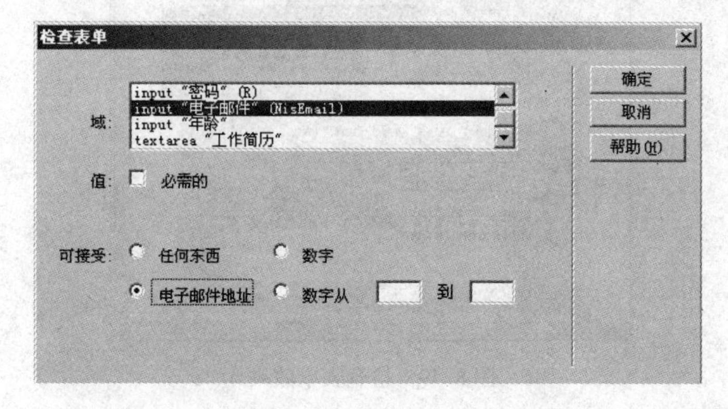

图 8-46　设置电子邮件

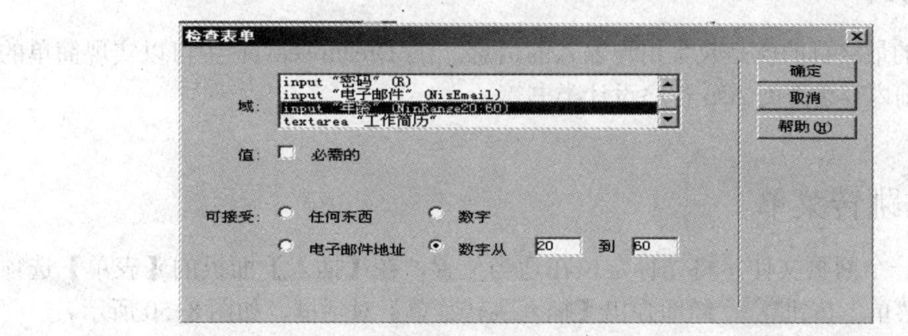

图 8-47 设置年龄

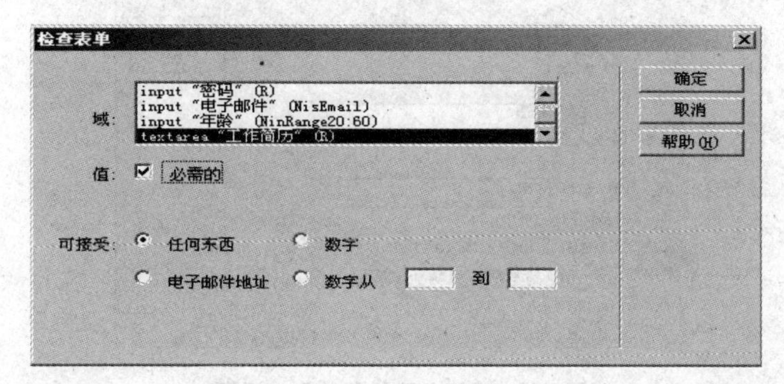

图 8-48　设置工作简历

（4）单击【确定】按钮后保存文件，至此一个功能完整的表单就制作完成了，接下来就可以进行表单测试了。

（5）按下 F12 预览，为了检查前面设置，密码文本框不输入内容，电子邮件文本框里输入一个错误的信箱，年龄输入的数值为“2”，单击【提交】按钮，可以看到系统给的错误提示，如图 8-49 所示。

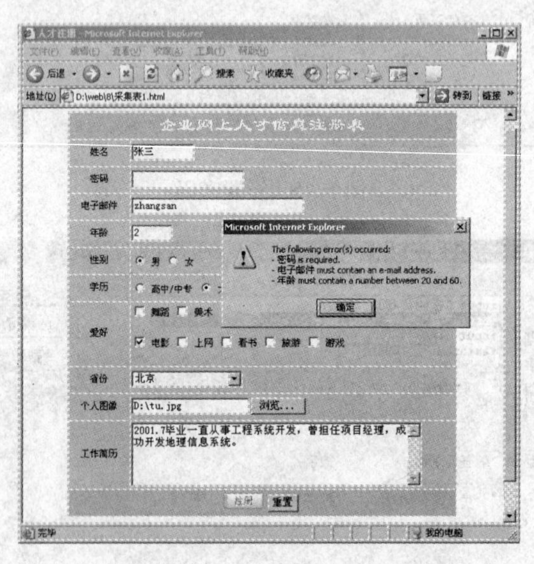

图 8-49　检查表单效果

4. 提交表单

表单制作的最终目的就是收集用户输入的信息，在 Dreamweaver 中可以实现简单的表单的提交，详细内容请查阅 Asp 程序设计类书籍。

8.3.2　制作跳转菜单

（1）新建一个网页文件，将光标定位在适当位置，在【插入】面板的【表单】选项卡中单击“跳转菜单”按钮，随即弹出【插入跳转菜单】对话框，如图 8-50 所示。

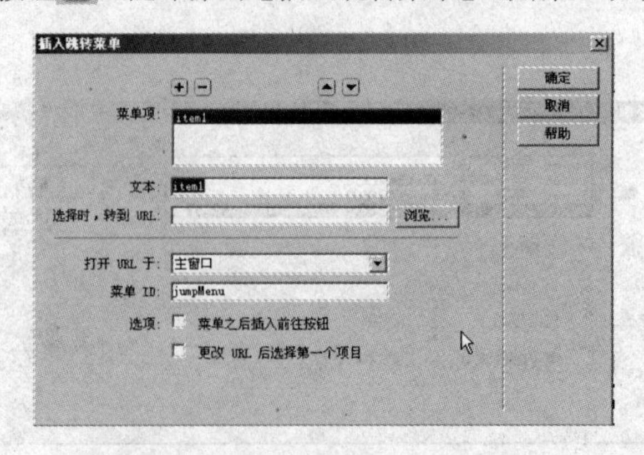

图 8-50　【插入跳转菜单】对话框

（2）删除【文本】文本框中的原有内容，输入“请选择……”，用来作为提示用户选择菜单。

（3）单击按钮[+]，并在【文本】文本框输入“网易”，在【选择时，转到 URL】文本框后输入“http://www.163.com ”，并按此步骤输入并设置其他菜单项，完成后单击【确定】按钮，如图 8-51 所示。

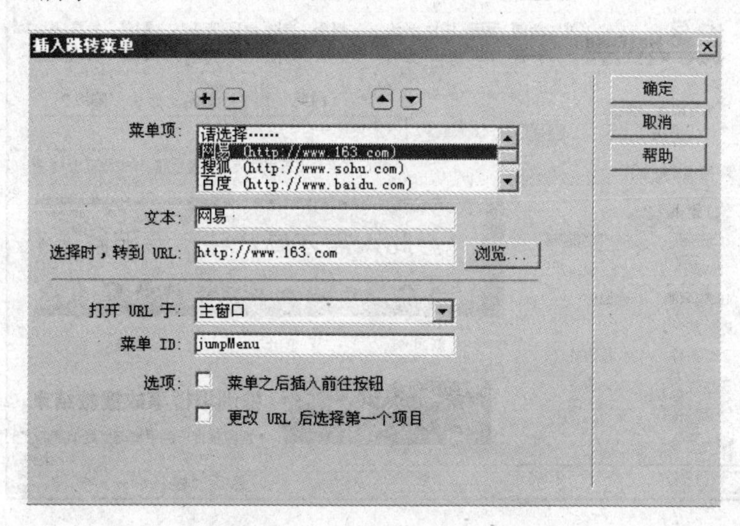

图 8-51 【插入跳转菜单】对话框

（4）保存文件，按下 F12 键预览，当选择任意一个菜单项时，就会打开该菜单项所链接的页面，如图 8-52 和图 8-53 所示。

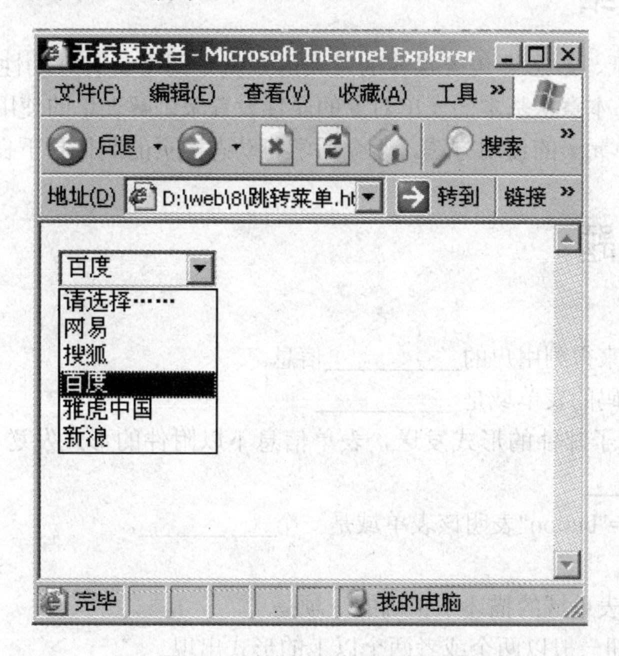

图 8-52 跳转菜单的预览效果

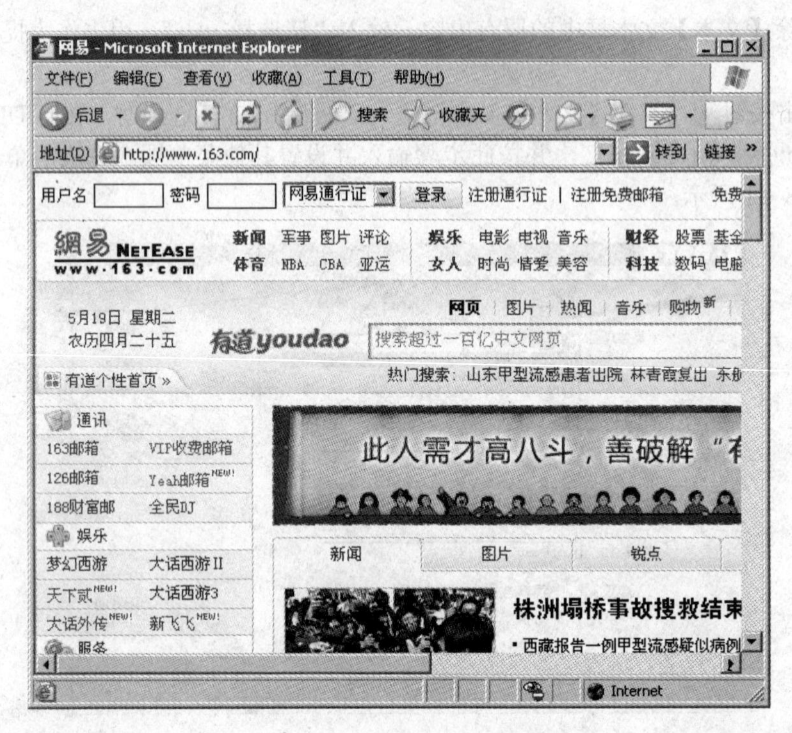

图 8-53 打开的链接页面

8.4 本章小结

网络区别于报纸、杂志等传统媒体的最大区别就是网络具有互动性，而互动性的实现离不开表单的应用。本章从基本的表单对象的属性设置来讲解表单的使用方法。最后通过实例帮助读者掌握表单元素的使用方法，为今后学习动态网页的制作打下良好的基础。

8.5 本章习题

一、填空题

1．表单主要用来得到用户的__________信息。

2．用来输入密码的表单域是__________。

3．当表单以电子邮件的形式发送，表单信息不以附件的形式发送，应将【MIME 类型】设置为__________。

4．源代码 type="button"表明该表单域是一个__________。

二、选择题

1．下列关于各表单域的描述不正确的一项是（　　）。

A．单选按钮一般以两个或者两个以上的形式出现

B．复选框在表单中一般都不是单独出现的，都是多个复选框同时使用

C．图片域可以用来代替按钮的作用

D．可以在菜单域中选择多项信息

2．下列关于各表单域的描述正确的一项是（　　）。

A．单选按钮的名称可以不同

B．复选框的选定值必须是相同的

C．列表可以显示多行选项

D．菜单可以显示多行选项

3．下列哪一项表示的不是按钮（　　）。

A．type="submit"　B．type="reset"　C．type="image"　D．type="button"

4．下列关于各表单域的描述正确的一项是（　　）。

A．单选按钮的名称可以不同

B．复选框的选定值必须是相同的

C．列表可以显示多行选项

D．菜单可以显示多行选项

5．在多行的文本区域中，下列哪一项设置可以出现水平滚动条（　　）。

A．将其换行属性设置为【默认】

B．将其换行属性设置为【关】

C．将其换行属性设置为【虚拟】

D．将其换行属性设置为【实体】

三、问答和操作题

1．什么是表单？常见的表单域元素有哪些？

2．试述列表与菜单的区别？

第9章 HTML代码

本章要点：

- ☑ HTML 简介
- ☑ HTML 基本语法
- ☑ HTML 基本的元素
- ☑ HTML 语言高级元素
- ☑ HTML 其他元素

9.1 HTML 简介

HTML 的全名是“Hyper Text Markup Language”，即“超文本标记语言”，是用特殊标记来描述文档结构和表现形式的一种语言。

Tim Berners-Lee 于 1990 年发明了 HTML，之后开始迅速流传。最初的 HTML 有许多不同的版本，只有网页制作者和用户都使用同样版本的 HTML 才能被正确浏览。1997 年，万维网联盟（World Wide Web Consortium）组织编写和制定了新的 HTML3.2 标准，从而使 HTML 文档能够在不同的浏览器和操作平台中都能够正确显示。目前，HTML 已经发展到了 4.0 版。

严格的说，HTML 并不是一种程序设计语言，它只是一些由标记和属性组成的规则，这些规则规定了如何在页面上显示文字、表格和超链接等内容。网页制作者按照这些规则编写网页，而用户则按照这些规则浏览网页。

9.2 HTML 基本语法

HTML 的语法比较简单，一般来说，都是以<html>开头，以</html>结束，表示中间是一个 HTML 文档。而文档可以分为文档头部和文档主体“<html>…</html>”两部分，其中文档头部内的内容也叫作“头信息”，它们不会显示在浏览器窗口中，只是用来告诉浏览器一些信息，而文档主体的内容将会显示在窗口中。

下面将仔细介绍 HTML 标记、标记属性等基本语法。

9.2.1 HTML 标记

在 HTML 文档中，<html>、</html>、<head>、</head>、<body>、</body>等称为标记（Tag），这些标记实际上就规定了内容的显示方式等。

标记在使用时必须用尖括号“< >”括起来，而且大部分都是成对出现的，起始标记无斜杠，终止标记有斜杠。对成对标记而言，起始标记和终止标记之间的部分，连同标记在内，称为 HTML 的元素，如“<title>一个简单的 HTML 文件</title>”就是一个元素，表示网页标题。

也有少数标记是单独出现的，表示在该标记所在的位置插入一个元素，如<p>表示插入一个分段符，而
表示插入一个换行符。

9.2.2　标记属性

每个 HTML 标签，还可以设置一些相关元素的属性，控制 HTML 标签所建立的元素。这些属性将放置于所建立元素的首标签，而尾标签不变，例如：

```
<h1 align="center">我的主页</h1>
```

其中的 align 用来规定标题文字的对齐方式，center 就表示居中显示，它的作用就是让“我的主页”4 个字居中排列。

而 align 就称为标记属性。所谓标记属性，是指为了明确元素功能，在标记中描述元素的某种特性的参数及其语法。一般语法格式为：

```
<标记名　属性名 ="属性值" 属性名="属性值"...>...</标记名>
```

在 HTML 标记中，可以有多个属性，中间用空格隔开即可。另外，不同的标记一般有不同的属性，但也有一些属性是通用的，如 align 属性也可以用在<p>等许多标记中，所以希望读者在学习时一定要善于总结规律，以便达到举一反三的目的。

9.2.3　文档头部

文档头部就是包含在<head>和</head>之间的所有内容。尽管文档头部不显示在页面中，但是它仍然是非常重要的，它会告诉浏览器如何处理文档主体内的内容。

简单的文档头部一般只包括一个<title>标记。下面举一个例子。

9-1.htm　文档头部示例

```
<html>
  <head>
      <title>计算机 教学网站</title>
      <bgsound src ="bgmusic.mp3"loop="-1"
      <meta name="Generator"content="Dreamweaver">
      <meta name="Author"content="张三">
      <meta name="Keywords"content="DreamWeaver CS3,DW,教学网站">
      <meta name="Description"content="这是一个计算机教学网站">
      <meta name="Content-Type"content="text/html;charset=gb2312">
      <meta name="Refresh"content="10">
  </head>
  <body>
```

```
        <p>该页面用来演示文档头部

    </body>
    </html>
```

下面来详细讲述这些主要标记。

1）<title>与</title>标记

该标记用来设置网页的标题，其中的文字会显示在浏览器窗口标题栏中。一般情况下，应该给网页添加一个合适的标题，这样可以方便该网页被搜索引擎正确收录。

2）<bgsound>标记

该标记用来设置网页的背景音乐，其中属性及属性值如表 9-1 所示。

表 9-1 <bgsound>标记的属性及属性值

属性名称	说明	取值
src	背景音乐文件路径	相对路径或绝对路径 URL
Loop	循环播放次数	正整数表示播放次数，–1 表示一直循环播放

3）<meta>标记

<meta>标记稍微复杂些，主要用来提供描述网页的信息。它有 3 个最重要的属性，分别是 name、http-equiv 和 content 属性，不过要注意这几个属性的用法和其他属性不太一样。

其中 name 和 content 为一组，name 的属性值一般是给定的，分别用来说明网页的生成工具、作者、关键字和网页描述信息，而 content 的属性值则是对应的信息。

Generator 说明网页的生成工具，本例中是“Dreamweaver”。

Author 说明网页的作者，本例中作者是“张三”。

Keywords 表示关键字，可以有多个关键字，中间用逗号隔开，本例中是“DreamWeaver CS3，DW，教学网站”。

Description 是网页的基本信息，本例说明是“这是一个计算机教学网站”。

注意：

<title>标记及这里的 Keywords 和 Description 有助于被百度等搜索引擎正确、快速地收录，所以建议给每一个网页都添加适当的标题、关键字和描述信息。

http-equiv 和 content 为另一组，http-equiv 的属性值一般也是给定的，用来说明网页的文件类型、语言编码方式和自动刷新时间等，而 content 的属性值也是对应的信息。

Content-Type 说明文件的内容类型和语言编码方式。本例中 text/html 表示是 HTML 文档，gb2312 表示用的是国标语言。

Refresh 用来设置网页自动刷新的时间，本例表示 10 秒自动刷新一次。

事实上，该属性还可以让网页在指定时间后自动转到另一个页面或网址，用法如下：

```
<meta http-equiv="Refresh"content="10;URL=http://www.sina.com.cn">
```

4）其他标记

在文档头部中其实还可以包括其他许多标记，如<link>和<style>标记都是用来设置文字、图表等元素的 CSS（Cascading Style Sheets）样式。而<script>标记用来添加脚本语言。这些标记在用到的时候再仔细讲解。

提示：

利用 CSS（Cascading Style Sheets）样式可以快速设置整个网站的背景颜色，文字字体、大小等风格。如果读者有兴趣，可以参考支持网站中的 CSS 专门教程。

9.2.4　文档主体

文档主体是指包含在<body>和</body>之间的所有内容，它们将显示在浏览器窗口内。文档主体包含文字、图片、表格等各种标记，后面几节将详细讲解。这里需要注意的是<body>标记与<head>标记略有不同，它可以添加许多属性，用来设置网页背景、文字、页边距等。下面来看一个较复杂的例子：

```
    <body bgcolor="green" background="whiteflower.jpg" text="#FF0000" link=
"#0033FF"
    vlink="#990033" alink="#FF0099" leftmargin="5" rightmargin="5" topmargin=
"5"  bottommargin="5">
```

其属性说明如表 9-2 所示。

表 9-2　<body>标记的常用属性

属性名称	说　明	取　值
Bgcolor	背景音乐	可以用英文单词，如 green、red 等，也可以用颜色的十六进制表示方法，如#008800
Background	背景图片文件路径	相对路径或绝对路径或 URL。另外同<bgsound>标记的 src 属性
Text	文档中文的颜色	取值同背景颜色 bgcolor
Link	超链接文字的颜色	同上
Alink	正在访问的超链接的颜色	同上
Vlink	已访问过的超链接的颜色	同上
Leftmargin	左边距的像素值	可以取整数，表示像素值
Rightmargin	右边距的像素值	同上
Topmargin	上边距的像素值	同上
bottommargin	下边距的像素值	同上

提示：

如果同时设置了背景颜色和背景图片，将只有背景图片起作用。另外，在 HTML 文件中，各种标记的路径、颜色、像素的取值都是类似的，请注意总结规律。

9.2.5　注释语句

注释语句又称为注释标记，这些标记在浏览网页时不会显示，只是在编辑文件时可以看到。适当使用注释语句，可以使网页的维护和更新变得十分方便，因此建议读者养成给程序加上注释的好习惯。

注释语句是以“<!--”开始，以“-- >”结束，其间可以加入解释或说明文字。例如：

<!--下面是一个表格-- >

9.3 HTML 基本元素

9.3.1 文字

文字是网页中最主要的元素，文字的设置也是比较复杂的，一般包括文字格式和文字样式的处理，文件格式即文字的位置、段落等属性，文字的样式指文字的颜色、字体大小等。下面就来详细介绍常用的文字处理标记。

1）<p>和</p>标记

该标记用来开始一个新的段落，它可以成对出现，也可以省略</p>。用法如下：

```
<p align="center">欢迎来到 DreamWeaver CS3 世界</p>
```

其中属性及属性值如表 9-3 所示。

表 9-3 <p>标记的常用属性及属性值

属性名称	说明	取值
align	对齐方式	Left、right 和 center，分别表示左对齐、右对齐和居中

2）
标记

该标记是换行标记，且是一个单独标记，用法如下：

```
床前明月光，<br>疑是地上霜。
```

注意：

它和<p>标记的区别是换行但不分段，使用
标记，行与行之间没有空行，而使用<p>标记后，两处之间实际上会有一个空行，请注意比较。

3）<pre>和</pre>标记

这是预格式化标记。所谓预格式化，是指网页显示时将严格按照预先安排好的文字布局输出，而不进行另外的设置，它主要应用于需要保留文本中的空白时。具体用法如下：

```
<pre>
床前明月光，
    疑是地上霜。
        举头望明月，
            低头思故乡。
 </pre>
```

使用<pre>标记后，在页面中会原样显示内容和格式，但是如果去掉该标记，所有内容会显示在一行中。

4）<hn>和</hn>标记

该标记用来定义网页正文中标题的字体大小。n 是变量，取值范围 1～6，对应的字号由大到小，也就是说有 6 级标题。用法如下：

```
<h1 align="center">我的主页</h1>
```

其属性 align 取值同<p>标记（见表 9-3）。

5）<font>和</font>标记

该标记用来设置文字的字体、大小、颜色。用法如下：

```
<font face="宋体" color="red" size="6">欢迎光临我的主页</font>
```

其属性及属性值如表 9-4 所示。

表 9-4　<font>标记的属性及属性值

属性名称	说　明	取　值
Face	字体名称	字体名称，如“宋体”、“幼圆”、“隶书”等，默认值为宋体
Color	字体颜色	同 bgcolor，见表 9-2
size	字体大小	属性值为 1~7 的数字，对应的字号由小到大

6）文字样式标记

HTML 的文字样式分为物理样式和逻辑样式两类。物理样式指文字的粗体、斜体、下划线等；逻辑样式指文字的大号字样、小号字样、强调字样、着重字样等。常用的文字样式标记及其说明如表 9-5 所示。

表 9-5　文字样式标记及其说明

物理样式	说　明	逻辑样式	说　明
<b>…</b>	粗体	<big>…</big>	大号字样
<i>…</i>	斜体	<small>…</small>	小号字样
<u>…</u>	下划线	<blink>…</blink>	闪烁字样
<tt>…</tt>	等宽字样	<em>…</em>	强调字样
[…]	上标体	<strong>…</strong>	着重字样
_…	下标体	<cite>…</cite>	引用字样
<strike>…<strike>	删除线		

这些标记有相同的使用方法，如下面例子中的文字将以粗体显示。

<b>欢迎光临我的主页</b>

提示：

标记可以嵌套使用，但必须一一匹配出现。当一段文字的多个标记冲突时，里层的标记先起作用。

9.3.2 列表

在 Word 中，经常使用“项目符号”（如图 9-1 所示）或“项目编号”来使文档更有条理，更便于阅读。在 HTML 中，也可以使用符号列表或排序列表标记来实现类似的效果。

· 孔乙己

· 狂人日记

· 从百草园到三味书屋

图 9-1 项目符号效果图

1）符号列表

符号列表又称为无序列表，每一个列表项目的前面可以是空心圆点、实心方块或实心圆点等符号。具体用法如下：

```
<ul type="Square">
  <li>孔乙己
  <li>狂人日记
  <li>从百草园到三味书屋
</ul>
```

在符号列表中，<ul>和</ul>标记就是一个符号列表，一个<li>标记表示一个项目。<ul>标记中有一个属性 type，它用来指定列表项目前面的符号，其属性值如表 9-6 所示。

表 9-6 符号列表 type 属性的取值

属 性 值	表 示 符 号	属 性 值	表 示 符 号
circle	空心圆点	Disc	实心圆点
square	实心方块		

2）排序列表

排序列表与符号列表不同，每个列表项目前面都是一个编号字符，可以是数字，也可以是字母。具体用法如下：

```
<ol type="1"start="1">
   <li>孔乙己
<li>狂人日记
<li>从百草园到三味书屋
<ol>
```

在排序列表中，<ol>与</ol>标记就表示一个排序列表，一个<li>标记表示一个列表项目。<ol>标记有两个属性，type 属性指定编号字符的种类，其属性值见表 9-7，start 属性表示编号字符的起始值，属性值为数字，默认值为 1。

表 9-7 排序列表 type 属性的取值

属 性 值	编 号 字 符	属 性 值	编 号 字 符
1	1,2,3,…	i	i , ii ,iii…
a	a,b,c…	I	I , II, III…
A	A,B,C…		

9.3.3　图像

为了使网页更加生动活泼，图像成为了网页必不可少的部分。在 HTML 中，用<img>标记插入图片。这是一个单独标记，用法如下：

```
    <img src="flower.jpg" width="270" height="167" border="1"alt="鲜花"align=
"left">
```

其中的属性及属性值如表 9-8 所示。

表 9-8　<img>标记的常用属性及属性值

属性名称	说　明	取　值
Src	用于指定图片的路径	相对路径或绝对路径或 URL
Width	指定图片宽度	属性值的单位为像素或百分比
Height	指定图片高度	属性值的单位为像素或百分比
Border	指定图片边框宽度	属性值也是像素，在默认情况下值为 0
Alt	替换文字	如果浏览器不能显示图片，将在图片位置显示这些文字
align	指定图片对齐方式	与文字的 align 属性作用相似，也可用来指定图片在网页中的对齐方式，不同的是它还可以指定图片和文字的对齐方式，其属性值有 7 种，如表 9-9 所示

表 9-9　图片与文字的对齐方式

属性值	对齐方式	属性值	对齐方式
Top	顶部对齐	right	居右对齐，文字绕排
Middle	居中对齐	Absmiddle	绝对中央对齐
Bottom	底部对齐	absbottom	绝对底部对齐
left	居左对齐，文字绕排		

提示：

在 HTML 中最常用的图像文件类型主要有 JPG 文件和 GIF 文件。

9.3.4　表格

在 HTML 中，表格有两个主要功能：一是用来展示文字或图像等内容；二是用来实现版面布局，使网页更规范、更美观。下面先来看一个例子，这是一个 3 行 3 列的表格。

9-2.htm 表格示例

```
    <html>
    <head>
    <title>表格示例</title>
    </head>
    <body>
    <table align="center"
```

```
        Cellpadding="0" cellspacing="0" bgcolor="#E1E1E1"border="1"bordercolor=
"blue" width="80%"height="60">
          <caption align="center" valign="top">学生成绩</caption>
          <tr align="center"valign="middle" height="40">
           <td width="40%">姓名</td>
           <td width="30%">学号</td>
           <td width="30%">成绩</td>
        </tr>
        <tr align="center" valign="middle" height="30">
          <td>张岚</td>
          <td>08000701</td>
          <td>95</td>
        </tr>
        <tr align="center"valign="middle" height="30">
          <td>李若云</td>
          <td>08000712</td>
          <td>80</td>
        </tr>
        </table>
        </body>
        </html>
```

运行结果如图 9-2 所示。

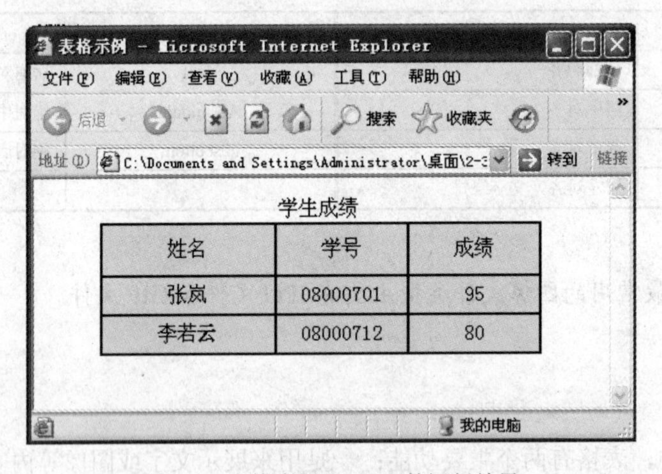

图 9-2　表格事例 9-2.htm 的运行结果

1）<table>与</table>标记

<table>标记用来声明表格，<table>和</table>标记之间就是整个表格的内容。该标记有许多属性用来设置表格背景、表格边框宽度等，具体请参考表 9-10。

表 9-10　<table>标记的常用属性

属性名称	说明	取值
Bgcolor	表格背景颜色	同<body>标记的 bgcolor 属性，见表 9-2

续表

属性名称	说　明	取　值
Background	表格背景图片	同<body>标记的 background 属性，见表 9-2
Width	表格宽度	属性值的单位为像素或百分比，默认状态下将自动依据单元格中的内容多少计算
Height	表格高度	同上
Border	表格边框宽度	属性值为像素，在默认情况下值为 0
Bordercolor	表格边框颜色	同 bgcolor 属性
Cellspacing	单元格之间的间隙宽度	属性值为像素，默认为 2
Cellpadding	单元格内容与单元格边界之间的距离	属性值为像素，默认为 2
align	表格水平对齐方式	同<p>标记的 align 属性，见表 9-3

2）<caption>与</caption>标记

该标记用来设置表格的标题，它有 align 和 valign 两个属性，其中 align 属性表示水平对齐方式，与<table>标记相似，其属性如表 9-11 所示。

表 9-11　<caption>标记的常用属性

属性名称	说　明	取　值
valign	标题与表格的相对位置	取值为 top 或 bottom，分别为表格上方或下方

3）<tr>和</tr>标记

表格是由行和列组成的，一个<tr>标记表示一行，一个<td>标记表示一列。

<tr>标记事实上也有 bgcolor、background、width、heigth 和 align 属性，其属性及属性值和<table>标记类似（参见表 9-10），只不过是针对该行进行设置的。

需要注意的是它的 align 和 valign 属性区别：align 属性表示单元格内容在单元格中的水平对齐方式，取值同<p>标记的 align 属性；valign 属性则表示垂直对齐方式，取值有 top、middle、bottom，分别表示上对齐、中对齐和底边对齐。

4）<td>与</td>标记

一个<td>标记表示一列，准确地说，是一行中的一列，也就是一个单元格。该标记也有 bgcolor、background、width、heigth、align、valign 属性，其属性及属性值也与<table>标记和<tr>标记类似（参见表 9-10），只不过是针对该单元格进行设置的。

此外，要特别注意<td>标记还有两个非常重要的属性：rowspan 和 colspan，这两个属性主要用来合并单元格，其详细说明如表 9-12 所示。

表 9-12　<td>标记的常用属性

属性名称	说　明	取　值
Rowspan	指定当前单元格跨越行的数量	属性值都是数字，默认值为 1
Colspan	指定当前单元格跨越列的数量	属性值都是数字，默认值为 1

下面举一个简单的例子来体会这两个属性的用法。

9-3.htm 合并单元格示例

```
<html>
<head>
    <title>合并单元格示例</title>
</head>
<body>
<table border="1"cellpadding="0"cellspacing="0"width="80%"align="center">
    <tr>
      <td  width="40%"> </td>
    </tr>
    <tr>
       <td  width="60%" colspan="2"> </td>
       <td  width="30%"> </td>
       <td  width="30%">  </td>
    </tr>
    <tr>
       <td  width="30%">  </td>
       <td  width="30%">  </td>
     </tr>
  </table>
</body>
</html>
```

运行结果如图 9-3 所示。

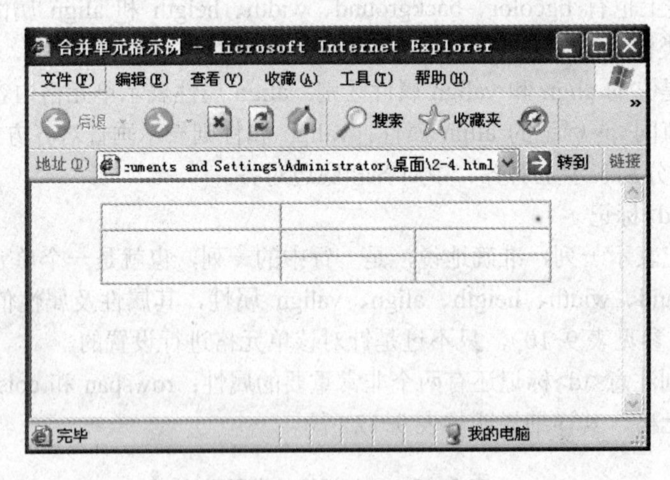

图 9-3　合并单元格示例

5）<th>与</th>标记

该标记用来设置一个单元格为标题栏，用法和<td>标记相似，只是自动将单元格内容以粗体显示。读者可以将 9-3.htm 中第一行的<td>标记都换成<th>标记，试试会出现什么结果。

提示：

表格是可以嵌套使用的，如在一个<td>与</td>标记中间插入一个完整的表格。

9.3.5　超链接

因为有了超链接，人们才能方便地从一个页面到另一个页面，实现真正的网上冲浪。可以说，没有超链接，就没有 Internet 的今天。

在 HTML 中，采用<a>标记来设置超链接，用法如下：

```
<a href=http://www.sohu.com target="_blank"title="搜狐网站">搜狐</a>
```

其属性及属性值如表 9-13 所示。

表 9-13　<a>标记的常用属性及属性值

属性名称	说　明	取　值
href	超链接文件路径	相对路径、绝对路径、URL、E-mail 用法类似于<bgsound>标记的 src 属性
Target	指定打开超链接的窗口或框架	_blank：在新窗口打开链接 _self：在当前窗口打开链接，默认为_self _parent：在当前窗口的父窗口打开链接 _top：在整个浏览器窗口中打开链接 窗口框架名称：在指定名字的窗口或框架中打开链接
title	当鼠标移到链接上时显示的说明文字	属性值可以是字符串

下面举例详细说明。

9-4.htm 超链接示例

```
<html>
<head>
<title>超链接示例</title>
</head>
<body>
  <p><a href="9-4.htm"title="这是合并单元格示例">合并单元格示例</a>
  <p><a href="temp.rar"title="请单击此处下载文件">下载文件</a>
  <p><a href="http://www.sohu.com "target="_blank" title="搜狐主页">搜
狐</a>
  <p><a href=mailto:htm@263.net>给我发信</a>
  <p><a href=http://www.tsinghua.edu.cn  target="_blank"><img src="gate.
jpg"></a>
</body>
</html>
```

在上面的例子中依次是：链接到一个网页文件；链接到一个普通压缩文件；在新的窗口中链接到搜狐；链接到一个信箱；给图片添加一个超链接，在新的窗口中打开清华主页。

9.3.6 字符实体

在网页设计过程中，有些字符是无法在 HTML 中直接显示的。例如，如果在 HTML 代码中连续输入 3 个空格，在浏览器中只会显示出一个空格，其他的空格都被忽略掉。要解决该问题，就要用到字符实体。如下面的代码可以输出 3 个空格。

```
   
```

其中 ；就是空格的字符实体。一个实体一般包括三个部分，一个 and 符号（&），一个字符实体名或者实体号和一个分号（；）。表 9-14 列举了一些常用的字符实体。

表 9-14 常用字符实体

实 体 名	实 体 号	描 述	显 示 结 果
		空格	
<	<	小于	<
>	>	大于	>
&	&	And 符号	&

9.4 HTML 高级元素

9.4.1 表单

在上网的时候，经常需要输入一些信息，如用户注册资料、用户意见等。填写完信息后，单击【提交】按钮，就可以将有关信息提交给网站。这里要填写的文本框、下拉列表框等元素组合在一起就称为表单（Form）。

9-5.htm 表单示例

```
<html>
<head>
<title>用户注册表单示例</title>
</head>
<body leftmargin="100">
<h1 align="center">用户注册</h1>
<p><font color="red">以下内容请如实填写，其中带有*号的栏目是必须填写的</font>
<form name="frmUserReg"method="POST"action=mailto:htm@263.net>
   <p>请选择用户名：
   <input type="text"name="txtUserld"size="15">*
   <p>请输入你的密码：
  <input type="password" name="txtPwd" size="8"maxlength="8">*(密码不能
超过 8 位)
<p>请再次输入你的密码：
<input type="password" name="txtPwd2" size="8"maxlength="8">*
```

```
<p>请输入你的姓名：
<input type="text"name="txtUserName"size="15">*
<p>请输入你的性别：
<input type="Radio"name="tdosex"value="male"checked>男
<input type="Radio"name="tdosex"value="femail">女*
<p>请输入你的生日：
<input type="text"name="txtYear"size="4">年*
<input type="text"name="txtMonth"size="2">月*
<input type="text"name="txtDay"size="2">日*
<p>请选择你的最高学历：
<select size="1"name="sltEducation">
   <option value="高中">高中</option>
   <option value="本科"selected>大学本科</option>
   <option value="硕士">硕士</option>
   <option value="博士">博士</option>
</select>
<p>请选择你的爱好：
<input type="checkbox"name="chkLove"value="book">读书
<input type="checkbox"name="chkLove"value="movie">看电影
<input type="checkbox"name="chkLove"value="travel">旅游
<input type="checkbox"name="chkLove"value="other">其他
<p>你有什么意见吗？
<textarea name="txtMemo"rows="4"cols="40"></textarea>
<p align="center"><input type="submit"name=btnSubmit"value="提交">
<input type="reset"name="btnReset"value="取消">
      </form>
</body>
</html>
```

运行结果如图 9-4 所示。

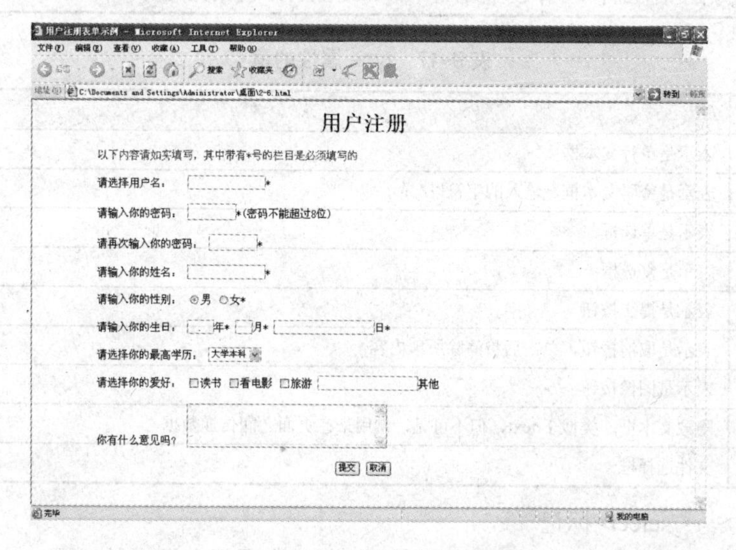

图 9-4　表单实例

下面来详细介绍构成表单的各个标记及属性。

1）<form>与</form>标记

该标记用于定义一个表单，任何一个表单都是以<form>开始，以</form>结束。在其中包含了一些表单元素，如文本框，按钮、下拉列表框等。其属性及属性值如表 9-15 所示。

表 9-15 <form>标记的常用属性及属性值

属性名称	说明	取值
Name	表单的名字	属性值为字符串
Mehtod	表单的传送方式	可以取 POST 或 GET 两个值，一般取 POST。POST 表示将所有信息当作一个表单传递给服务器；GET 表示将表单信息附在 URL 地址后面传给服务器，这种传送方式有字节限制
action	处理程序文件的路径	一般是相对路径或绝对路径。本例令属性值为 E-mail，用户提交的信息将会寄至该邮箱

2）<input>与</input>标记

该标记用于在表单中定义单行文本框、密码框、单选框、复选框、按钮等表单元素。不同的元素有不同的属性，请仔细体会表单示例。详细的属性如表 9-16 所示。

表 9-16 <input>标记的常用属性

属性名称	说明	取值
Type	元素类型	取值见表 9-17
name	表单元素名称	属性值一般是字母开头的字符串
Size	单行文本框的长度	属性值为数字，表示文本框有多少个字符长
Maxlength	单行文本框可以输入的最大字符数	其属性值为数字，表示最多可以输入多少个字符
Value	表单元素的值	对于单行文本框或隐藏文本框，用来指定文本框的默认值，可省略； 对于单选框或复选框则指定被选中后传送到服务器的实际值，必选； 对于按钮，则指定按钮表面上的文本，可省略
checked	项目是否被选中	没有属性值，加入该属性就表示该项目被选中

表 9-17 type 属性的值

属性值	说明
Text	表示是单行文本框
Password	表示是密码文本框，输入的字符以*显示
Radio	表示是单选框
Checkbox	表示是复选框
Submit	表示是提交按钮
Reset	表示是取消按钮，单击后将清除所填内容
Image	表示是图像按钮
Hidden	隐藏文本框，类似于 text，但不可见，常用来在页面之间传递数据
file	文件选择框

3）<select>与</select>标记

该标记来定义一个列表框，其中的一个<option>就是列表框中的一项。它们的属性及属性值分别如表 9-18 和表 9-19 所示。

表 9-18　<select>标记的属性及属性值

属性名称	说　明	取　值
Name	表单元素名称	属性值是字符串
Size	指定列表框中显示列表项的项目数	属性值为数字，如取 1，则为下拉列表框；如为其他数字，则为普通列表框
multiple	是否允许多选	没有属性值，加入该属性就表示列表框允许多选。多选时按住 Ctrl 键逐个选取

表 9-19　<option>标记的属性及属性值

属　性　值	说　明	取　值
Value	列表项目的值	属性值为字符串。如果省略，则该值为<option>和</option>之间的内容
selected	项目是否被选中	没有属性值，加入该属性就表示该项目被选中

4）<textarea>与</textarea>标记

该标记用于定义一个多行文本框（也叫文本区域），常用于需要输入大量文字内容的网页中，如留言板、BBS 等。其属性及属性值如表 9-20 所示。

表 9-20　<textarea>标记的属性及属性值

属性名称	说　明	取　值
Name	表单元素名称	属性值为字符串
Rows	多行文本框的高度	属性值为数字，表示多少行
cols	多行文本框的宽度	属性值为数字，表示多少列

9.4.2　框架网页

所谓框架网页，是指在一个浏览器窗口内同时显示几个不同的 HTML 文档。图 9-5 是框架网页的一个示例，其中浏览器窗口分为了左右两部分。通常情况下，在左边框架中单击一个超链接，就会在右边框架中打开对应的页面。

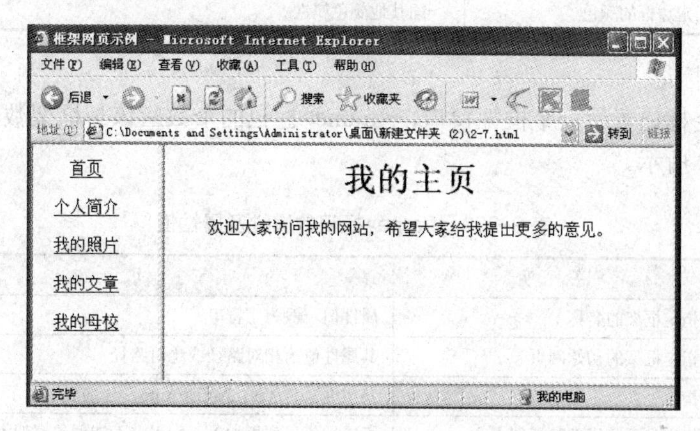

图 9-5　框架网页实例

由于本示例左边框架中设置了多个超链接，所以本示例实际上由 6 个网页文件组成。不过，对这样的左右框架网页来说，至少需要 3 个网页文件，分别是框架网页文件、左边框架中的网页文件和右边框架中的网页文件。

其中框架网页文件是最为重要的文件，它并不在页面中显示任何内容，但是却将窗口分为了左右两部分。下面是它的详细代码：

9-6.htm 框架网页示例

```
<html>
<head>
  <title>框架网页示例</title>
</head>
<frameset cols="20%,*">
   <frame name="left" src="9-7.htm">
   <frame name="right"src="9-8.htm">
</frameset>
</html>
```

下面讲解示例 9-6.htm 中涉及的重要标记。

1）<frameset>与</frameset>标记

在示例 9-6.htm 中并没有<body>，而有一个<frameset>标记，该标记用来定义一个左右或上下框架。其属性及属性值如表 9–21 所示。

表 9–21 <frameset>标记的属性及属性值

属性名称	说明	取值
Cols	对于左右框架样式，依次指定每个框架窗口的宽度	其属性值的个数与框架数相等，各个值之间用逗号分隔，属性值可以是数字、百分数或*号。数字表示框架所占像素，百分数表示框架占整个浏览器窗口的比例，*表示框架按比例分割后的剩余空间
Rows	对于上下框架样式，依次指定每个框架窗口边框的高度	同上
Frameborder	指定框架窗口边框状态	其属性值为 0 或 1,0 表示不显示边框，1 表示显示边框
Border	指定边框的宽度	属性值为像素
bordercolor	指定边框的颜色	同其他颜色属性

2）<frame>标记

一个<frame>标记表示一个框架窗口，<frame>标记的个数应该与框架数相当。其属性及属性值如表 9–22 所示。

表 9–22 <frame>标记的属性及属性值

属性名称	说明	取值
Name	指定框架的名称	属性值一般为字符串
Src	指定框架的初始网页	其属性值为相对路径或绝对路径
Scroling	指定是否显示滚动条	其属性值有 Yes、No 或 Auto，分别表示显示、不显示或自动调整
noresize	指定是否可以调整框架大小	无属性值，如果加入，则用户不能调整框架大小

下面来看左侧框架的初始网页 9-7.htm，详细代码如下：

9-7.htm 左边框架中的初始网页文件

```
<html>
<head>
<title>目录</title>
<base target="right">
</head>
<body>
<p align="center"><a href="9-8.htm">首页</a>
<p align="center"><a href="myintro.htm">个人简介</a>
<p align="center"><a href="myphoto.htm">我的照片</a>
<p align="center"><a href="mydocument.htm">我的文章</a>
<p align="center"><a href="http://www.tsinghua.edu.cn" target="_blank">
清华大学</a>
</body>
</html>
```

注意：

在使用框架网页时，一般会将各个网页的超链接放在一个框架中，作为导航目录；将这些超链接指向的网页显示在另一个框架中，这样可以方便用户浏览，如图 9-5 所示，左边是导航目录，超链接在右边窗口中显示。

那么浏览器又怎么知道要在右边框架中打开超链接呢？请注意示例 9-7 中的如下语句：

```
<base target="right">
```

该语句告诉浏览器，如果没有特殊指定，超链接默认会在名称为 right 的框架中打开，也就是在右边框架中打开。

读者请再注意一下其中的另一个超链接：

```
<a href=http://www.tsinghua.edu.cn target="_blank">清华大学</a>
```

尽管本网页已经指定默认目标框架，但该超链接仍然会在新的窗口中打开。这是因为该超链接本身利用 target=“_blank”指定了超链接在一个新窗口中打开，所以以本身的设定为准。

总而言之，对于框架网页，可以综合利用<a>标记和<base>标记中的 target 属性（参见表 9-13），就可以控制超链接在任意框架或窗口中打开。

如果希望在整个浏览器窗口中超链接，只要设置 target=“_top”即可。

最后来看一下右侧框架中的初始网页 9-8.htm，详细代码如下：

9-8.htm 右边框架中的初始网页文件

```
<html>
<head><title>我的主页</title>
```

```
</head>
<body>
<h1 align="center">我的主页</h1>
<p align="center">欢迎访问我的网站，希望大家给我提出更多的意见
</body>
</html>
```

事实上，程序 9-8.htm 就是一个普通的 HTML 文件，而且其他文件 myintro.htm、mydocumrnt.htm、myphoto.hom 也都是普通的 HTML 文件，只不过它们被显示在右侧框架中而已。

9.5 HTML 其他元素

由于篇幅所限，本书无法一一介绍所有标记，下面用表 9-23 列出较为常用的其他标记。请读者参考专门的 HTML 教程进行理解。

表 9-23 其他常用标记

标记名称	说明	示例
<center>…</center>	其中内容会居中显示	<center><h1>我的主页</center>
<hr>	插入一条横线	<hr width="90%"size="10"color="#ff0000">
<marquee>…</marquee>	插入一个滚动字幕	<marquee bgcolor="#ffffcc" direction="rigth" scrolldelay ="10"scrollamount="2" behavior="scroll" width="80%" height= "50">欢迎访问我的主页</marquee>
<img>	插入动态视频	<img dynsrc="chee.avi" start="mouseover"loop="1"loopdelay="100">

提示：

使用<img>标记一般只能插入 avi 格式的视频文件。如果要插入其他格式的视频，就需要使用 ActiveX 插件，例如，Windows Media Player 插件。

9.6 本章小结

本章的重点是 HTML 标记及标记属性的使用，尤其是表单的设计。本章的难点主要是路径和框架网页的使用。

要学好本章内容，首先要认真掌握各节讲到的标记，并注意总结规律；其次要掌握利用 Dreamweaver CS3 学习 HTML 的能力，在其中可以利用所见即所得的方式制作网页，然后通过查看源代码学习 HTML 知识。当然，最重要的还要多练习。

9.7 本章习题

一、填空题

1．标签是 HTML 中的主要语法，分为__________标签和__________标签两种。大多数

标签是__________标签，由__________标签和__________标签组成。

2．HTML 文档可以分为两部分。__________部分就是在 Web 浏览器窗口的用户区内看到的内容，而__________部分用来规定该文档的标题（出现在 Web 浏览器窗口的标题栏中）和文档的一些属性。

3．<body>标签中的 BGCOLOR 属性用于指定 HTML 文档的__________，TEXT 属性用于指定 HTML 文档中__________的颜色，__________属性用于指定 HTML 文档的背景文件。

4．当<p>和</P>标签__________使用时，可以添加 ALIGN 属性，用以标识段落在浏览器中的__________。ALIGN 属性的参数值为__________、__________和__________之一，分别表示<P></P>标签所括起的段落位于浏览器窗口的左侧、中间和右侧。

5．运行 HTML 文档时，<b>和</b>之间的内容将显示为__________文字，<I>和</I>之间的内容将显示为文字，<u>和</u>之间的内容将显示为__________文字。

6．图像标签中的 ALIGN 属性的参数值为 top、middle 或 bottom 之一，分别表示与图像相邻的文字位于图像的__________、__________和__________。

二、选择题

1．HTML 中的注释格式是：（　　）。

A．<!-- 注释内容 --!>　　B．<!-- 注释内容 -->

C．<%-- 注释内容 --%>　　D．<!-- 注释内容 --%>

2．在 HTML 中，插入换行符用（　　）标记。

A．<hr>　　B．
　　C．<p>　　D．Enter 键

3．在 HTML 中，使用（　　）方法可以在网页上显示“<p>”？

A．<p>　　B．<p>　　C． p 　　D．\<p\>

4．HTML 中用（　　）标记表示表格的一行。

A．<row>和</row>　　B．<tr>和</tr>

C．<td>和</td>　　D．<table>和</table>

5．在超链接标记中，（　　）属性用来指定超链接路径？

A．src　　B．href　　C．dynsrc　　D．action

6．（　　）方法可以设置单行文本框的默认值为“在这里输入用户名”？

A．<input type="text" name="txtUserId" value="在这里输入用户名">

B．<input type="text" name="txtUserId">在这里输入用户名</input>

C．<textarea type="memo" name="txtUserId" value="在这里输入用户名">

D．<textarea type="memo" name="txtUserId"> 在这里输入用户名</textarea>

三、问答和操作题

1．简述一个 HTML 文档的基本结构。

2．用 HTML 语言编写符合以下要求的文档：标题为“练习文档”，在浏览器窗口用户区内显示“这是课后习题 2 的答案”。

3．常用的图像文件格式有哪两种？它们各自的优点和缺点是什么？

第 10 章　模 板 和 库

本章要点：

- ☑ 创建与应用模板
- ☑ 编辑模板
- ☑ 创建库项目
- ☑ 编辑与管理库项目

在了解模板之前，必须了解网站建设中的一个原则，那就是网站风格，一个成功的网站在网页设计上必须体现其风格，以使访问者能够在茫茫网海中对其留下较深的印象，要做到这一点，不是只靠一两个设计非常优秀的页面就可以体现的，而是需要网站中所有的页面都要来体现的，也就是所有的页面都必须体现统一风格。为了统一风格，很多页面会用到相同的布局、图片和文字元素。为了避免大量的重复劳动，可以使用 Dreamweaver CS3 提供的模板功能，将具有相同版面结构的页面制作为模板，将相同的元素（如导航栏）制作为库项目，并存放在库中可以随时调用。模板是一种特殊类型的文档，用于设计固定的页面布局；然后便可以基于模板创建文档，创建的文档会继承模板的页面布局。设计模板时，可以指定在基于模板的文档中哪些内容是用户“可编辑的”。使用模板，模板创作者控制哪些页面元素可以由模板用户（如作家、图形艺术家或其他 Web 开发人员）进行编辑。模板创作者可以在文档中包括数种类型的模板区域。

10.1　模板

10.1.1　创建模板

模板的创建有四种方式。

1．从文件菜单新建模板

选择【文件】→【新建】命令，打开【新建文档】对话框，然后在类别中选择【空模板】，并选取相关的模板类型，直接单击【创建】按钮即可，如图 10-1 所示。

2．直接创建模板

（1）选择【窗口】→【资源】命令，打开【资源】面板，或者按快捷键 F11，切换到【模板】子面板，如图 10-2 所示。

（2）单击【模板】子面板上的“扩展”按钮，在弹出的下拉菜单中选择【新建模板】，这时在浏览窗口出现一个未命名的模板文件，然后给模板命名，如图 10-3 所示。

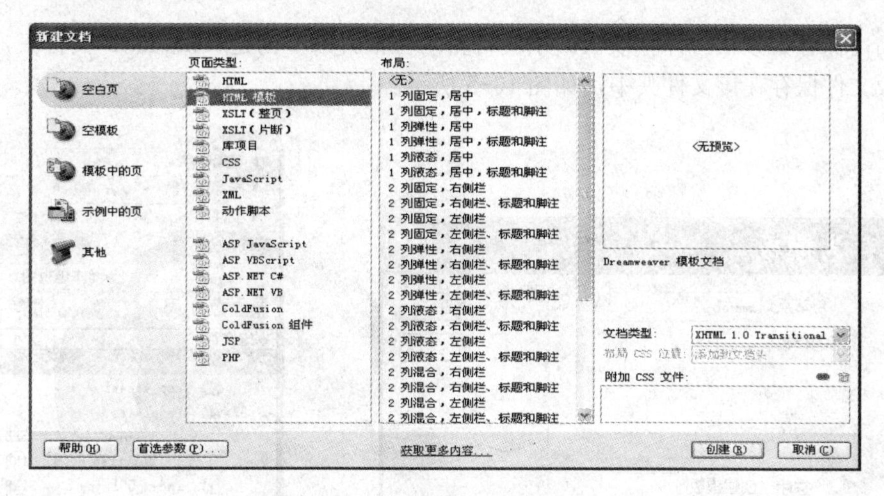

图 10-1 【新建文档】对话框

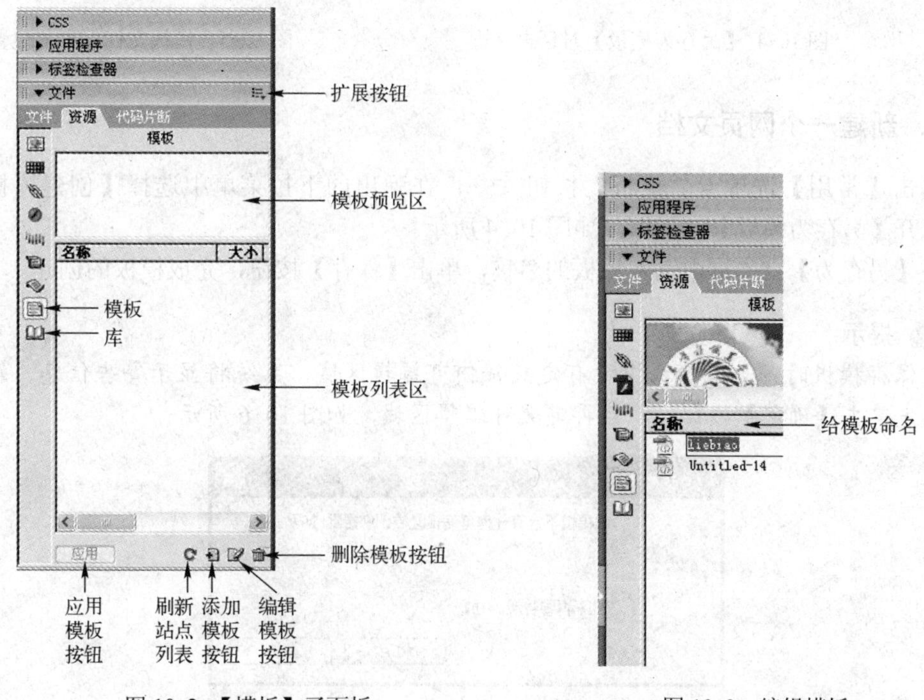

图 10-2 【模板】子面板　　　　图 10-3　编辑模板

（3）单击【编辑】按钮，打开模板进行编辑。编辑完成后，保存模板，完成模板建立。

3. 将普通网页另存为模板

打开一个已经制作完成的网页，删除网页中不需要的部分，保留几个网页共同需要的区域。选择【文件】→【另存为模板】命令将网页另存为模板。在弹出的【另存为模板】对话框中，【站点】下拉列表框用来设置模板保存的站点，可选择一个选项。【现存的模板】文本框显示了当前站点的所有模板。【另存为】文本框用来输入模板的名称。单击【保存】按钮，就把当前网页转换为了模板，同时将模板另存到选择的站点，如图 10-4 所示。

单击【保存】按钮，保存模板。系统将自动在根目录下创建 Templates 文件夹，并将创建的模板文件保存在该文件夹中，如图 10-5 所示。

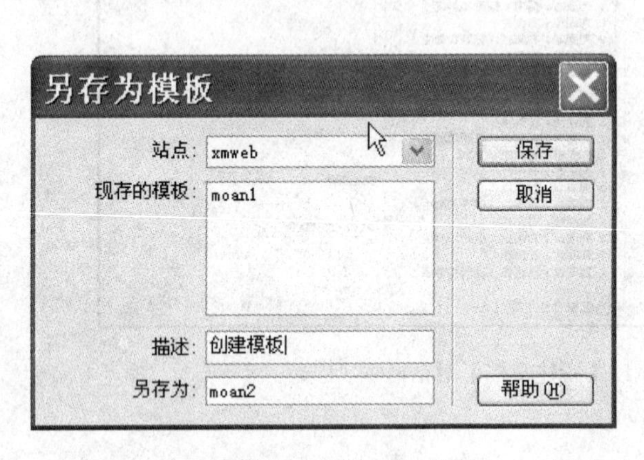

图 10-4 【另存为模板】对话框

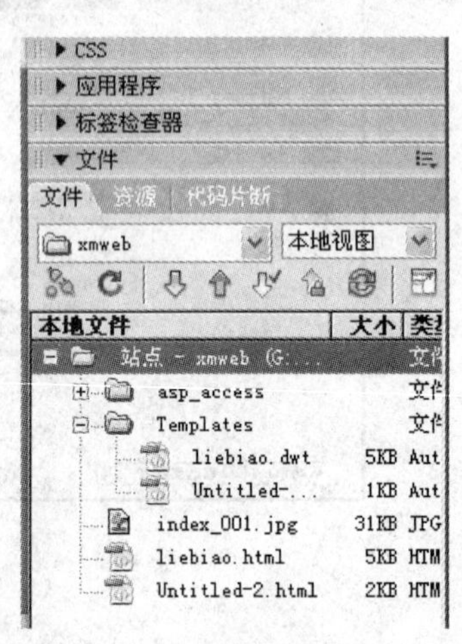

图 10-5 模板文件保存的位置

4. 新建一个网页文档

单击【常用】选项卡“模板”按钮，在弹出的下拉菜单中选择【创建模板】命令，打开【另存为模板】对话框，如图 10-4 所示。

在【另存为】文本框中输入模板的名称，单击【保存】按钮，完成模板的创建。

提示：

在保存模板时，如果模板中没有定义任何可编辑区域，系统将显示警告信息。解决办法可以先单击【确定】按钮，以后再定义可编辑区域，如图 10-6 所示。

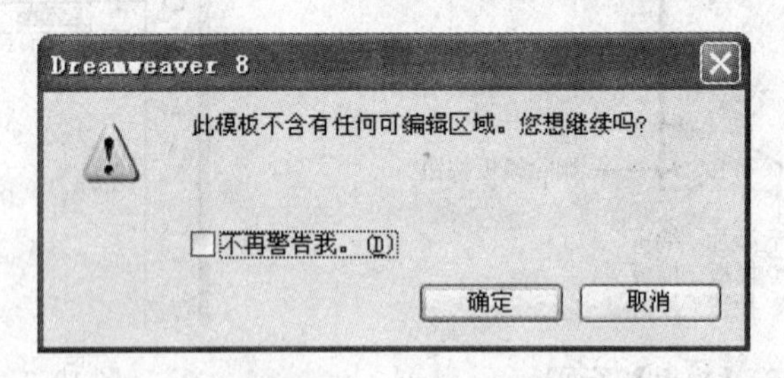

图 10-6 警告信息

10.1.2 定义模板可编辑区域

模板创建好后，要在模板中建立可编辑区域，只有在可编辑区域里，才可以编辑网页内容，才能正常使用模板来创建网页。模板文件最显著的特征就是存在可编辑区域和锁定区域之分。锁定区域主要用来锁定体现网站风格部分，因为在整个网站中这些区域是相对固定、独立的，它可以包括网页背景、导航菜单、网站标志等内容。而可编辑区域则是用来定义网页具体内容部分，它们是区别网页之间最明显的标志，因为网页的内容必定是各不相同的，在整个网站中可编辑区域的内容是相对灵活的，读者可以随时修改具体内容。当修改利用模板创建的网页时，只能修改模板所定义的可编辑区域，而无法修改模板所定义的锁定区域，从而使 Dreamweaver CS3 实现了网页设计师期盼以久的功能：在网站维护中，将网站风格和内容分开控制。

在文档窗口中，选中需要设置为可编辑区域的部分，单击【常用】选项卡的“模板”按钮，在弹出的菜单中选择【可编辑区域】选项，如图 10-7 所示。

图 10-7 【可编辑区域】选项

接着，在弹出的【新建可编辑区域】对话框中给该区域命名，然后单击【确定】按钮。新添加的可编辑区域有蓝色标签，标签上是可编辑区域的名称。这样模板文件就创建好了。

10.1.3　其他模板区域

模板中除了可以插入最常用的【可编辑区域】外，还可以插入一些其他类型的区域，分别为【可选区域】、【重复区域】、【可编辑的可选区域】和【重复表格】。

1. 可选区域

对于模板，似乎定义可编辑区域已经足够了，但在使用模板时往往还会遇到一种情况，就是模板页的某一部分内容，有些网页会需要，有些网页可能不需要或者需要换成别的内容，这个时候定义可选区域就是最好的选择，可选区域是在创建模板时定义的。在使用模板创建网页时，对于可选区域的内容（如文本、图片等），可以选择显示或者不显示。

可选区域的对象有以下两种。

一种是普通可选区域，用户可以显示或隐藏特别标记的区域，这些区域中用户无法编辑内容，用户可以定义该区域在所创建的页面中是否可见。

另一种是可编辑可选区域，用户不仅可以设置是否显示或隐藏该区域，还可以编辑该区域中的内容。

两种定义的步骤基本相同，下面以定义可编辑可选区域为例讲述其定义步骤。

（1）打开一个网页或模板文档，选择要定义为可选区域的对象，如图 10-8 所示。

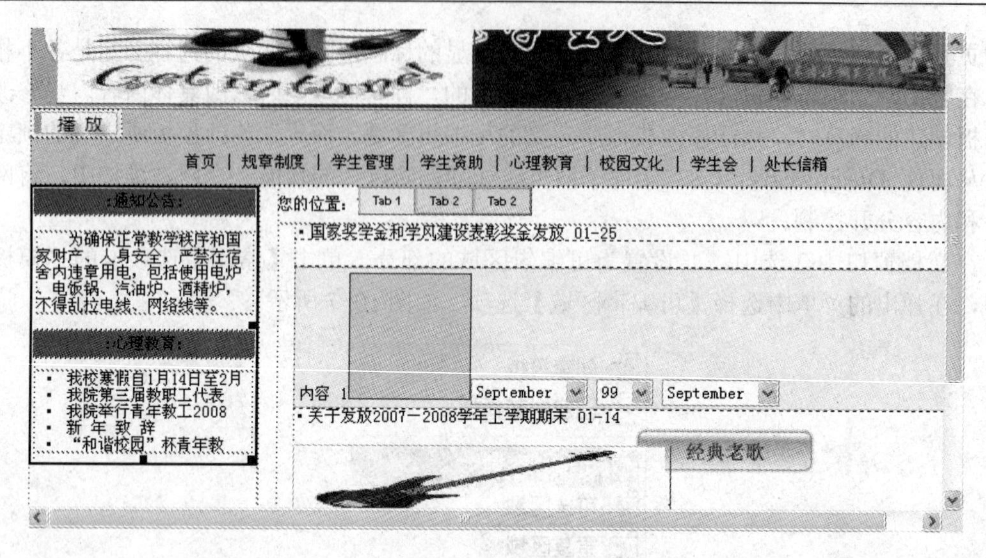

图 10-8　选择定义的元素

（2）单击【常用】选项卡中“模板”按钮，在弹出的下拉菜单中选择【可编辑的可选区域】命令，如图 10-9 所示。

图 10-9 【可编辑的可选区域】菜单

（3）在打开的【新建可选区域】对话框中输入可选区域名称，如图 10-10 所示。

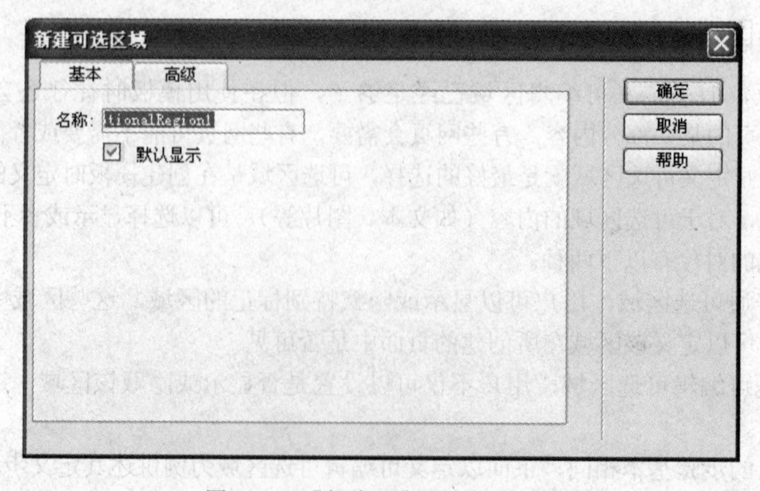

图 10-10 【新建可选区域】对话框

（4）单击【确定】按钮，可以看到插入可编辑可选区域的情况，如图 10-11 所示。

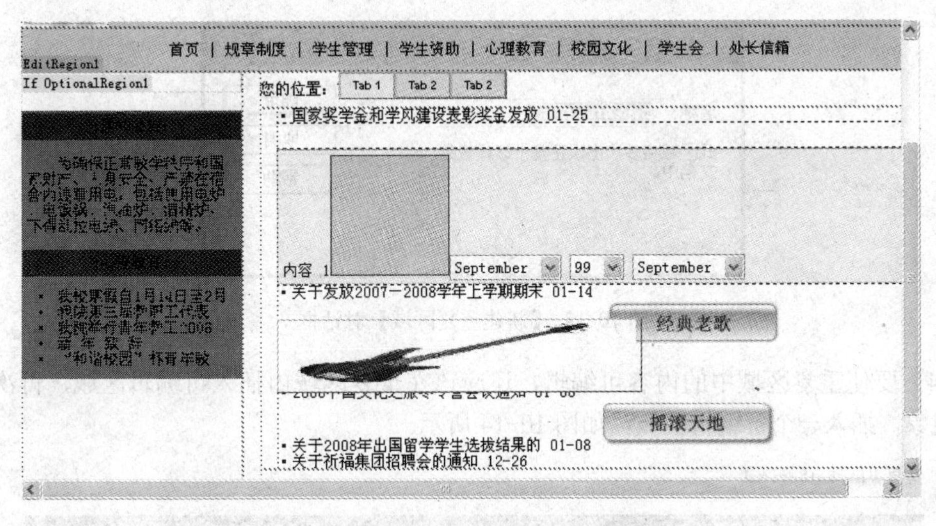

图 10-11　插入可编辑可选区域的情况

提示：

可选区域与可编辑的可选区域的区别就在于是不是可以编辑这个区域的内容，相比较来说，可编辑的可选区域是可以编辑这个区域的，因此，用得更多一些，这样可以给网页设计人员留出一定的选择余地。

2．重复区域

重复区域可以根据需要在基于模板的页面中复制任意次数的模板部分。重复区域通常用于表格，也可以为其他页面元素定义重复区域。

重复区域有两种模板对象：重复区域和重复表格。在模板中插入重复区域的步骤如下。

（1）选择要设置为重复区域的内容（可以是要重复的图片、文本或表格等），或者将光标放在想要插入重复区域的地方。

（2）单击【常用】选项卡中“模板”按钮，在弹出的下拉菜单中选择【重复区域】命令，如图 10-12 所示。

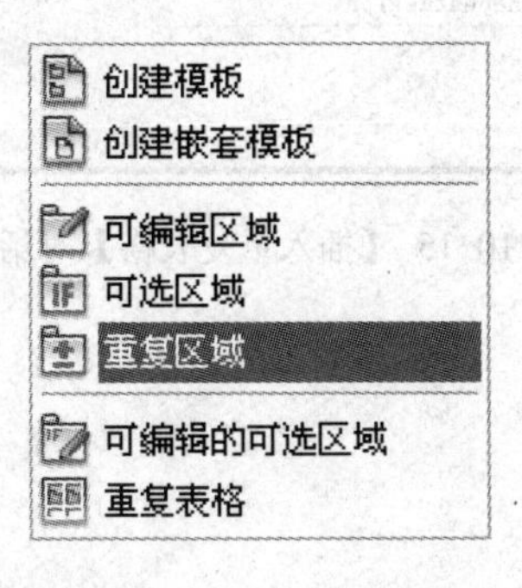

图 10-12 【重复区域】命令

（3）在弹出的【新建重复区域】对话框中，输入一个名称，单击【确定】按钮，重复区域就被插入到模板中，如图 10-13 所示。

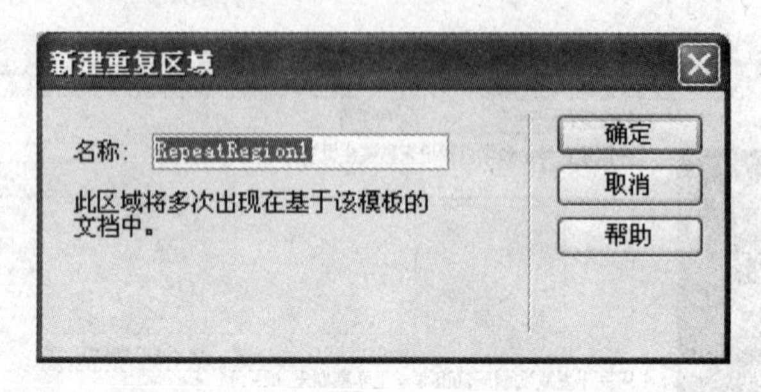

图 10-13 【新建重复区域】对话框

（4）要使重复区域中的内容可编辑，还应该在重复区域内插入可编辑区域，再次选择重复对象，插入一个可编辑区域，如图 10-14 所示。

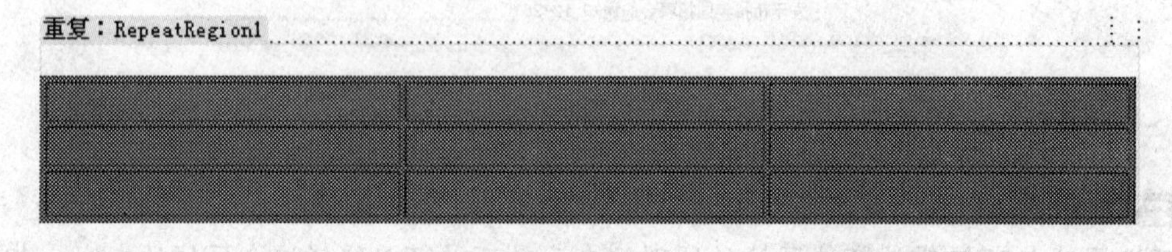

图 10-14 插入的重复区域

（5）重复表格的定义与重复区域的定义基本相同，其中重复表格行是用来设置哪些行可以重复，这些行在插入后处于可编辑状态，可以通过起始行和结束行来定义，如图 10-15 所示。

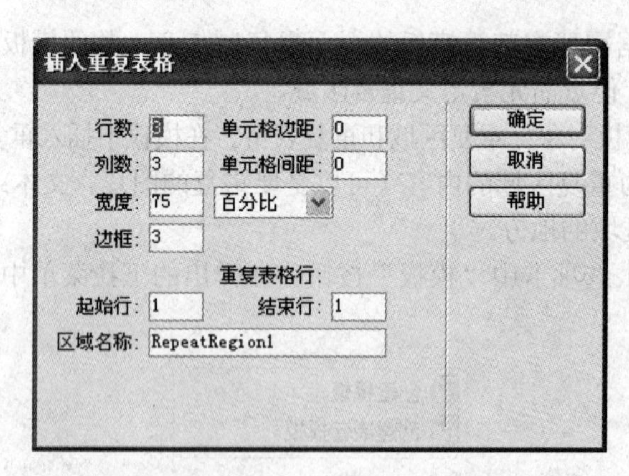

图 10-15 【插入重复表格】对话框

10.1.4 应用模板

1. 利用模板新建网页

（1）选择【文件】→【新建】命令，打开【新建文档】对话框，选择【模板中的页】

选项如图 10-16 所示。

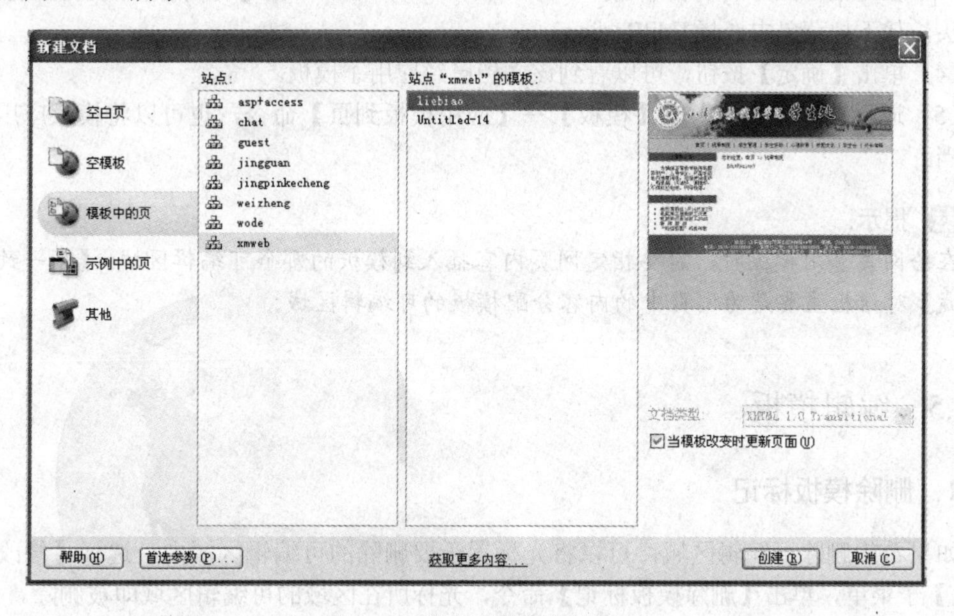

图 10-16　选择【模板中的页】

（2）选择模板所在的站点，并在该站点的模板列表中选择需要应用的模板。

（3）单击【创建】按钮，完成新建文档，读者只要在可编辑区内进行编辑，然后保存文件即可。

2. 应用模板到现有网页

（1）打开需要应用模板的文档，按下 F11 键，显示【资源】面板，单击面板上的“模板”按钮，打开【模板】面板。

（2）选择需要应用到文档中的模板，单击【应用】按钮，弹出【不一致的区域名称】对话框，如图 10-17 所示。

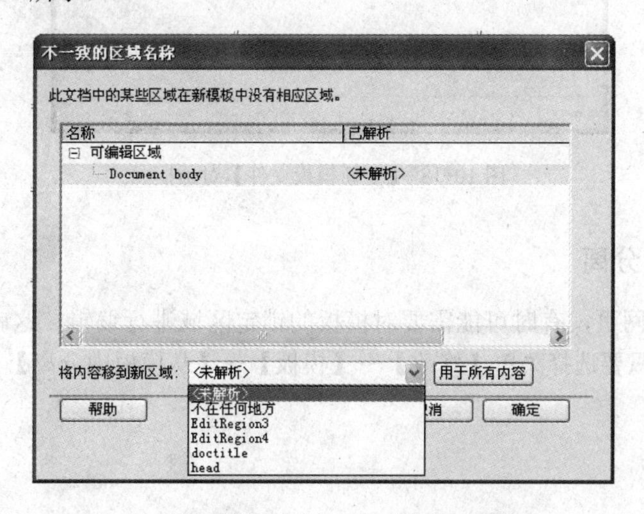

图 10-17【不一致的区域名称】对话框

（3）在对话框上方的列表中选择 Document body，然后单击【将内容移到新区域】的下拉箭头，从下拉菜单中选择 EditRegion3。

（4）单击【确定】按钮，可以看到该文档已经应用了模板。

（5）通过选择【修改】→【模板】→【应用模板到页】命令，也可以将模板应用到当前文档。

提示：

在给网页套用模板时，需要指定网页内容插入到模板的哪个可编辑区域。【不一致的区域名城】对话框主要是为网页中的内容分配模板的可编辑区域。

10.1.5 编辑模板

1．删除模板标记

如果希望删除可编辑区域，可以将光标置于要删除的可编辑区域内，选择【修改】→【模板】子菜单，单击【删除模板标记】命令，光标所在区域的可编辑区域即被删除。

2．更新模板

使用模板的最大的好处就是可以一次更新网站结构，如果需要更改网站的结构或其他设置，只需要修改模板页就可以了，在修改完成后，保存模板文件时就会弹出【更新模板文件】对话框，所有套用该模板的文件都会出现在列表框中，单击【更新】按钮就可以将这些文件更新了，如图 10-18 所示。

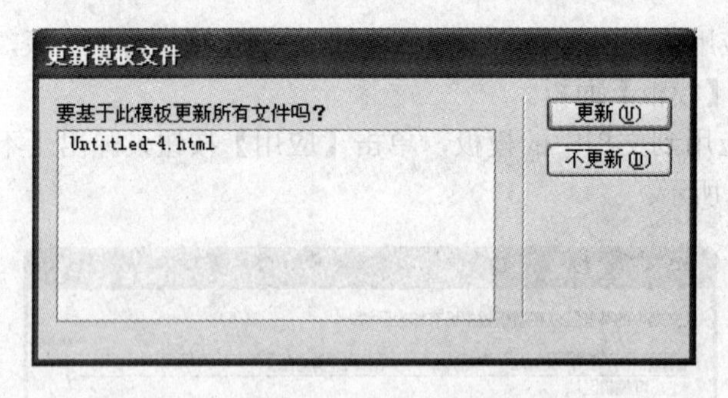

图 10-18 【更新模板文件】对话框

3．从模板中分离

套用了模板的网页，有时可能需要对模板的锁定区域进行编辑，这就需要将该页面从模板中分离出来，只要选择菜单【修改】→【模板】→【从模板中分离】命令即可。

10.2 库

库可以理解为是用来存放站点中经常重复使用的页面元素的场所，对于使用频率比较高的一些页面元素，如图像，文本，表单和表格等，都可以作为库项目存放在【库】面板中，使用库不仅可以方便地插入一些常用对象，还可以快速的更新页面元素。

10.2.1　创建库项目

（1）打开一个网页文档，选择【窗口】→【资源】命令，打开【资源】面板，单击“库”按钮，切换到【库】面板，如图 10-19 所示。

（2）选择要定义为库项目的元素，本例选择一幅栏目导航图片，单击【库】面板上的“添加名称”按钮，即可创建一个库项目，此时库名称处于可编辑状态，输入一个新的名称，如图 10-20 所示。

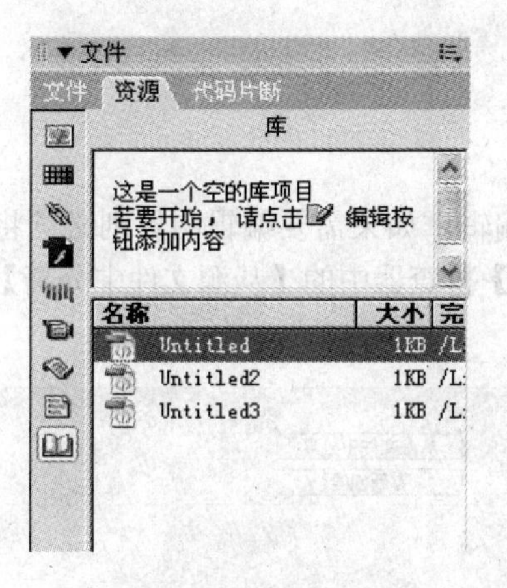

图 10-19　【库】面板

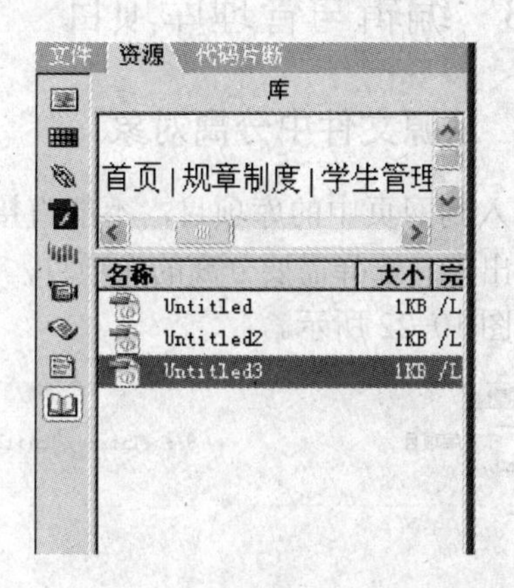

图 10-20　编辑库项目名称

（3）打开【文件】面板，可以看到系统自动建立了一个名为“Library”的文件，库项目即保存在该文件夹中，如图 10-21 所示。

图 10-21　Library 的文件

10.2.2 使用库项目

库文件定义之后，若需要使用库里的内容，只要打开【库】面板，将光标定位在需要插入库项目的位置，选择要插入的库项目，单击【插入】按钮即可。

提示：

直接将选择的内容拖至【库】面板中，松开鼠标可快速创建一个库项目，用鼠标直接将库项目拖至网页的适当位置，可快速插入一个库项目。

10.2.3 编辑与管理库项目

1. 从源文件中分离对象

插入到网页中的库项目，不能直接对其进行编辑，如果需要编辑图像则必须将其从库中分离出来。选择需要分离的库项目，单击【属性】检查器中的【从源文件中分离】按钮即可，如图 10-22 所示。

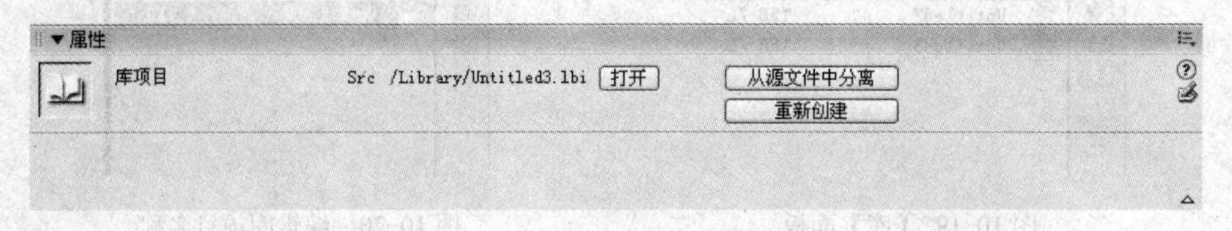

图 10-22 【从源文件中分离】按钮

分离后的对象是一个独立的对象，库项目更新时也不会被更新，如图 10-23 所示。

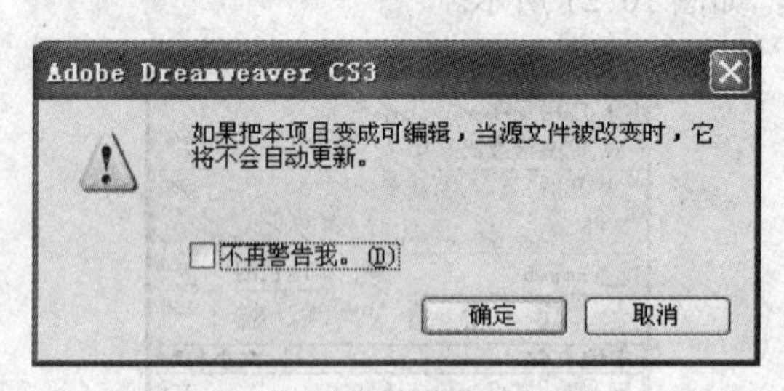

图 10-23 弹出【提示】对话框

2. 编辑库项目

如果需要更改库项目的内容，则可以对其进行编辑，库项目被编辑后，所有使用该项目的网页文档都会自动更新。

（1）选择要编辑的库项目，单击【库】面板中的“编辑”按钮，或者直接双击库项目，均可以打开库项目进入编辑状态。

（2）修改完成后，按下快捷键 Ctrl+S，弹出【更新库项目】对话框，如图 10-24 所示。

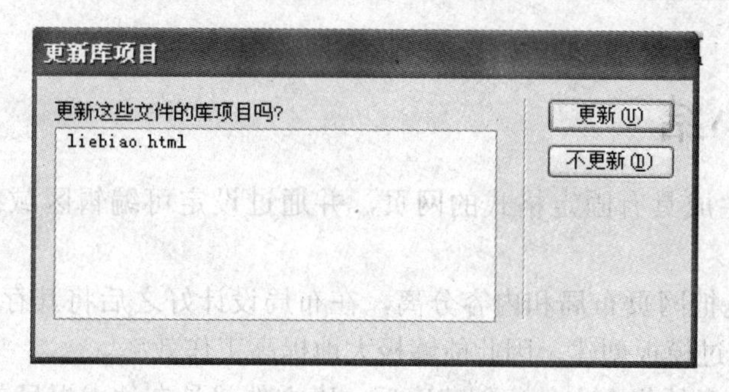

图 10-24 【更新库项目】对话框

3. 复制库项目到其他站点

对于站点的库项目，如果希望应用到其他站点，则可以将该库项目复制到其他的站点。方法如下：打开【库】面板，用鼠标右键单击需要复制的库项目，在弹出的快捷菜单中选择【复制到站点】命令，再选择一个目标站点即可，如图 10-25 所示。

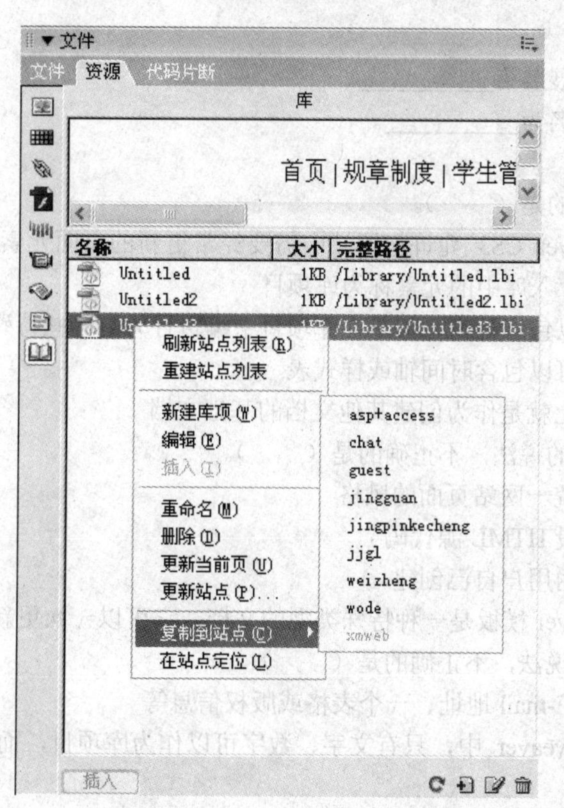

图 10-25　复制库项目到其他站点

提示：

库的作用就是将网页中使用频率较高的元素转化为库文件，然后就可以作为一个对象随时插入到网站的其他网页中。与模板相比，库文件只是网页上的局部内容。

10.3 本章小结

通过模板可以生成具有固定格式的网页，并通过设定可编辑区域在其中插入不同的内容。

模板的功能就是把网页布局和内容分离，在布局设计好之后将其存储为模板，这样相同布局的页面可以通过模板创建，因此能够极大地提高工作效率。

库是一些网页元素的集合文件。创建库后，库文件就是在站点根目录下名为 library 文件夹中以 lbi 为扩展名的文件。

库的内容可以包括文本、图像等所有的网页元素，它可以在站点中的其他页面上被重复使用。

10.4 本章习题

一、填空题

1．模板文件的扩展名为__________。

2．库文件的扩展名为__________。

二、选择题

1．下列说法错误的是（　　）。

A．Dreamweaver CS3 允许把网站中需要经常更新的页面元素（如图像、文本）存入库中，存入库中的元素称为库项目

B．库文件可以包含行为，但是在库项目中编辑行为有一些特殊的要求

C．库项目也可以包含时间轴或样式表

D．模板本质上就是作为创建其他文档的基础文档

2．下面关于模板的说法，不正确的是（　　）。

A．模板可以统一网站页面的风格

B．模板是一段 HTML 源代码

C．模板可以由用户自己创建

D．Dreamweaver 模板是一种特殊类型的文档，它可以一次更新多个页面

3．下面关于库的说法，不正确的是（　　）。

A．库可以是 E-mail 地址、一个表格或版权信息等

B．在 Dreamweaver 中，只有文字、数字可以作为库项目，而图片脚本不可以作为库项目

C．库实际上是一段 HTML 源代码

D．库是一种用来存储想要在整个网站上经常被重复使用或更新的页面元素

4．层和层中的内容是分离的元素，它们都可以被标记为（　　）。

A．可选定区域

B．可编辑区域

C．锁定区域

D．插入区域

三、问答和操作题

1．简述库项目的概念及其特点。

2．简述模板和库项目的区别。

3．如何把一个现成的网页创建为模板？

4．如何创建一个基于模板的文档？

5．如何把库项目应用于网页设计中？

第 11 章　行　为

本章要点：

☑ 行为简介、事件
☑ 使用行为面板
☑ 应用行为
☑ 更改行为
☑ 利用行为
☑ 常用行为举例

“行为”（Behaviors）是 Dreamweaver CS3 中一个很重要的概念。它集成在 Dreamweaver 中，可用来自动实现网页的动态效果和交互的 JavaScript 脚本程序。“行为”是 Dreamweaver 独特的概念，它使得读者不必去学习复杂的 JavaScript 程序也能方便迅速地实现一些网页的特殊效果。

首先来了解一下“行为”的原理。一个完整的行为由“动作”和“事件”两个部分组成。“动作”是 Dreamweaver 预先编写好的 JavaScript 脚本程序，这些程序可以控制，例如，打开一个新窗口、显示或隐藏层、播放一段音乐等动作；而“事件”是指对网页进行某种操作时，如鼠标单击、移动到某个图片上、键盘按下等是否触发该事件。例如，当访问者将鼠标移动到某个链接上时，浏览器为该链接生成一个 onMouseOver 事件。然后浏览器（IE 或 Netscape）检查是否存在一个为该链接生成事件时应该调用的 JavaScript 程序，也就是是否有一个预先设定的动作，如果这个动作是 show layer，那么浏览器就将指定的那个层显示出来。

注意：
行为代码是客户端 JavaScript 代码，即它运行在浏览器中，而不是服务器上。

11.1　事件

实际上，事件是浏览器生成的消息，它指示该页的访问者已执行了某种操作。例如，当访问者将鼠标指针移到某个链接上时，浏览器将为该链接生成一个 onMouseOver 事件；然后浏览器检查是否应该调用某段 JavaScript 代码（在当前查看的页面中指定）进行响应。不同的页元素定义了不同的事件；例如，在大多数浏览器中，onMouseOver 和 onClick 是与链接关联的事件，而 onLoad 是与图像和文档的 body 部分关联的事件。

事件的种类一般分为窗口事件、鼠标事件、键盘事件和表单事件等，表 11-1 到表 11-4 列出了各类事件的名称、事件描述及适应的浏览器版本。

表 11-1 关于窗口的事件

事 件 名 称	事 件 描 述	浏览器版本
onAbort	页面内容没有完全下载，用户单击浏览器的停止按钮时的事件	Netscape3、IE4
onMove	移动窗口或框架窗口时发生的事件	Netscape4
onLoad	页面被打开时的事件	Netscape3、IE3
onResize	改变窗口或者框架窗口的大小时的事件	Netscape4、IE4
onUnload	退出网页文档时发生的事件	Netscape3、IE3

表 11-2 关于鼠标和键盘的事件

事 件 名 称	事 件 描 述	浏览器版本
onClick	用鼠标单击选定元素时触发的事件	Netscape3、IE3
onBlur	页面元素失去焦点的事件	Netscape3、IE3
onDragDrop	拖动并放置选定元素时发生的事件	Netscape4
onDragStart	拖动选定元素时发生的事件	IE4
onFocus	页面元素取得焦点的事件	Netscape3、IE3
onMouseOver	鼠标位于选定元素上方时发生的事件	Netscape3、IE3
onMouseUp	按下鼠标左键再松开时发生的事件	Netscape4、IE4
onMouseOut	鼠标移开选定元素时发生的事件	Netscape3、IE4
onMouseDown	按下鼠标时发生的事件	Netscape4、IE4
onMouseMove	鼠标指针选定元素上方移动时发生的事件	IE3、IE4
onScroll	当浏览者拖动滚动条时发生的事件	IE4
onKeyDown	访问者在按下任何键盘按键时发生的事件	Netscape4、IE4
onKeyPress	在用户按下并放开任何字母数字键时发生的事件	Netscape4、IE4
onKeyUp	访问者在放开任何先前按下的键盘键时发生的事件	Netscape4、IE4

表 11-3 关于表单的事件

事 件 名 称	事 件 描 述	浏览器版本
onAfterUpdate	更新表单文档的内容时发生的事件	IE4
onBeforeUpdate	改变表单文档的项目时发生的事件	IE4
onChange	访问者修改表单文档的初始保值时发生的事件	Netscape3、IE3
onReset	将表单文档重新设置为初始值时发生的事件	Netscape3、IE3
onSubmit	访问者传送表单文档时发生的事件	Netscape3、IE3
onSelect	访问者选定文本字段中的内容时发生的事件	Netscape3、IE3

表 11-4 其他事件

事 件 名 称	事 件 描 述	浏览器版本
onError	在加载文档过程中，发生错误时发生的事件	Netscape3、IE4
onFilterChange	运用于选定元素的字段发生变化时发生的事件	IE4
onFinish	用功能来显示的内容结束时发生的事件	IE4
OnStart	开始应用功能时发生的事件	IE5

由上面的表格可以看出，不同类型的浏览器所支持的事件数量也会不同。而且版本越高，所支持的事件数量也会越多，目前主流的浏览器版本大都在 4.0 版本以上，在 dreamweaver CS3 中可以设置显示事件的浏览器版本。

注意:

选择的浏览器版本越高，所支持的事件就越多。但并不是事件越多就越好，因为并不是所有人都使用的是最高版本的浏览器。在 Dreaweaver CS3 中可以设置显示事件的浏览器版本，方法如下:

选择【窗口】→【行为】命令（或按下快捷键 Shift+F4)，打开【行为】面板，并单击【行为】面板上的 + 按钮，从弹出的菜单中选择需要的命令即可，默认是 HTML4.01，如图 11-1 所示。

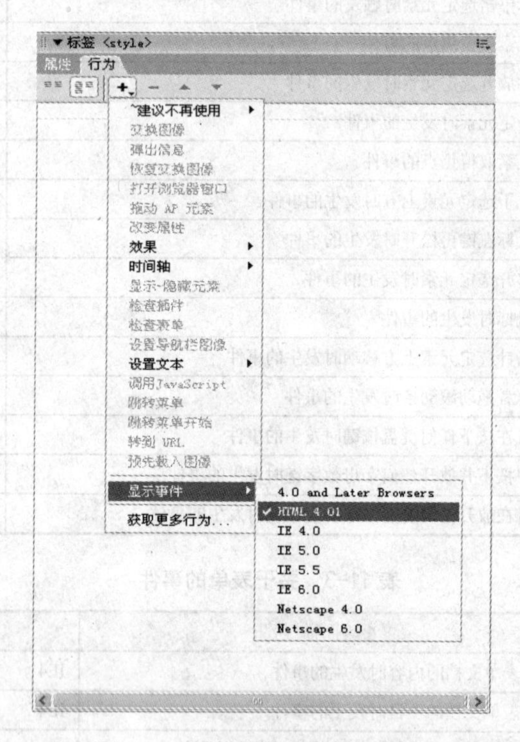

图 11-1 显示事件的浏览器版本

11.2 动作

当某个事件发生时，动作即被执行，动作可以被附加到链接、图像、表单及其他页面元素甚至整个文档中，也可以为每个事件指定多个动作，动作根据在【行为】面板的【动作】列表中显示的顺序依次发生。

DreamWeaver CS3 中提供了很多动作，这些动作其实就是标准的 JavaScript 程序，每个动作可以完成特定的任务。如果所需要的功能在这些动作中，就不要自己编写 JavaScript 程序了，表 11-5 列出了 DreamWeaver CS3 中的动作名称和功能。

表 11-5　PreamWeaver CS3 中的动作名称和功能

名　　称	功　　能
交换图像	事件触发后，用其他图片来取代选定的图片
播放声音	事件触发后，播放链接的声音
打开浏览器窗口	在新窗口中打开 URL，可以定制新窗口的大小
弹出信息	事件触发后，显示警告信息
调用 JavaScript	事件触发后，调用指定的 JavaScript 函数
改变属性	改变选定客体的属性
恢复交换图像	事件触发后，恢复设置“交换图像”
检查表单	此动作能够检测用户填写的表单内容是否符合预先设定的规范
检查浏览器	根据访问者的浏览器版本，显示适当的页面
检查插件	确认是否设有运行网页的插件
控制 Shockwave 或 Flash	本动作用于控制 Shockwave 或 Flash 的播放
设置导航条图像	制作由图片组成菜单的导航条
设置文本	设置层文本：在选定的层上显示指定的内容 设置框架文本：在选定的框架页上显示指定的内容 设置文本域文字：在文本字段区域显示指定的内容 设置状态文本：在状态栏中显示指定的内容
时间轴	用来控制时间轴的动作，可以播放、停止动画，或者移动到特定的帧上
跳转菜单	制作一次可以建立若干个链接的跳转菜单
跳转菜单开始	在跳转菜单中选定要移动的站点后，只有单击【开始】按钮才可以移动到链接的站点上
拖动层	使层可以被拖动，当浏览者在层上按下鼠标不放并拖动时，层会跟随鼠标移动
显示-隐藏层	根据设置的事件，显示或隐藏特定的层
显示弹出式菜单	此动作专门用来制作一个响应事件的弹出式菜单
隐藏弹出式菜单	此动作与显示弹出式菜单对应使用
预先载入图像	为了在浏览器中快速显示图片，事先下载图片之后显示出来
转到 URL	选定的事件发生时，可以跳转到指定的站点或者网页文档上

11.2.1　为网页添加行为

在【设计】面板上可以找到【行为】面板，如果找不到此面板，可选择【窗口】→【行为】菜单命令以打开【行为】面板，如图 11-2 所示。

图 11-2　显示【行为】面板

可以将行为附加到整个文档（即附加到<body>标签）中也可以附加到链接、图像、表单元素和多种其他 HTML 元素，所选择的目标浏览器将确定对于给定的元素支持哪些事件。

不但可以为每个事件指定多个动作，动作按照它们在【行为】面板的【动作】列表中列出的顺序发生，而且也可以更改这个顺序。

添加一条“行为”的一般步骤如下。

（1）在页面上选择一个元素，例如，一个图像或一个链接。若要将行为附加到整个页，请在【文档】窗口左下角的标签选择器中单击<body>标签。

（2）选择【窗口】→【行为】菜单命令。

（3）单击【行为】面板的“添加”按钮+，并从弹出的菜单中选择一个动作，如图 11-3 所示。菜单中灰显的动作不可选择。它们灰显的原因是当前文档中缺少某个所需的对象。例如，如果文档不包含 Shockwave 或 Flash SWF 文件，则【控制 Shockwave 或 Flash】动作将处于灰显状态。

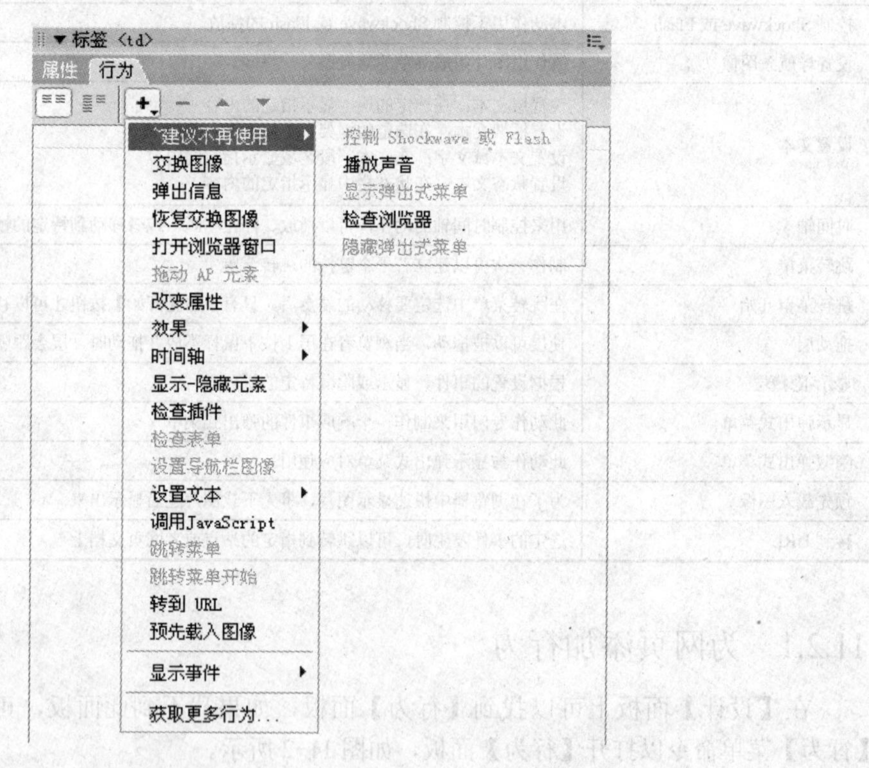

图 11-3 【动作】菜单

当选择某个动作时，将弹出一个对话框，显示该动作的参数和说明。

（4）为该动作输入参数，然后单击【确定】按钮。

Dreamweaver 中提供的所有动作都适用于新型浏览器。一些动作不适用于较旧的浏览器，但它们不会产生错误。

（5）触发该动作的默认事件显示在【事件】列表中。如果这不是所需的触发事件，请从【事件】弹出菜单中选择其他事件。（若要打开【事件】菜单，请在【行为】面板中选择一个事件或动作，然后单击显示在事件名称和动作名称之间的向下指向的黑色箭头。）

11.2.2　更改或删除行为

在附加了行为之后，可以按下面步骤更改触发动作的事件、添加或删除动作及更改动作的参数。

（1）选择一个附加有行为的对象。

（2）选择【窗口】→【行为】菜单命令。

（3）进行更改：若要编辑动作的参数，请双击动作的名称或将其选中并按 Enter 键，然后更改对话框中的参数并单击【确定】按钮。

若要更改给定事件的多个动作的顺序，请选择某个动作然后单击上▲下▼箭头，或者选择该动作，将其剪切并粘贴到其他动作之间的合适位置。

若要删除某个行为，请将其选中然后单击“减号”按钮 − 或按 Delete 键。

11.2.3　更新行为

更新行为的步骤如下。

（1）选择一个附加有该行为的元素。

（2）选择【窗口】→【行为】菜单命令，双击该行为。

（3）进行所需的更改，然后在该行为的对话框中单击【确定】按钮。

该行为在此页面中所出现的每一处都将进行更新，如果站点中的其他页面上也包含该行为，则必须逐页更新这些行为。

11.3　Dreamweaver 行为举例

11.3.1　Dreamweaver 给网页添加背景音乐

（1）打开一个网页文档，在文档左下角的【标签选择器】中选择 body 标签，如图 11-4 所示。

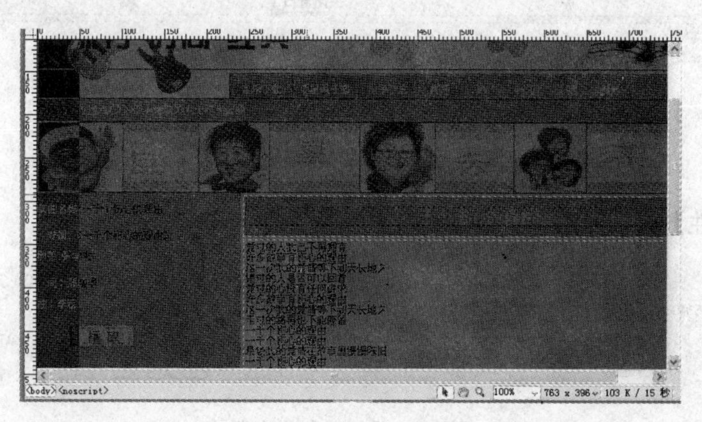

图 11-4　选择 body 标签

（2）打开【行为】面板，单击“添加”按钮 +. 添加行为，如图 11-5 所示。

（3）在【建议不再使用】的下拉菜单中选择【播放声音】选项，如图 11-6 所示。

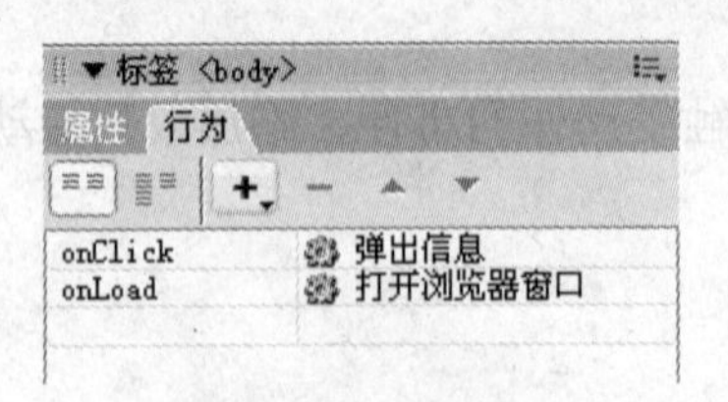

图 11-5 【行为】面板

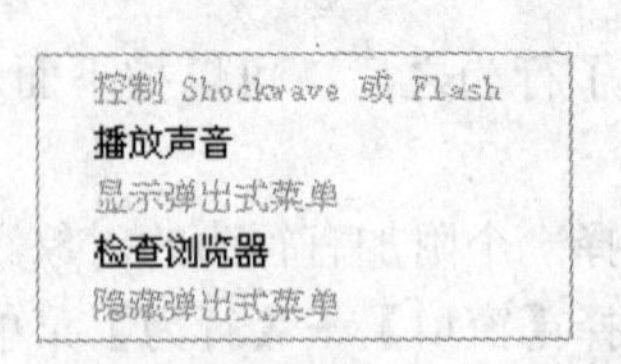

图 11-6 【播放声音】菜单

（4）选择声音文件。一个网页的背景音乐就添加好了，如图 11-7 所示。

图 11-7 添加【播放声音】对话框

（5）如果要修改背景音乐属性，按照如下步骤操作。

① 在文档中选择背景音乐的图标，如图 11-8 所示。

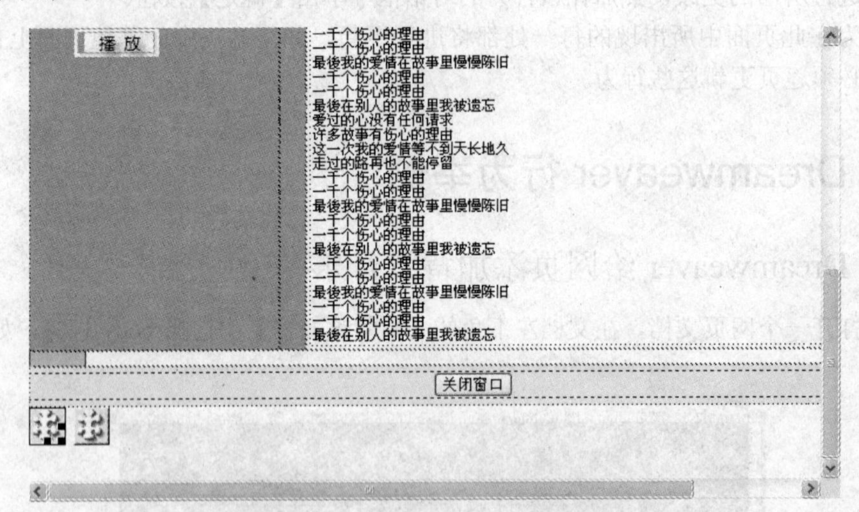

图 11-8 选择背景音乐的图标

② 在【属性】检查器中，单击【参数】按钮，如图 11-9 所示。

图 11-9 【属性】检查器

③ 在弹出的【参数】对话框中修改参数，如图 11-10 所示。

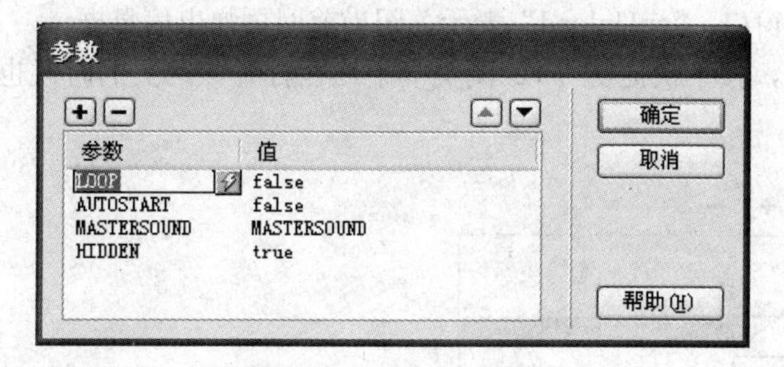

图 11-10 【参数】对话框

11.3.2 弹出信息窗口

启动 Dreamweaver CS3，打开要加载弹出窗口的网页。按下快捷键 Shift+F4，打开行为设置面板。

（1）单击“添加”按钮 +。

（2）在弹出的菜单中选择【弹出信息】选项，如图 11-11 所示。

（3）在弹出的【弹出信息】对话框中输入弹出信息窗口中所要表达的内容，如图 11-12 所示。

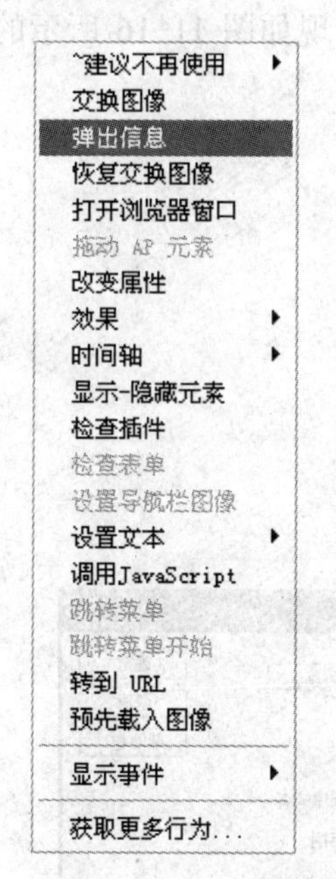

图 11-11 【弹出信息】选项

图 11-12 【弹出信息】对话框

（4）单击【确定】按钮返回。

如果不想在打开网页的时候立刻打开窗口，那么就可以单击黑色的向下箭头，如图 11-13 所示。

在单击黑色向下箭头打开的菜单中就可以设置其他响应方式，如“OnClick”表示鼠标单击时弹出该信息窗口、“onUnload”表示关闭当前网页弹出信息框。

现在保存网页，按下快捷键 F12 浏览一下，在打开该网页的时候也显示了如图 11-14 所示的信息窗口。

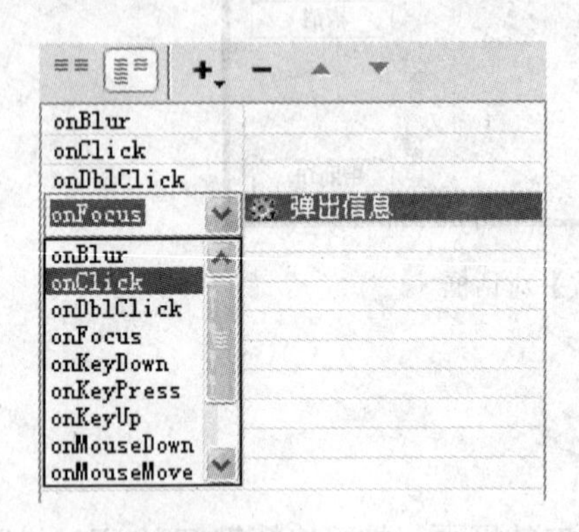

图 11-13　各种事件

图 11-14　弹出信息窗口

11.3.3　弹出网页窗口

弹出网页窗口的制作过程与弹出信息窗口有点相似，首先准备好浏览当前网页时要打开的网页，然后在图 11-15 中选择【打开浏览器窗口】命令，出现如图 11-16 所示的【打开浏览器窗口】对话框。

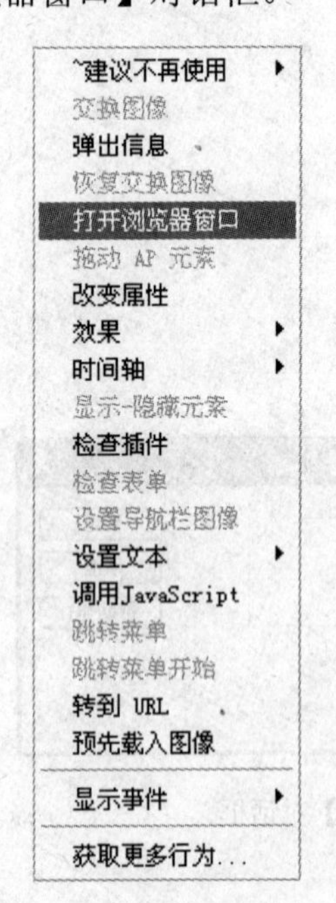

图 11-15 【打开浏览器窗口】命令

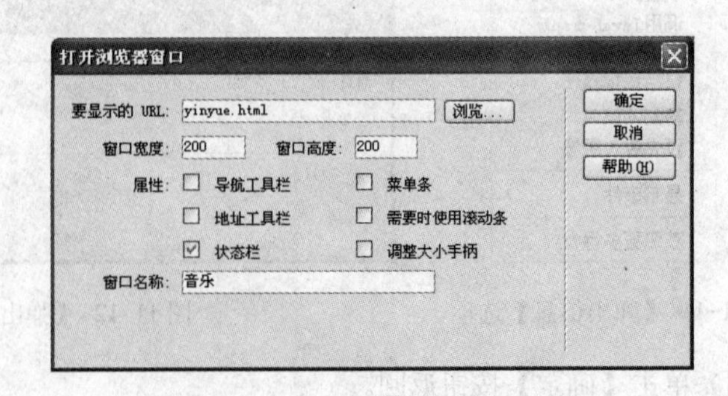

图 11-16 【打开浏览器窗口】对话框

（1）单击【浏览】按钮选择要弹出的网页窗口。

（2）设置打开窗口的固定宽度和高度。

（3）设置属性，在这里可以包括是否显示菜单栏、工具栏、滚动条、调整大小手柄等内容。

（4）设置打开的窗口名称。

做好这些设置之后单击【确定】按钮，然后保存网页，现在预览一下，在浏览当前网页的内容同时又弹出一个网页窗口。

提示：

合理应用弹出窗口可以起到事半功倍的效果，例如，宣传网站、发布网站的公告等。但凡事都应该有一个度，在同一个网页中建议读者最好只设置一个弹出窗口，因为过多的弹出窗口将影响用户浏览的兴趣，那样就会起到得不偿失的效果。

11.3.4　拖动 AP 元素

如果使用了拖动 AP 元素行为，那么用户就可以制作出能让浏览者任意拖动的对象。甚至可以利用 AP Div 元素在网页中制作拼图游戏。

（1）在开始制作前，先准备一些被用来制作拖动效果的内容。最重要的是要先在页面中制作一些 AP Div 层，并在这些层中添加图片或文字，如图 11-17 所示。

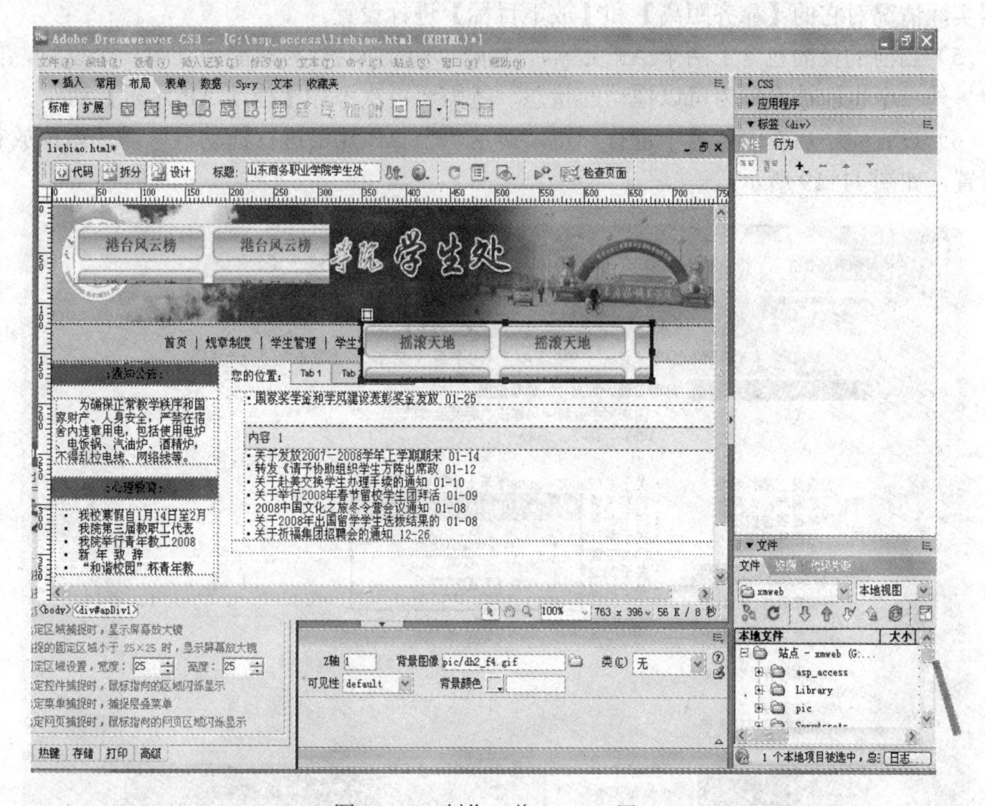

图 11-17　制作一些 AP Div 层

（2）在【属性】检查器中为这两个 AP 元素命名。添加拖动 AP 元素动作时，不是直接在所选内容上添加，而是要在页面中添加。在文档窗口的下面选中<body>标签，或单击页面的空白部分，在行为的添加列表中选择【拖动 AP 元素】选项。如果已经选中了某个 AP 元素，那么该项处于灰色状态，不能被使用，如图 11-11 所示。

（3）选择【拖动 AP 元素】选项后，会弹出【拖动 AP 元素】对话框，可以为当前页面中的一个 AP 元素进行拖动的设置，如图 11-18 所示。

图 11-18 【拖动 AP 元素】对话框

（4）在【移动】选项中将 AP 元素设置为【不限制】，使用户可以任意地拖动它们。如果设置了限制移动可以通过单击【取得目前位置】按钮来得到当前所选目标的坐标，然后再根据实际情况对它的【靠齐距离】和【放下目标】进行设置。

（5）当前的页面包含了两个 AP 元素，之前添加的拖动行为只能为其中一个设置，如果希望另外一个也能被设置为可以拖动的状态，就需要再次添加【拖动 AP 元素】动作。

（6）设置完毕后在浏览器中进行预览，对这两个 AP 元素进行拖动就可以任意摆放它们的位置，如图 11-19 所示。

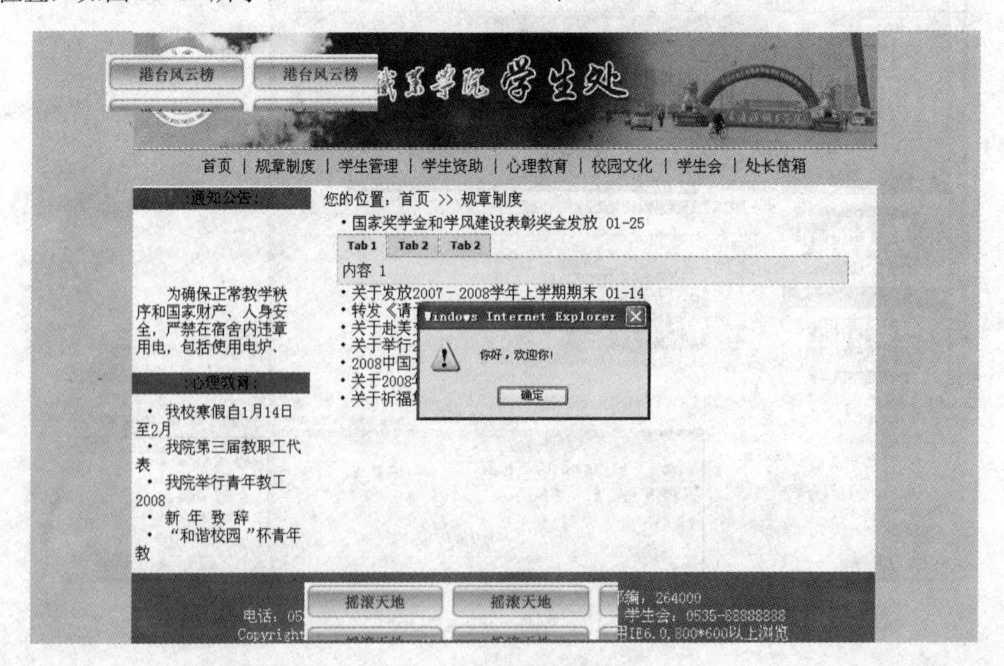

图 11-19 浏览网页效果

11.3.5　插入导航条

导航条由图像或具有相同外观的图像组构成，导航条与轮替图像的效果非常相似，操作也大致相同。

导航条能够组合互动图像或更多的对象，一个导航条元素可由四种不同的图像（平时状态、鼠标指向状态、鼠标按下状态、按下时鼠标经过状态）组成，每种图像反映不同的用户动作。

1．创建一系列的图像

在使用 Dreamweaver CS3 的导航条对象之前，应该为每一个按钮创建一组（通常 4 个）图像。这些图像对应按钮触发事件的不同显示状态，各个按钮被碰触的感觉及外观上要具有一致性。

2．插入一个导航条

（1）在文档窗口中，将插入点置于要显示导航条的位置，然后选择【常用】选项卡中的【图像】按钮，在弹出的菜单中选择【导航条】，如图 11-20 所示。

（2）选择【插入】→【图像对象】子菜单，单击【导航条】按钮，会弹出如图 11-21 所示的【插入导航条】对话框。

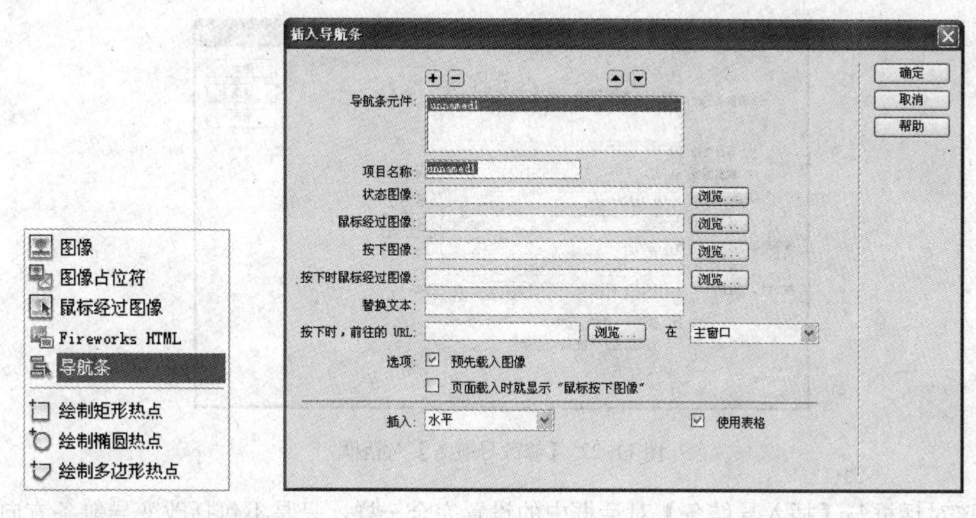

图 11-20　【导航条】菜单　　　　图 11-21　【插入导航条】对话框

3．对话框各选项的作用

【插入导航条】对话框中各选项的作用如下。

【项目名称】：导航条元件的名称。每一个元件对应一个按钮，该按钮具有一组状态图像，最多四个。

【状态图像】：在浏览器中默认显示的图像文件名，此项为必填项，其他图像状态选项为可选项。

【鼠标经过图像】：鼠标指针滑过按钮所显示的图像。

【按下图像】：单击按钮时显示的图像。

【按下时鼠标经过图像】：鼠标指针按下时滑过图像所显示的图像。

【替换文本】：运行时，当鼠标滑过导航条项目时显示的文本。

【按下时，前往的 URL】：单击导航图像时要链接到的目标。

【预先载入图像】：选中此项，则用户鼠标滑过项目时图像出现较快。

【页面载入时就显示“鼠标按下图像”】：选中此项，在导航条元件列表框中的当前按钮旁边会显示一个星形号。

【插入】：设置导航条的方向，有【水平】和【垂直】两个方向。

【使用表格】：选中该复选框，可以表格的形式插入导航条项目。

4．添加其他的导航条图标

单击按钮[+]可向导航条添加另一个项目，重复前面的步骤定义该项目；再次单击按钮[+]可以添加多个项目，单击按钮[−]可以删除选中的项目。

要重新排序导航条中的元件，在导航条元件列表框中选定一个元件，使用向上按钮[▲]或向下按钮[▼]来重新调整该元件在元件列表中的位置。

每一页只能有一个内置的导航条，否则会弹出提示框，单击【确定】按钮将打开【修改导航条】对话框（或单击【修改】→【导航条】），如图 11-22 所示。

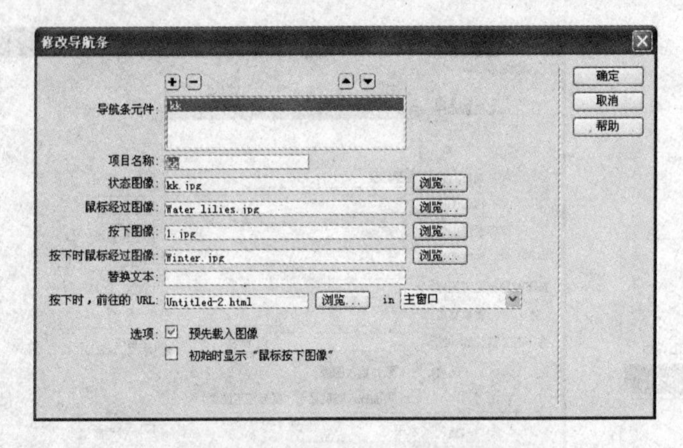

图 11-22 【修改导航条】对话框

该对话框与【插入导航条】对话框中的设置完全一样，只是不包括改变导航条方向和表格设置的内容。

11.3.6 交换图像

1．制作原理

交换图像的制作原理是应用到 Dreamweaver CS3 中的【行为】面板上的翻转图像（Swap image）这一个工具。将其配置成为当产生鼠标悬停在某一个按钮图片的动作的时候，让按钮本身实现一个图像的交换，与此同时设计指针图像的交换（交换成为指针指向当前按钮的指针图片），以实现上述效果的实现。

“交换图像”行为通过更改<img>标签的 src 属性将一个图像和另一个图像进行交换。使用此行为可创建鼠标经过按钮的效果及其他图像效果（包括一次交换多个图像）。插入鼠标经过图像会自动将一个“交换图像”行为添加到页面中。

2. 制作步骤

（1）选择【插入】→【图像】或单击【插入】面板的【图像】按钮来插入一个图像。在【属性】检查器最左边的文本框中为该图像输入一个名称。

提示：

并不是一定要对图像指定名称；在将行为附加到对象时会自动对图像命名。但是，如果所有图像都预先命名，则在【交换图像】对话框中就更容易区分它们。

（2）重复第（1）步插入其他图像。

（3）选择一个对象（通常是将交换的图像），然后从【行为】面板的【动作】菜单中选择【交换图像】命令，如图 11-11 所示，打开图 11-23 所示的【交换图像】对话框。

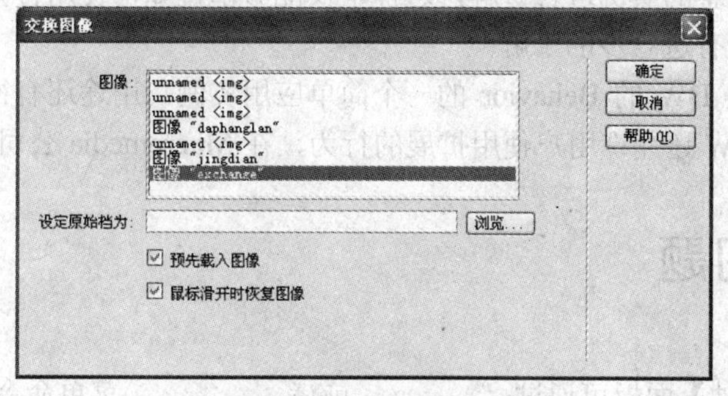

图 11-23 【交换图像】对话框

（4）从【图像】列表中，选择要更改其来源的图像。

（5）单击【浏览】按钮选择新图像文件，或在【设定原始档为】文本框中输入新图像的路径和文件名，如图 11-24 所示。

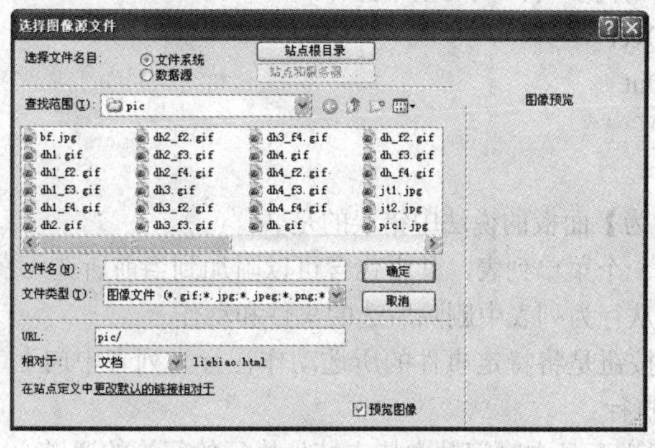

图 11-24 【选择图像源文件】对话框

（6）对所有要更改的其他图像重复第（4）步和第（5）步。同时对所有要更改的图像使用相同的“交换图像”动作，否则，相应的“恢复交换图像”动作就不能全部恢复它们。

提示：

选择【预先载入图像】选项可在加载页面时对新图像进行缓存，这样可防止当图像应该出现时由于下载而导致延迟。

因为只有 src 属性受此行为的影响，所以应该换入一个与原图像具有相同尺寸（高度和宽度）的图像。否则，换入的图像显示时会被压缩或扩展，以使其适应原图像的尺寸。

还有一个【恢复交换图像】行为，可以将最后一组交换的图像恢复为它们以前的原文件。每次将【交换图像】行为附加到某个对象时都会自动添加【恢复交换图像】行为。如果在附加【交换图像】时选择了【恢复】选项，则就不再需要手动选择【恢复交换图像】行为。

11.4 本章小结

行为的使用使得原本毫无生机的静态网页变得动感十足，鉴于其操作简单，本章所有的知识都尽量结合完整的实例进行讲解，这样不仅能够掌握如何使用行为，同时也能够对行为的应用方法与技巧有进一步的了解。

以上的例子只是 DW 的 Behavior 的一个简单应用实例。用途还有很多，这里就不作一一说明了。此外，DW 还允许用户使用扩展的行为，在 Macromedia 公司的主页可以下载。

11.5 本章习题

一、填空题

1. 打开【时间轴】面板可通过__________或者__________菜单命令来实现。

2. 事件是触发动态效果的原因，它可以被附加到各种页面的__________上，也可以被附加到 HTML 标记中。

二、选择题

1. 下列哪个不是访问者对网页的基本操作（　　）。

A．onMouseOver

B．onMouseOut

C．onClick

D．onLoad

2. 下列关于【行为】面板的说法中错误的是（　　）。

A．动作[+]是一个菜单列表，其中包含可以附加到当前所选元素的多个动作

B．删除[-]是从行为列表中删除所选的事件和动作

C．上下箭头按钮是将特定事件的所选动作在行为列表中向上或向下移动，以便按定义顺序执行

D.【行为】通道不是在时间轴中特定帧处执行的行为的通道

3．下列关于行为说法不正确的是（　　）。

A．行为既是事件，事件就是行为

B．行为是事件和动作的组合

C．行为是 Dreamweaver 8.0 预置的 JavaScript 程序库

D．通过行为可以改变对象属性、打开浏览器和播放音乐

4．下列关于 Dreamweaver 事件中的说法不正确的是（　　）。

A．事件是由浏览器为每个页面元素定义的

B．事件只能由系统引发，不能自己引发

C．onAbort 事件是当终止正在打开的页面时引发

D．事件可以被自己引发

三、问答和操作题

1．什么是行为？

2．什么是事件？什么是动作？事件与动作有和关系？

第 12 章　网页制作实例

本章要点：

☑　网页自动跳转功能的实现
☑　滚动字幕
☑　可视化操作 iframe
☑　网页制作实用技巧

前面的章节系统的介绍了 Dreamweaver CS3 的各项功能，本章将对网页制作过程中经常用的一些技巧和页面实例进行讲解。例如，公告板的制作和跑马灯效果。这些效果有的是 Dreamweaver CS3 自带的功能，有的则需要输入相关的代码，本章所选择的技巧是使用频率较高，并且考虑了代码的简易性。

12.1　页面自动跳转功能

有时会遇到更换主页空间或网址的情况，为了使原来网址访问的用户可以方便地浏览到新网站，一般的做法是在原来的主页空间或网址上放置一个网页，告诉用户如何访问新的网址。而通过设置页面的自动跳转功能，可以使网页被打开若干秒以后自动跳转到新的网页，从而实现了为用户自动导航的功能，同时也给网站增添了专业的设计风格。

在 Dreamweaver 中，可以直接在网页头部插入自动刷新的参数，从而实现在延迟指定时间以后自动转向新的网页或是仅仅刷新本网页的内容。

（1）打开 Dreamweaver 软件，选择【文件】→【打开】命令打开需要编辑的网页，选择【插入记录】→【html】菜单，单击【文件头标签】子菜单中选择【刷新】选项，如图 12-1 所示。

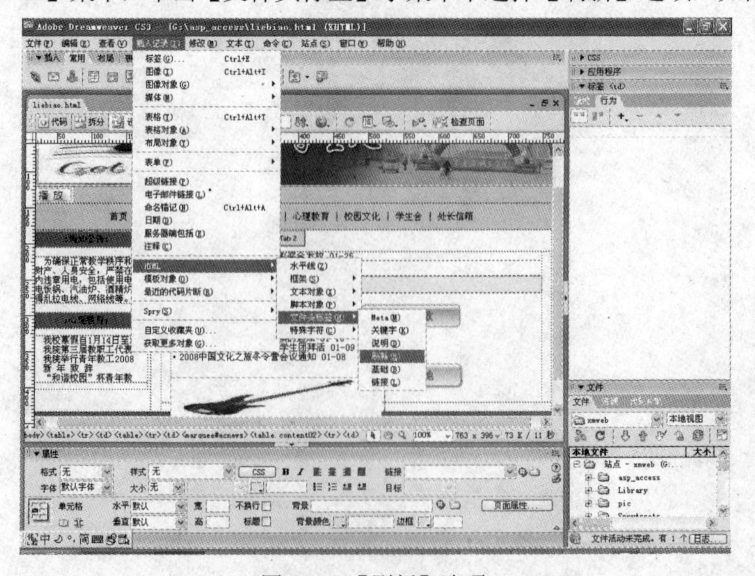

图 12-1 【刷新】选项

（2）单击【刷新】选项，打开【刷新】对话框进行刷新参数的设置，如图 12-2 所示。

图 12-2 【刷新】对话框

（3）在【延迟】文本框里输入间隔的时间，以秒为单位。【操作】选项中有两个选择：【转到 URL】和【刷新此文档】。要实现自动跳转功能，选中【转到 URL】，在输入框里输入要跳转的网址，跳转的目的网页也可以是本网站的一个网页。如果是本网站内部自动跳转，可以单击【浏览】按钮打开【文件选择】对话框，选择网站里的一个网页文件。文件选择完毕，单击【确定】按钮就完成了设置工作。保存网页文件以后，这个网页每次被打开都会在指定的时间秒数以后，发生自动跳转打开目的网页的行为。

12.2　滚动字幕

在网页中，制作滚动字幕使用 marquee 标签，如果用手写的方法，实在是太麻烦了。可以使用标签选择器插入各种标签，并且可以使用标签检查器设置标签的属性值，它的功能类似于属性检查器，但是比属性检查器更强大。

12.2.1　插入 marquee 标签

（1）把光标插入点放在需要插入滚动字幕的地方。

（2）单击【插入】面板的【标签选择器】。

（3）在弹出的【标签选择器】对话框中选择 marquee 标签，单击【插入】按钮，marquee 标签即被插入到代码中，如图 12-3 所示。

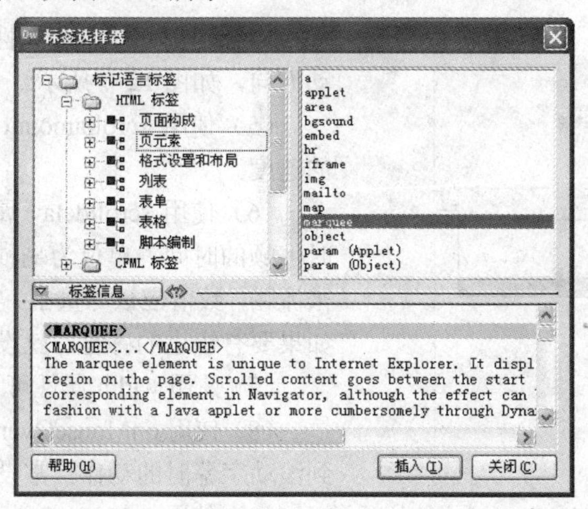

图 12-3 【标签选择器】对话框

12.2.2　设置 marquee 标签的属性

（1）转换到代码视图，把光标插入点放在 marquee 标签内。

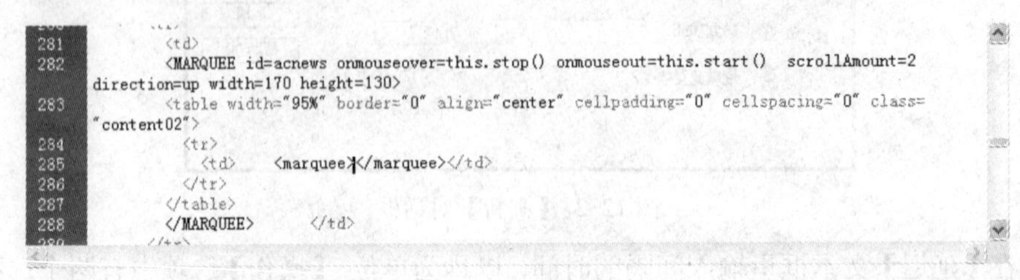

图 12-4　切换代码视图

（2）选择【窗口】→【标签检查器】，可以在【标签检查器】中设置标签的各种用法，如图 12-5 所示。

（3）单击 behavior 设置项右边的下拉箭头，选择滚动字幕内容的运动方式，如图 12-6 所示。

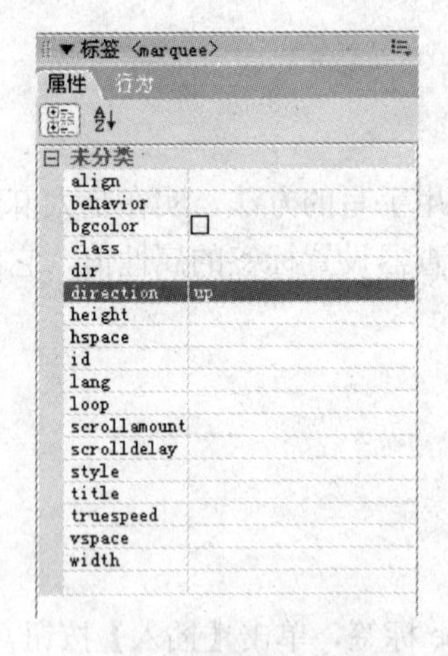

图 12-5 【标签检查器】

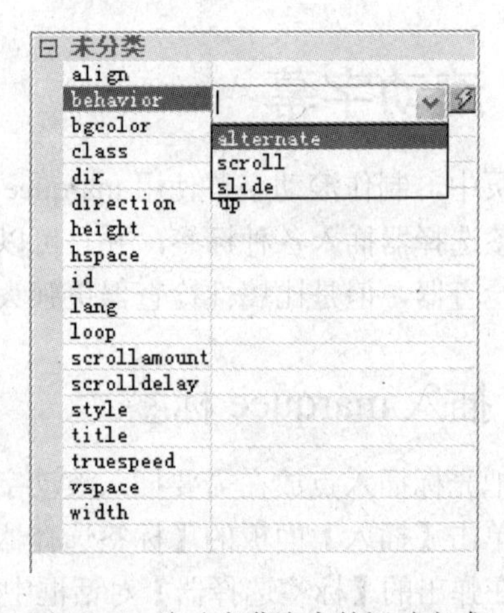

图 12-6　滚动字幕内容的运动方式

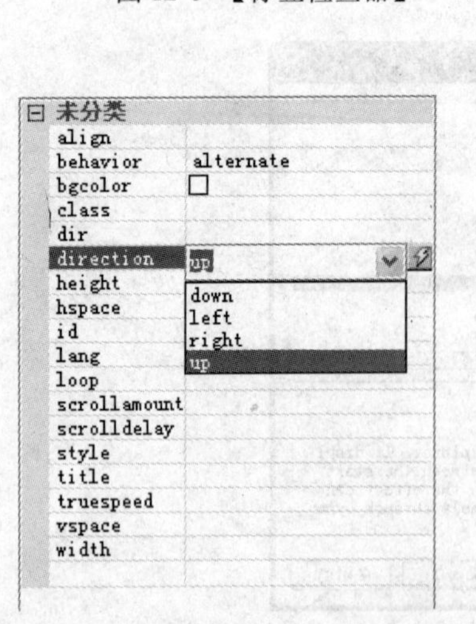

图 12-7　direction 属性设置字幕内容的滚动方向

（4）使用 direction 属性可设置字幕内容的滚动方向，如图 12-7 所示。

（5）使用 scrollamount 属性可设置字幕滚动的速度。

（6）使用 scrolldelay 属性设置字幕内容滚动时停顿的时间，单位为毫秒。如果要让滚动看起来流畅，数值应该尽量小。实例中设置为 1 毫秒。如果要有步进的感觉，就设置时间长一点。

（7）使用 width 属性可设置滚动字幕的宽度。

（8）使用 onMouseOver 可事件设置鼠标移动到滚动字幕时的动作，常设置为停止滚动。

（9）使用 onMouseOut 可事件设置鼠标离开滚

动字幕时的动作，常设置为开始滚动。

（10）使用 style 属性可设置字幕内容的样式。实例中设置字幕文字大小，输入了“font:12px;”。

（11）使用 loop 属性可设置字幕内容滚动次数，默认值为无限，“-1”也为无限。

12.2.3　一段向上滚动字幕的代码

一段向上滚动字幕的代码如下：

```
<marquee behavior="scroll" direction="up" width="200" height="150" loop="-1" scrollamount="1" scrolldelay="1" style="font:12px;" onMouseOver="this.stop();" onMouseOut="this.start();">滚动字幕内容</marquee>
```

代码可以用属性检查器查看属性，上述代码的<marquee>【属性】检查器如图 12-8 所示。

align	
behavior	scroll
bgcolor	
class	
dir	
direction	up
height	150
hspace	
id	
lang	
loop	-1
scrollamount	1
scrolldelay	1
style	font:12px;
title	
truespeed	
vspace	
width	200
onClick	
onDblClick	
onKeyDown	
onKeyPress	
onKeyUp	
onMouseDown	
onMouseMove	
onMouseOut	this.start();
onMouseOver	this.stop();

图 12-8　<marquee>属性检查器

12.3　可视化操作 iframe

iframe 也称作嵌入式框架，嵌入式框架和框架网页类似，它可以把一个网页的框架和内容嵌入在现有的网页中。

12.3.1　插入 iframe

（1）单击【常用】选项卡的【标签选择器】，如图 12-9 所示。

图 12-9 【常用】选项的【标签选择器】

（2）在弹出的【标签选择器】对话框中，选择 iframe 标签，单击【插入】按钮，如图 12-10 所示。

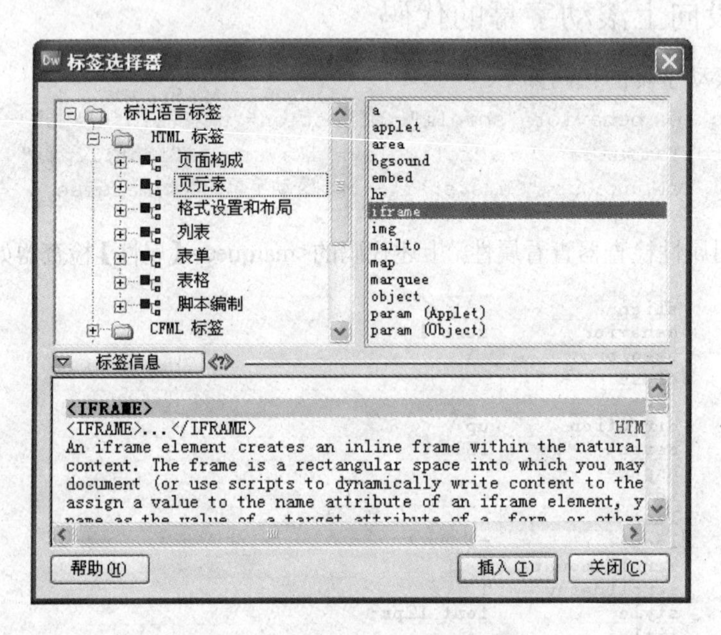

图 12-10 【标签选择器】对话框

（3）在弹出的【标签编辑器-iframe】对话框中，根据面板提示操作，如图 12-11 所示。

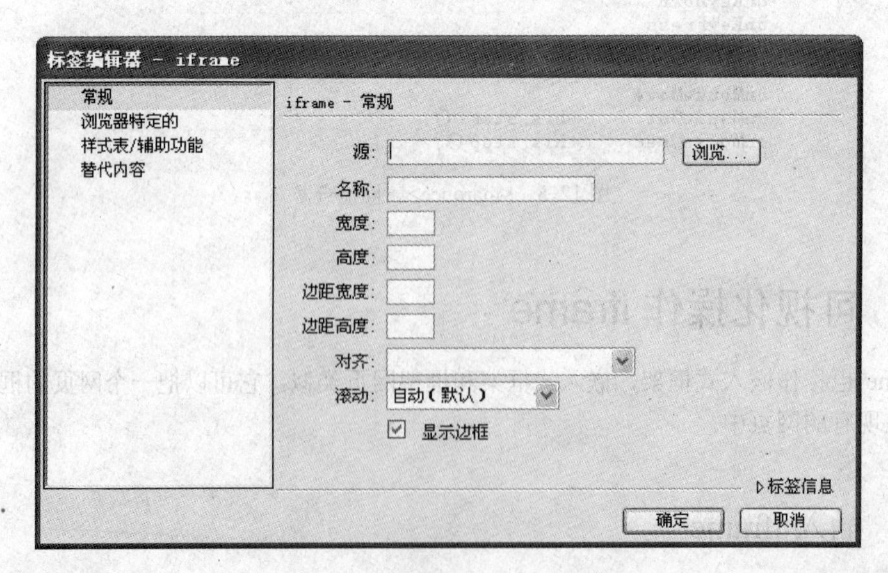

图 12-11 【标签编辑器-iframe】对话框

其中最基本的两项是【源】和【名称】。

【源】：单击【浏览】按钮，选择要出现在 iframe 中的网页文件。

【名称】：输入的名称，将作为这个 iframe 的标识，其他的链接如果要在这个 iframe 打开，网页打开“目标”就需要输入此“名称”。

【宽度】和【高度】：可以输入像素值，也可以输入 100%。

【边距宽度】和【边距高度】：设置和外围标签的边距。

【对齐】：设置对齐方式。

【滚动】：设置是否允许出现滚动条。

【显示边框】：选择是否出现边框。

12.3.2 iframe 透明

为了使 iframe 内容和网页背景相同，需要使 iframe 透明。方法是在【标签编辑器-iframe】对话框（见图 12-12）中，先在左侧列表中选择【浏览器特定的】选项，然后再选中【允许透明】。

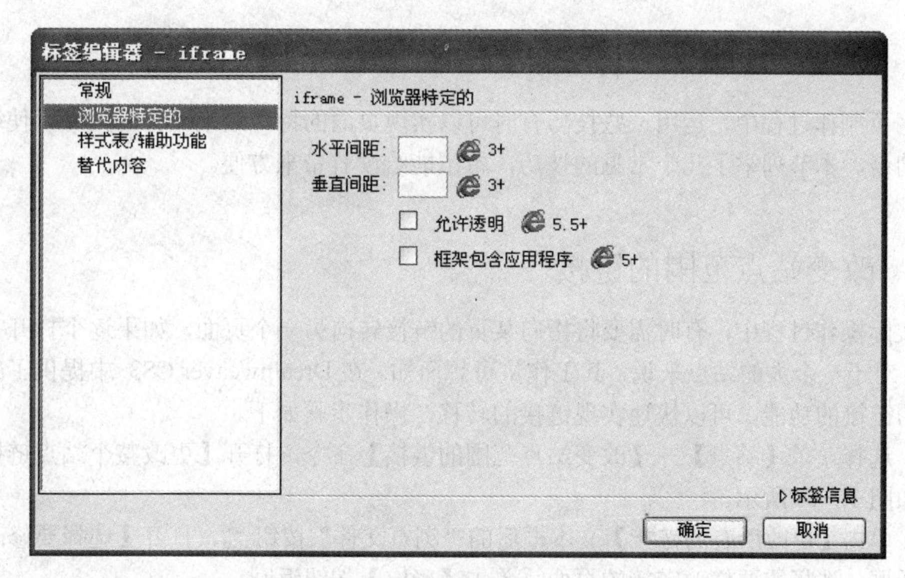

图 12-12 【浏览器特定的】对话框

1. 框架包含应用程序

在【标签编辑器-iframe】对话框中，先在左侧列表中选择【浏览器特定的】选项，然后再选中【框架包含应用程序】。

2. iframe 的替代内容

在某些不支持 iframe 的浏览器中，iframe 将不能显示。这时需要输入替代内容。在【标签编辑器-iframe】对话框中，先在左侧列表中选择【替代内容】选项，然后在替代内容中输入代码或者文字，如图 12-13 所示。

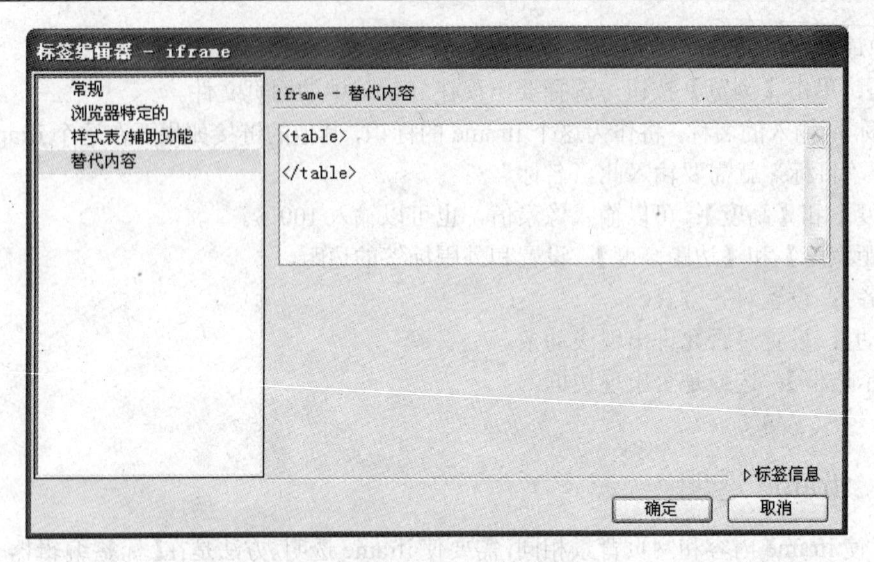

图 12-13　输入替代内容

12.4　网页制作实用技巧

在网页制作过程中，运用一些技巧有时可以实现页面的特殊效果，有时则可以使编辑工作事半功倍。本节列举了几个常见的技巧，希望能给读者带来方便。

12.4.1　改变站点范围的链接

在实际操作过程中，有时需要将指向某页的链接转向另一个页面，如果逐个打开文档进行操作，对于一个大的站点来说，其工作量可想而知。在 Dreamweaver CS3 中提供了改变站点范围的链接的功能，可以快速实现链接的转移，操作步骤如下。

（1）选择菜单【站点】→【改变站点范围的链接】命令，打开【更改整个站点链接】对话框，如图 12-14 所示。

（2）单击【更改所有的链接】文本框后的“浏览文件”按钮，打开【选择要修改的链接】对话框，选择需要修改链接的页面，单击【确定】按钮返回。

（3）单击【变成新链接】文本框后的“浏览文件”按钮，打开【选择新链接】对话框，选择新的链接页面，单击【确定】按钮，返回【更改整个站点链接】对话框，如图 12-15 所示。

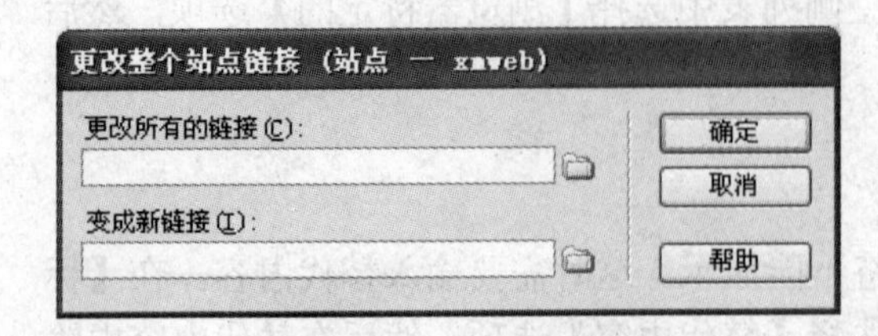

图 12-14　【更改整个站点链接】对话框

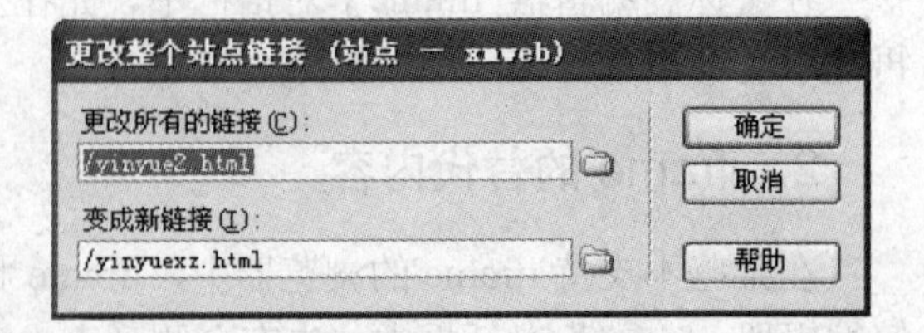

图 12-15　【更改整个站点链接】对话框

（4）单击【确定】按钮，弹出【更新文件】对话框，单击【更新】按钮即可，如图 12-16 所示。

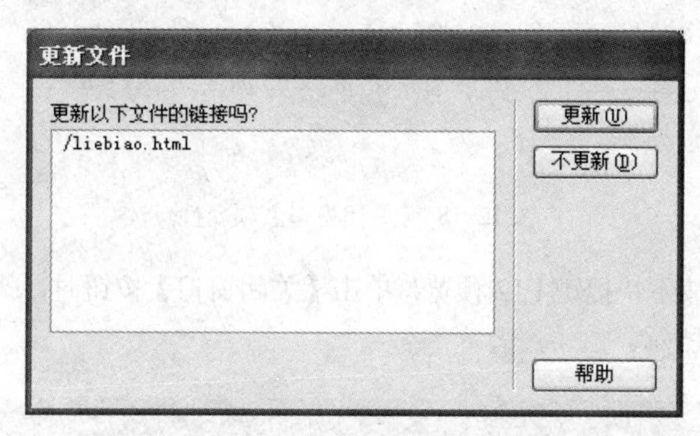

图 12-16 【更新文件】对话框

12.4.2 为页面添加关闭按钮

经常可以看到很多网页在页面底部都有一个【关闭窗口】按钮，其实在 Dreamweaver CS3 中已经给用户提供了这一功能，用户可以直接调用。

（1）打开一个文档，将光标定位在页面底端的适当位置。

（2）选择菜单【窗口】→【代码片断】命令，打开【代码片断】面板。

（3）展开【表单元素】选项，可以看到【关闭窗口】按钮项，将其拖至页面底端，松开鼠标即可，如图 12-17 所示。

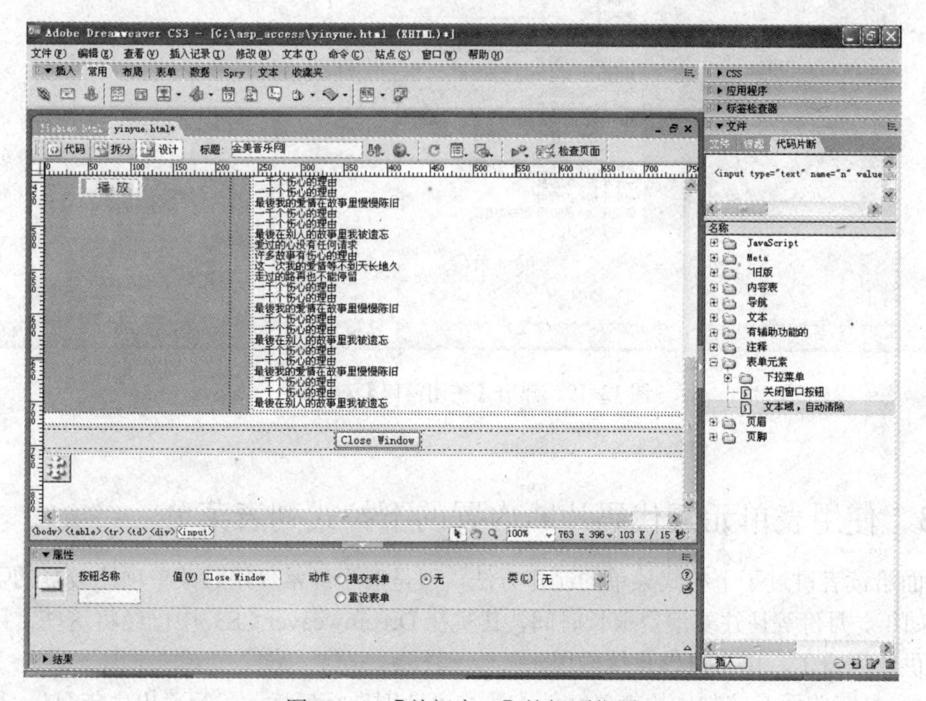

图 12-17 【关闭窗口】按钮项位置

（4）选择该按钮，在【属性】检查器中设置【值】为【关闭窗口】，如图 12-18 所示。

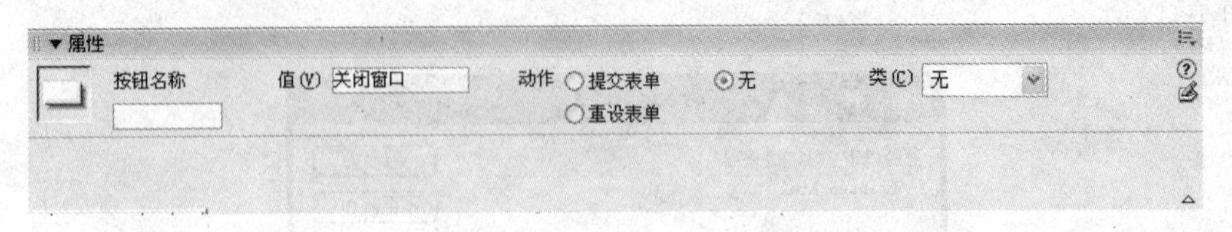

图 12-18 【关闭窗口】项属性

（5）保存文件，按下快捷键 F12 预览，单击【关闭窗口】按钮时，就会弹出【关闭窗口】对话框，如图 12-19 所示。

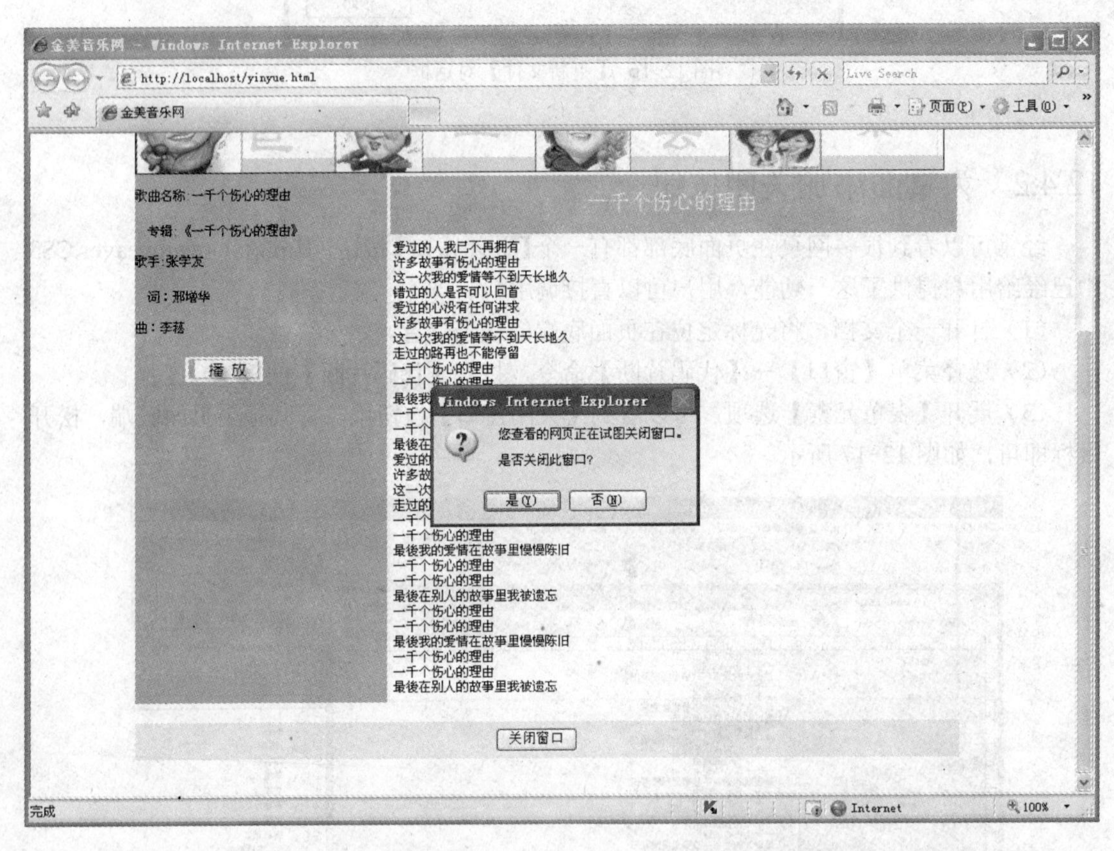

图 12-19 弹出【关闭窗口】对话框

12.4.3 使用表单元素代码片断内置的下拉式列表菜单

前面给读者讲过了下拉式菜单的制作方法，但是对于经常使用且菜单项比较多的下拉式列表，如年、月份等往往要浪费很长时间，其实在 Dreamweaver CS3 中已经将这些常用的菜单项提供给用户了，用户可以直接调用。

（1）打开前面章节制作的表单文件，并在“性别”行后插入一行“出生年月”，在“出生年月”后的单元格内输入“年”和“月”，如图 12-20 所示。

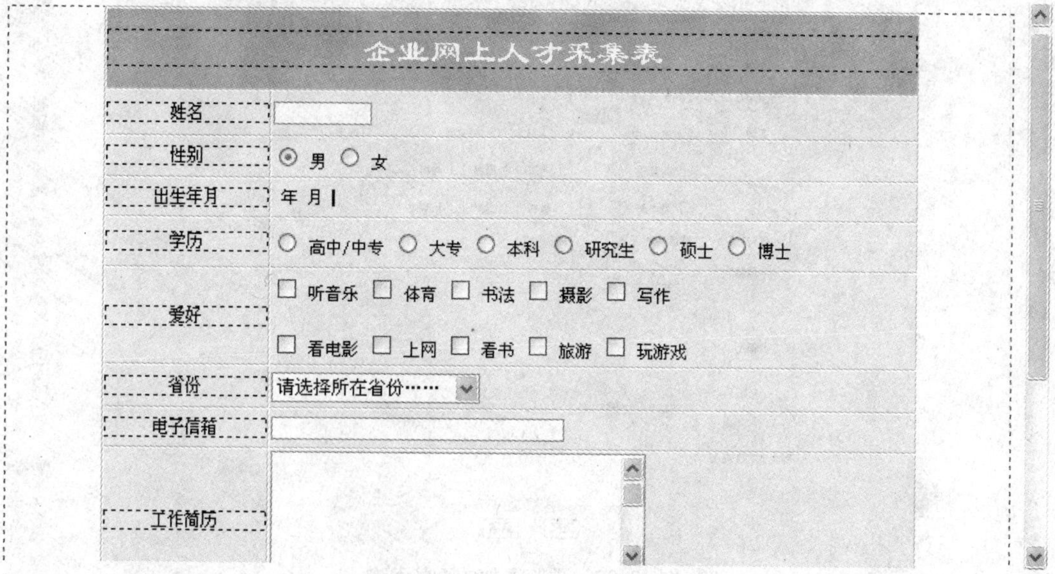

图 12-20　插入出生年月行

（2）选择菜单【窗口】→【代码片断】命令，打开【代码片断】面板，并展开【表单元素】下的【下拉菜单】选项。

（3）将“年份-1990-2002”拖至单元格内“年”的前面，将“月份 1-12”拖至“月”的前面，如图 12-21 所示。

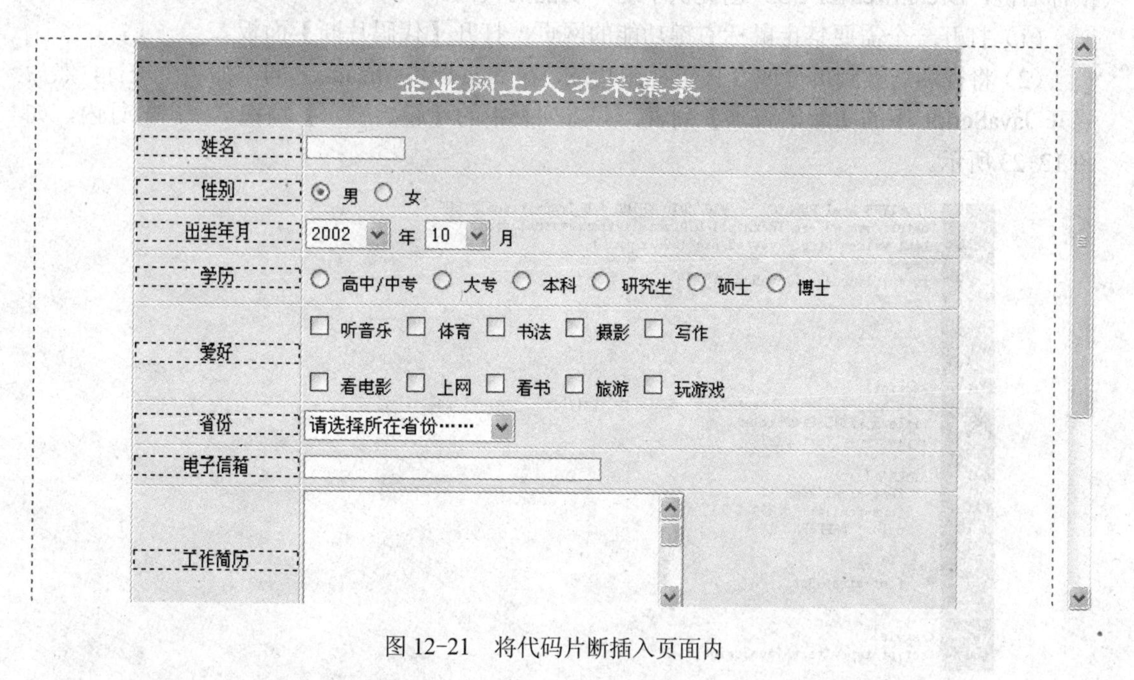

图 12-21　将代码片断插入页面内

（4）保存文件，按下 F12 键预览，如图 12-22 所示。

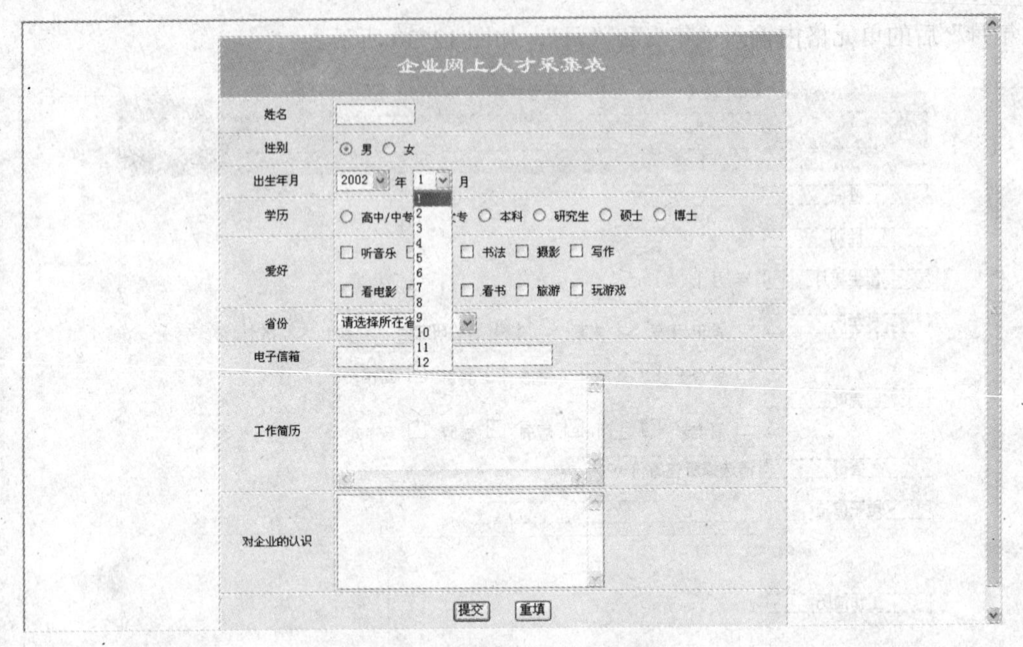

图 12-22　预览添加的下拉菜单

12.4.4　禁止用户使用鼠标右键

有时为了保护自己的版权或内容，不希望访问者复制页面信息，则可以禁止访问者使用鼠标右键，Dreamweaver CS3 也提供了这一功能的代码。

（1）打开一个需要禁止鼠标右键功能的网页，打开【代码片断】面板。

（2）将视图切换到拆分或者代码视图状态，在<head>和</head>之间添加一个空行，然后展开 JavaScript 下的【起始脚本】列表，并将列表中的【起始脚本】项拖至空出的行内，如图 12-23 所示。

```
1  <!DOCTYPE html PUBLIC "-//W3C//DTD XHTML 1.0 Transitional//EN"
   "http://www.w3.org/TR/xhtml1/DTD/xhtml1-transitional.dtd">
2  <html xmlns="http://www.w3.org/1999/xhtml">
3  <head>
4  <script language="JavaScript">
5
6  <!--
7
8  //-->
9
10 </script>
11 <meta http-equiv="Content-Type" content="text/html; charset=gb2312" />
12 <title>无标题文档</title>
13 <style type="text/css">
14 <!--
15 .STYLE1 {
16     font-size: 24px;
17     font-family: "隶书";
18     color: #FFFFFF;
19 }
20 body,td,th {
21     font-size: 9pt;
22 }
23 -->
24 </style>
25 <script type="text/JavaScript">
```

图 12-23　插入起始脚本代码

（3）在刚加入的 JavaScript 声明区中再加入一个空行，然后展开 JavaScript 下的【浏览器函数】，并将列表中的【禁用右键点击】项拖至插入的空行内，如图 12-24 所示。

```
2   <html xmlns="http://www.w3.org/1999/xhtml">
3   <head>
4   <script language="JavaScript">
5
6   <!--
7   function disableRightClick(e)
8
9   {
10
11    var message = "Right click disabled";
12
13
14
15    if(!document.rightClickDisabled) // initialize
16
17    {
18
19      if(document.layers)
20
21      {
22
23        document.captureEvents(Event.MOUSEDOWN);
24
25        document.onmousedown = disableRightClick;
26
27      }
```

图 12-24　添加【禁用右键点击】代码

（4）将“禁用右键点击”代码中的“var message ="Right click disaled",”改为“var message="请勿复制本站信息，谢谢合作！"; ”。

（5）保存文件，按下 F12 键预览，单击鼠标右键时，就会弹出如图 12-25 所示的对话框。

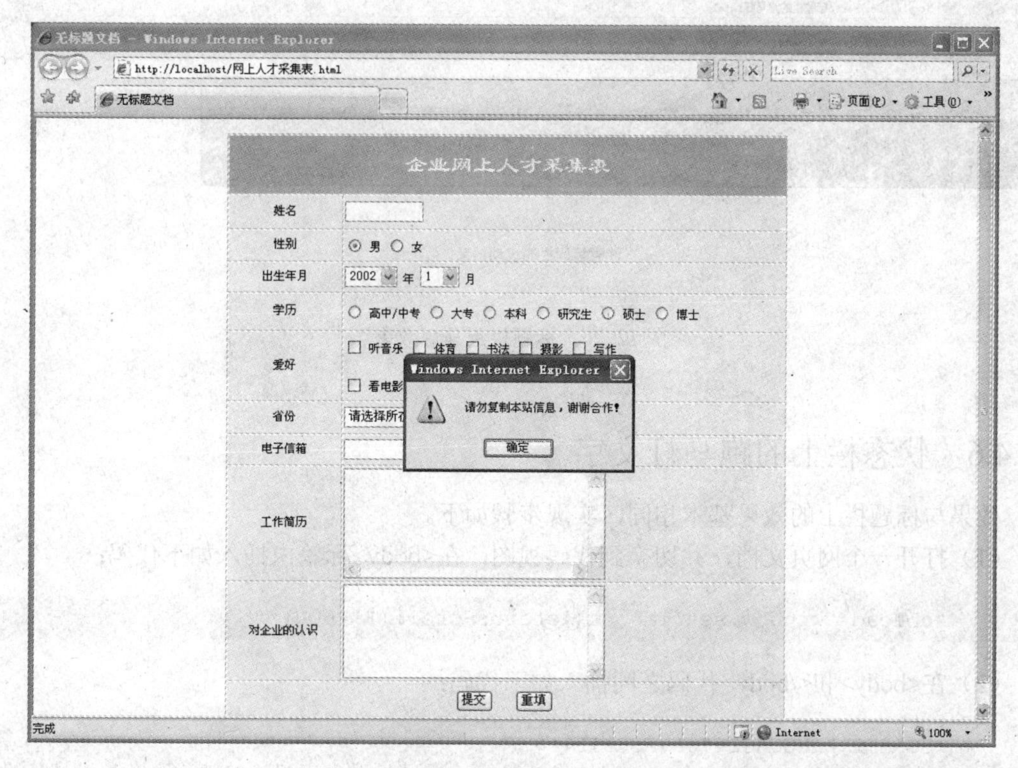

图 12-25　禁用鼠标右键效果

12.4.5 标题栏上的跑马灯文字

该特效的效果是文字在标题栏中实现跑马灯的效果，非常引人注目，实现方法如下。

（1）打开一个网页，进入代码视图，在标签<body>内插入如下代码：

```
Onload="window.setTimeout('titleScroll()',500)"。
```

（2）在<body>和</body>之间插入如下代码：

```
<SCRIPT LANGUAGE="JAVASCRIPT">
Var msg="清华大学全力打造的网页制作教程精品";
Var speed=300;
Function titleScroll()
{
     If(msgud.length<msg.length)msgud+="-"+msg;
     Msgud=msgud.substring(1,msgud.length);
     Document.title=msgud.substring(0,msg.length);
     Window.setTimeout("titleScroll()",speed);
}
</SCRIPT>
```

（3）保存文件，按下快捷键 F12 预览，效果如图 12-26 所示。

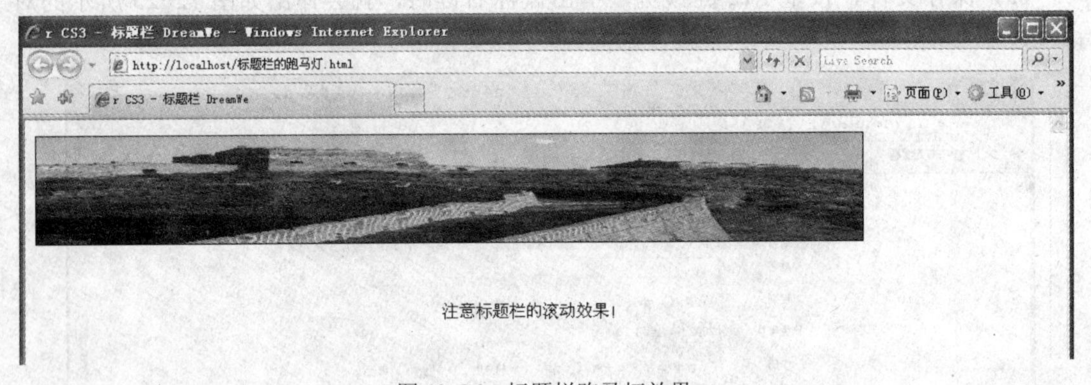

图 12-26　标题栏跑马灯效果

12.4.6 状态栏上的跑马灯文字

效果与标题栏上的效果基本相同，实现步骤如下。

（1）打开一个网页文档，并切换到代码视图，在<body>标签内插入如下代码：

```
"onload="window.setTimeout('statusScroll()',600)""
```

（2）在<body>和</body>代码之间插入如下代码：

```
<SCRIPT LANGUAGE="JAVASCRIPT">
Var msg="欢迎光临清华信息技术有限公司"
```

```
Var speed=300;
Var msgud=""+msg;
Function statusScroll(){
  If(msgud.length<msg.length)msgud+="-"+msg;
  Msgud=msgud.substing(1,msgud.length);
  Window.setTimeout("statusScroll()",speed);
}
</SCRIPT>
```

（3）保存文件，按下 F12 键预览，效果如图 12-27 所示。

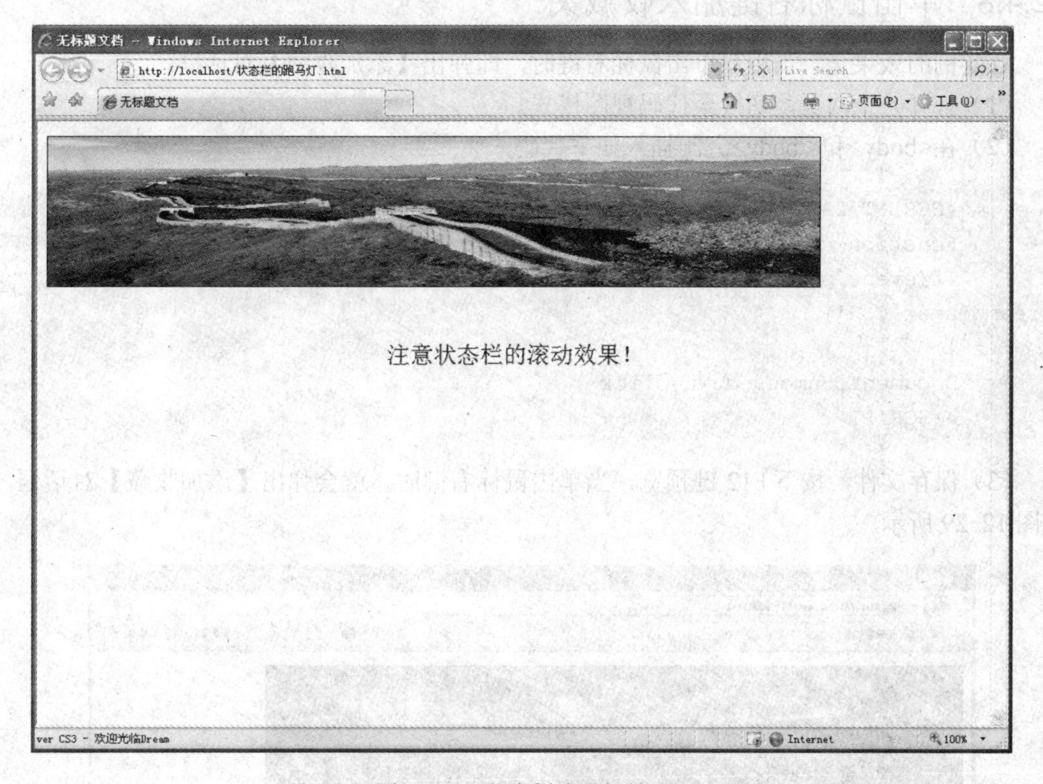

图 12-27　状态栏跑马灯效果

12.4.7　防止访问者另存网页

如果不希望访问者保存自己的网页，可以通过下面的方法实现。

（1）打开一个网页文档，切换至代码视图，将如下代码插入在<body>和</body>之间：

```
<noscript>
<iframe src=*></iframe>
</noscript>
```

（2）保存文件，按下快捷键 F12 预览，在保存网页时就会弹出【保存网页时出错】对话框，如图 12-28 所示。

图 12-28 【保存网页时出错】对话框

12.4.8 单击鼠标右键加入收藏夹

该实例的效果是，当用户单击鼠标右键时，即弹出【添加收藏】对话框。

（1）打开一个网页，切换至代码视图模式。

（2）在<body>和</body>之间插入如下代码：

```
<SCRIPT LANGUAGE="JAVASCRIPT">
Function click(){
If(event.button==2){window.external.addFavorite('http://www.dw.cn',
'DreamWeaver CS3')
}
Document.onmousedown=click
</SCRIPT>
```

（3）保存文件，按下 F12 键预览，当单击鼠标右键时，就会弹出【添加收藏】对话框，如图 12-29 所示。

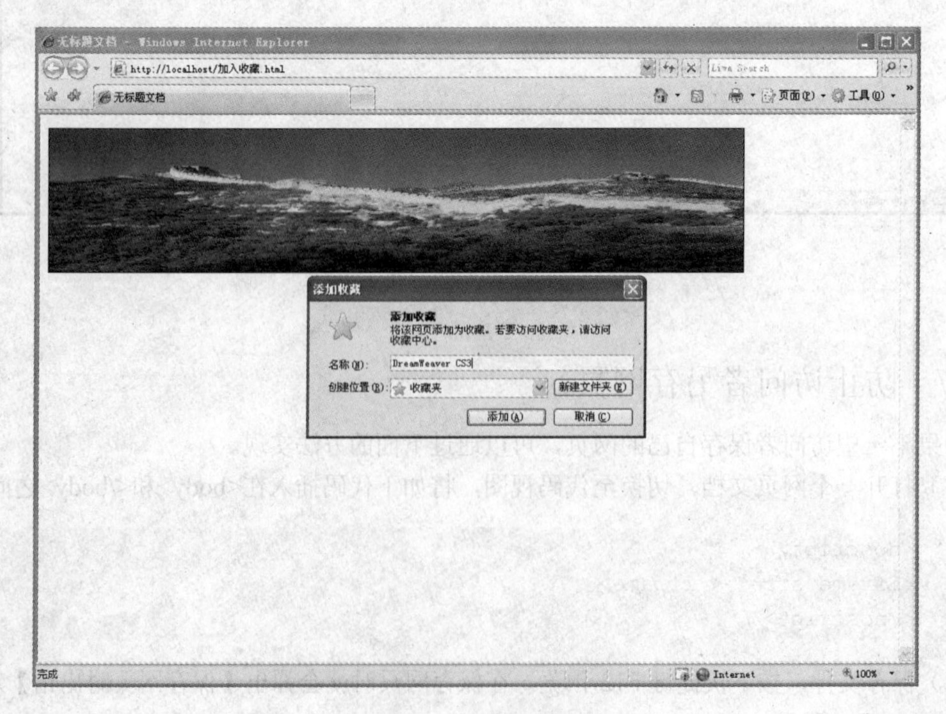

图 12-29 【添加收藏】对话框

12.4.9　设置最后更新日期

经常看到有些网页在页面底端都有“最后更新日期”的提示，其实实现方法很简单，方法如下。

（1）打开一个网页，将光标定位在文档中要插入代码的位置，如页面底端，切换到代码视图。

（2）输入以下代码：

```
<SCRIPT>
Document.write("本站最后更新日期："+document.lastModified)
</SCRIPT>
```

（3）保存文件，按下 F12 键预览，效果如图 12-30 所示。

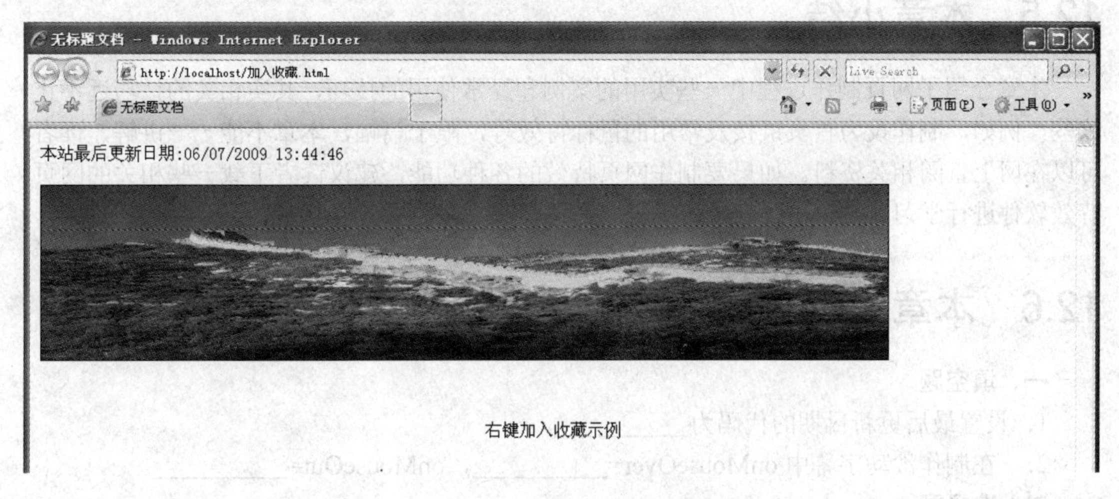

图 12-30　设置最后更新日期效果

12.4.10　禁止下载图片

本实例的效果是当鼠标移动到图片上时，显示提示消息框，从而禁止用户对图片进行操作。

（1）打开一个网页，切换到代码视图。

（2）在要禁止下载的图片代码前加上如下代码：

```
<a href="javascript:void(0)"onMouseover="alert('请勿下载本站图片，谢谢合作！')">
```

（3）在图像代码后加上“</a>”代码：

```
<a href="javascript:void(0)"onMouseOver="alert('请勿下载本站图片，谢谢合作！')"><imgsrc="images/  "biaoti.jpg"  width="760"  height="80"border="1"></a>
```

（4）保存文件，按下快捷键 F12 预览，当鼠标移动到该图片上时，就会弹出警告信息，如图 12-31 所示。

图 12-31　禁止下载图片对话框

12.5　本章小结

本章介绍了网页制作过程中一些实用的案例和经常使用的技巧，其实相关的技巧远不止这些，例如，制作设为首页链接及常用的鼠标特效等，限于篇幅，本章不能一一讲解，读者可以在网上查阅相关资料。如果要制作网页特效的各种功能，建议读者下载一些相关的网页特效软件进行学习。

12.6　本章习题

一、填空题

1．设置最后更新日期的代码为__________。

2．　在制作滚动字幕中 onMouseOver=__________，onMouseOut=__________。

二、选择题

1．在制作滚动公告板的效果中，下面各项值描述不正确的是（　　）。

A．direction="up"说明滚动的方向是向上的

B．scrollamount="3"说明信息每次滚动的距离是 3 像素

C．scrolldelay="120"说明延迟时间为 120 毫秒

D．onMouseOut=this．start()是当鼠标经过时开始滚动信息

2．（　　）属性设置窗口的状态栏内的默认文字。

A．status　　B．external　　C．defaultStatus　　D．parent

3．Frame 对象的（　　）属性决定框架是否可以滚动。

A．Frameborder　　B．src　　C．name　　D．scrolling

三、问答和操作题

1．动手制作一个滚动公告板。

2．编写一个脚本，在窗口的状态栏内显示一下信息："欢迎来到 Dreamweaver CS3!"。

第13章 网站实例

本章要点：

- ☑ 策划一个网站
- ☑ 定义一个本地站点
- ☑ 在布局视图模式下生成一个新页面
- ☑ 在页面中插入一个图片
- ☑ 在标准视图下使用表格
- ☑ 生成一个链接到另一个文档的链接
- ☑ 从【资源】面板中插入资源
- ☑ 生成和应用一个模板
- ☑ 运行一个站点报告
- ☑ 添加设计备注

本章将通过制作一个完整网站的综合实例，引导读者掌握开发网站的基本技术，包括策划网站、定义本地站点、使用表格、生成链接、使用 Dreamweaver CS3 的面板和工具来创建和编辑网页文件等内容。学习这个实例，重点掌握的不是实例本身，而是仔细研究一个网站从最初的策划一直到最终完成的各个技术要点，并且完整地掌握它。通过本章的学习，读者可以掌握完整的开发网站的各项技术，并灵活运用它们，建立完全符合自己的设计思想的网站。

13.1 实例概述

在这个综合实例中，将为图书管理网站创建页面。这个页面是基于“温馨图书”的网页改造加工而成，使它更符合读者学习的思路。所有素材（例如，网页中所需图片）都已经保存在本书附带的素材“我的站点”文件夹中。

13.1.1 实例文件安排

所有用于这个实例的已完成文件都在本书附带的素材“site”文件夹中，图片和其他与网站相关的文件也在此文件夹里。

13.1.2 预览完成网站

为使读者有个初步的了解，首先看一看完成的网站的最终效果。在观看制作完成的网站中的网页时，读者也可以得到一些制作网站的灵感。

为了对文件进行编辑，首先把本书素材中的“site”文件夹复制到自己计算机的硬盘上，如D盘。具体操作步骤如下。

（1）如果还没有启动Dreamweaver CS3，先启动程序。

（2）在Dreamweaver CS3中选择菜单命令【文件】→【打开】。在弹出的【打开】对话框中，找到需要复制到硬盘上的“site”文件夹。

（3）在“site”文件夹里，选择“index.htm”文件，然后单击【打开】按钮在文档窗口中打开主页。

（4）选择菜单命令【文件】→【在浏览器中浏览】，选择一个用来浏览主页的浏览器（使用IExplore 4.0或更高版本来浏览），主页如图13-1所示。

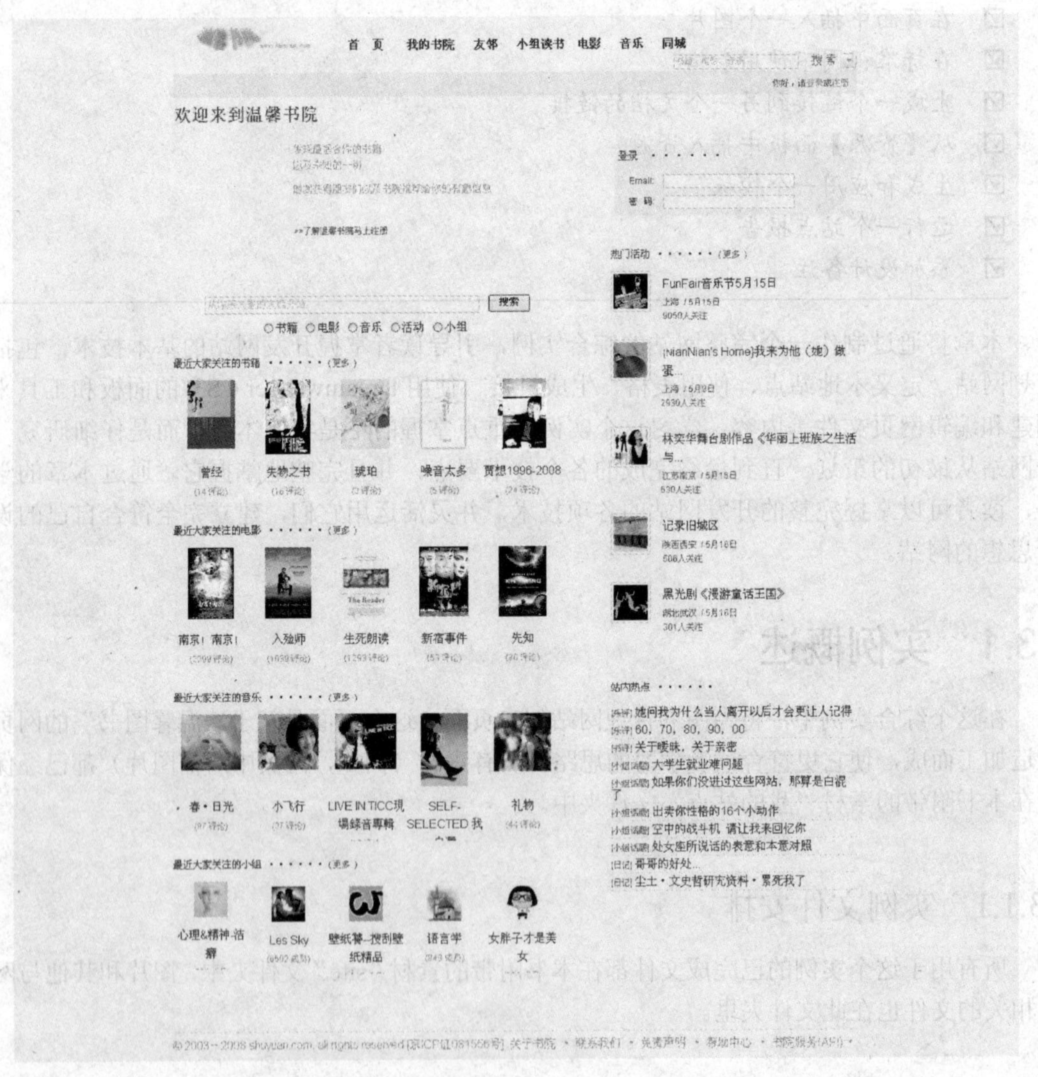

图13-1 主页

（5）浏览完站点后关闭浏览器。

（6）在Dreamweaver CS3中打开一个新的空白文档，选择菜单【文件】→【新建】命令。

（7）关闭已打开的“index.htm”文件。

下面就开始这个网站的编辑和制作。

13.2　网站策划

在实际工作中，在接到一个制作网站的任务之后，第一步就是要搞清楚需要在网页中发布哪些信息，如何安排网站的结构。因此这里给读者做一个范例，当然，这个例子很简单，但是网站策划的原理和方法是相同的。

首先是确定网站的结构，可以用笔在纸上根据要求画出这个结构的草图。在这个例子中，制作一个图书管理网站，网站的结构分三级，如图 13-2 所示。

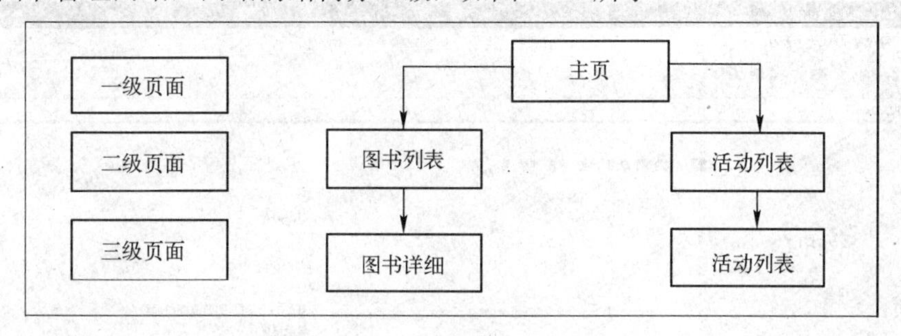

图 13-2　网站的结构草图

读者在这个过程中也可以信手在纸上面勾画，直到满意为止。第一个页面是首页，称为“一级页面”，在图中的最上层。它又分为两个大栏目：图书信息和活动信息。“图书信息”是通过网页列出所有图书的主要信息，“活动信息”列出公告的列表。而图书列表和活动列表又有一个子页面用来记录图书或活动的详细情况，如图 13-3 所示。

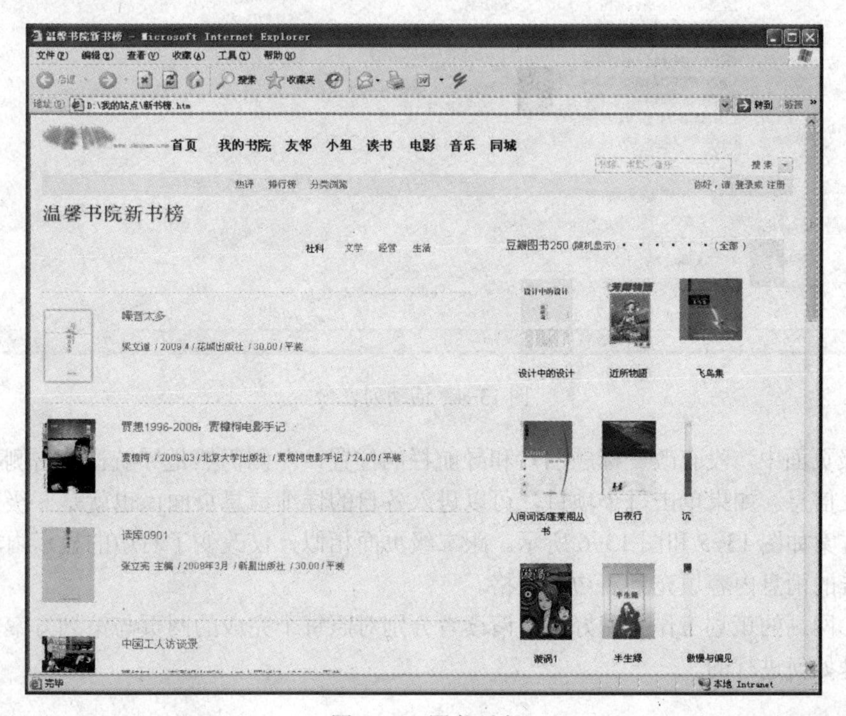

图 13-3　图书列表

在设计好网站结构以后，要对页面进行设计，首先想清楚在页面上分别放置哪些内容，这个步骤同样可以在纸上信手勾画，直到满意为止。当然这需要一定平面设计的美术能力，才能设计出美观的页面方案。

在图 13-1 所示页面中，左上角放置“温馨书院”的标题图片，下面是网站欢迎语，左面是登录框，下面分成两栏，分别是“推进图书”和“热门活动”。

“图书列表”、“活动列表”这两个栏目的页面称为“二级页面”，它们可以采用相同的页面结构，而各自的内容不同就可以了。图 13-3 和图 13-4 所示的分别是二级页面的最终效果。

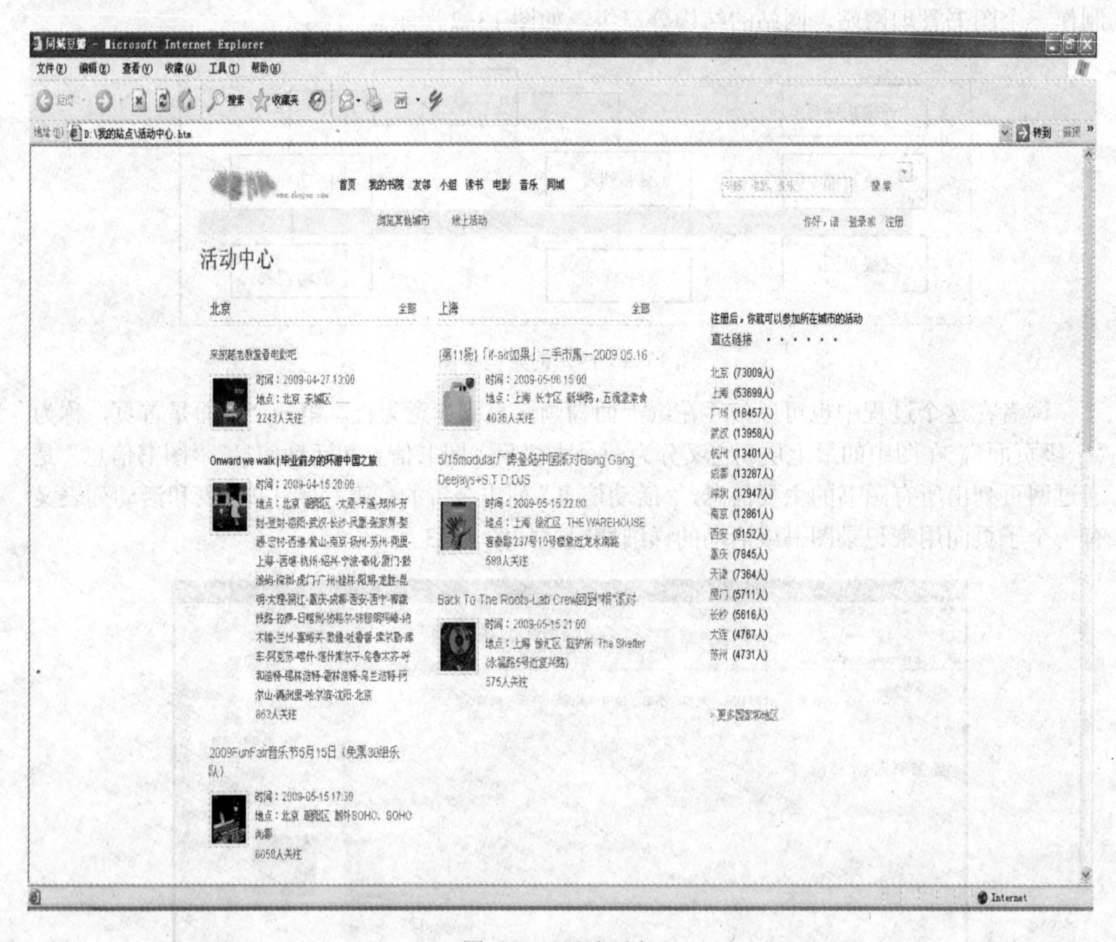

图 13-4 活动列表

在二级页面中，没有改变标题图片和导航栏的位置，左侧仍然是导航栏，右侧可以放置相应的列表信息。如果单击每个项目，可以进入各自的详细信息页面，也就是三级页面。三级页面的方案如图 13-5 和图 13-6 所示。跟二级页面相似，仅改变了右边的显示内容，将图书或者公告的消息内容填充到右边的表格。

这样，网站的策划工作就做好了。请读者分别对照每个完成的网页与策划方案，以了解策划工作是如何进行的。

图 13-5　活动详细信息

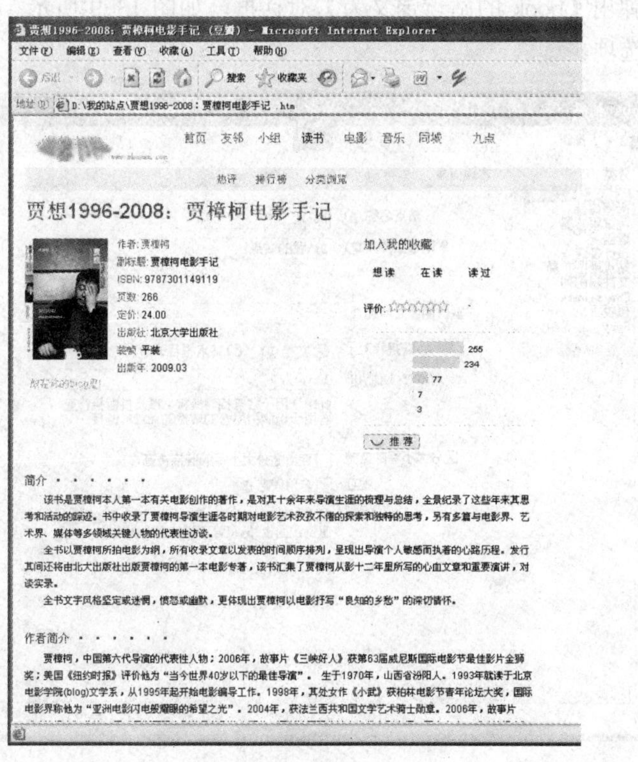

图 13-6　图书详细信息

13.3 定义本地站点

在定义一个本地站点时，必须指定存储这个站点的所有文件的位置。为了提高工作的效率，Dreamweaver CS3 通常给每一个新建的站点定义一个本地站点。

对于本例来说，可以将“我的站点”文件夹作为本地文件夹。具体操作步骤如下。

（1）如果还没有启动 Dreamweaver CS3，可先启动它打开一个新的空白文档。

（2）打开【文件】面板，在左面的下拉列表，选择【管理站点】选项，如图 13-7 所示。

（3）这时弹出【管理站点】对话框，如图 13-8 所示，左侧列出来的是已经定义的站点。此时单击【新建】按钮，可以定义一个新的站点。

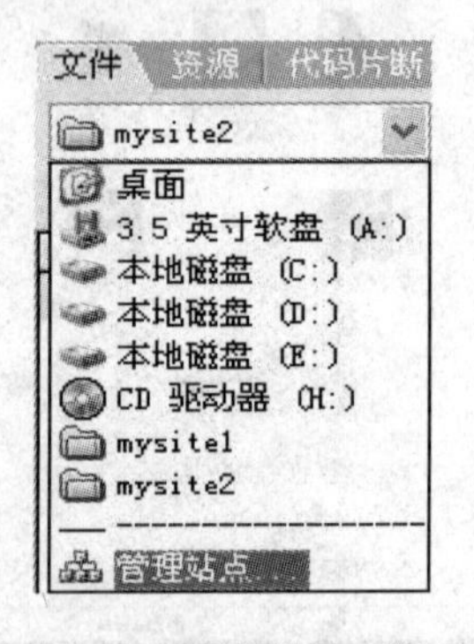

图 13-7 【文件】面板

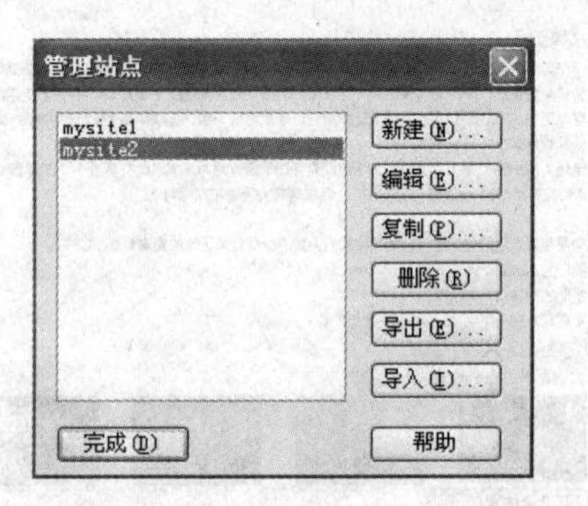

图 13-8 【管理站点】对话框

（4）这时会弹出【book 的站点定义为】对话框，如图 13-9 所示。选择【分类】列表中的【本地信息】选项。

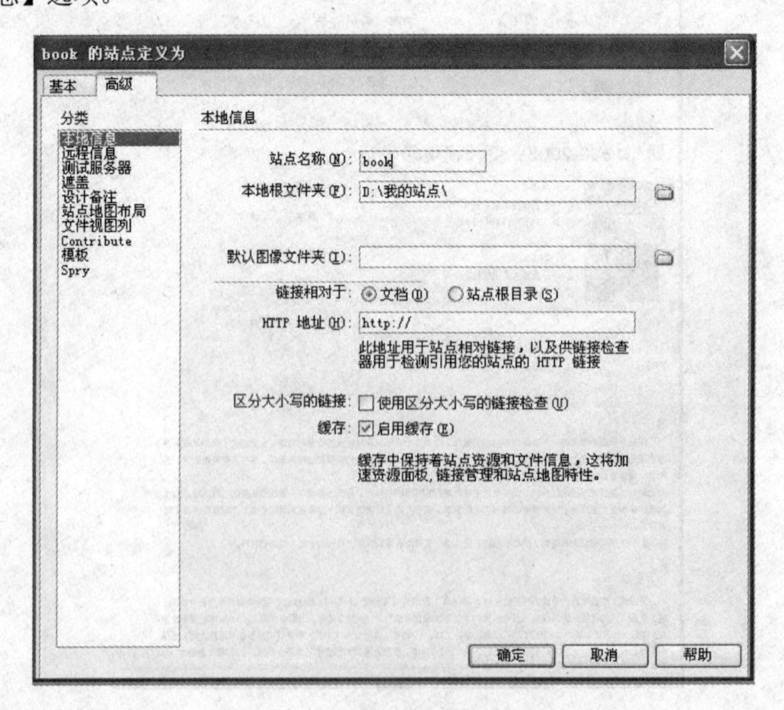

图 13-9 【book 的站点定义为】对话框

（5）在【站点名称】文本框中输入站点名字“book”。

（6）单击【文件夹】按钮。在弹出的对话框中，找到“本地站点”文件夹。在【本地根文件夹】输入框中将更新显示本地站点所在的文件夹的路径。

（7）对于【缓存】选项，建议选中【启用缓存】复选框来给站点生成一个 cache 文件，在 site 文件夹中存储文件时就会生成一个记录已存在文件的档案，这样在重命名、删除或者移动一个文件时 Dreamweaver CS3 能快速更新链接。

（8）单击【确定】按钮关闭对话框。

（9）继续单击【完成】按钮存储信息。

现在【文件】面板中显现了在本地站点中所有的文件夹和文件，同样也可以将它当作一个文件管理器，就像在 Windows 资源管理器中一样复制、粘贴、删除和打开文件。【文件】面板如图 13-10 所示。

图 13-10 【文件】面板

13.4 生成站点主页

站点结构已经建立完成，接着将生成站点的首页，也就是该站点的主页。在建立主页时，将在页面中添加图片、文本和 Flash 素材等，使得文档中能够包含与最后完成的主页一样多的内容。

13.4.1 保存文档

在启动 Dreamweaver CS3 之后，创建一个新的文档，在这个文档上开始制作首页。首先保存这个文档，步骤如下。

（1）单击文档窗口使之激活。

（2）选择菜单【文件】→【保存】命令。

（3）在打开的【另存为】对话框中，选中“我的站点”文件夹作为该文档的保存位置。

（4）在【文件名】文本框中输入保存的文件名字为“index.htm”。

（5）单击【保存】按钮。

如上操作后，在文档窗口顶部出现了刚才保存的文件名。

13.4.2 定义标题

虽然到此为止文档已经有了文件名，但是可以看到它仍然没有标题。这是因为还没有为它设置一个 HTML 文档名，或者称为页面的标题。定义页面的标题可以帮助访问者辨认正在浏览的网页，页面的标题将出现在浏览器的标题栏和书签列中。如果生成了一个没有页面标题的文档，文档在浏览器中将出现“无标题文档”。

为网页添加标题的方法如下。

（1）使文档窗口处于激活状态。如果在文档窗口中没有显示工具条，则可以选择菜单【查看】→【文档】命令将它打开，工具条将出现在文档窗口上面。里面有一个【标题】输入框，可以设定页面的标题，默认标题是【无标题文档】，如图 13-11 所示。

图 13-11　文档窗口的标题栏显示是否更新

（2）在【标题】文本框中输入页面标题，在文档窗口中可以看到页面标题在标题栏中显示出来。

（3）保存文档。

13.5　设计主页

布局设计是网页制作中一项很重要的工作，它涉及网页在浏览器中所显示的外观，它往往决定着网页设计的成败。Dreamweaver CS3 创作了一个布局视图功能，利用布局视图功能可以方便地在一个空白页面随心所欲地设计布局，并能自动转换为表格。

首页的布局方法曾在前面的章节讲到过，这里就不再赘述，设计的主页框架如图 13-12 所示。

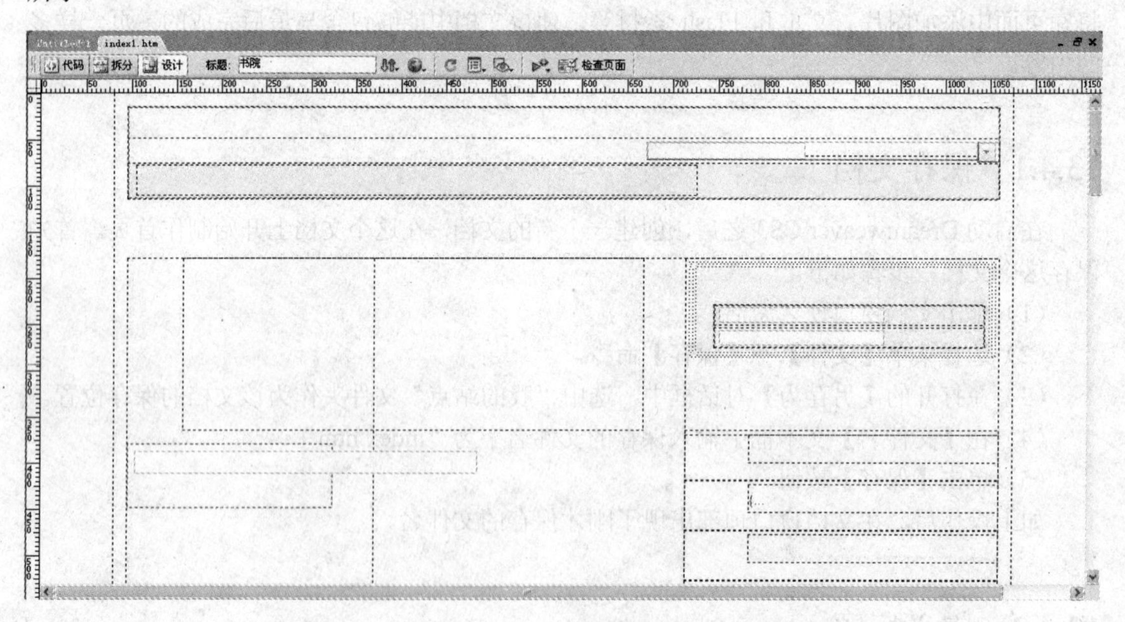

图 13-12　主页框架

13.6　给网页添加内容

现在已经设计了网页的全局结构，下面给页面加图片及内容，如书院的院标和导航的导航条。

1. 插入图片

下面将介绍在 Dreamweaver CS3 中使用主菜单和【插入】面板插入图片的方法。

（1）在表格左上角选中单元格中的任意处单击或者是在不选中单元格的情况下在单元格内部单击鼠标，以插入光标，如图 13-13 所示。

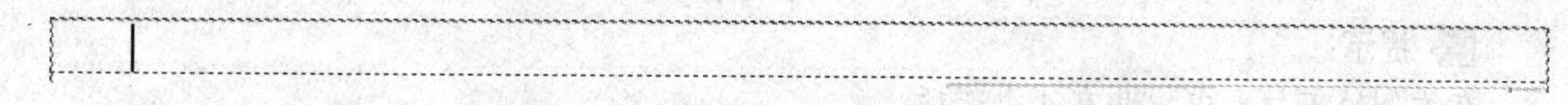

图 13-13　将光标移动到单元格中

（2）选择【插入】→【图像】命令。

（3）在【选择图像源文件】对话框中，选择“我的站点”文件夹，找到素材文件夹，然后是 Images 文件夹，单击选中 logo.jpg 图片。图片将出现在单元格中，如图 13-14 所示。

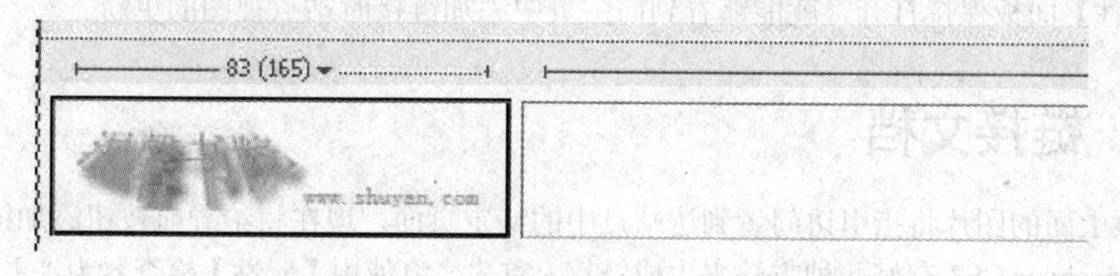

图 13-14　在表格框中插入图片

（4）选择【文件】→【保存】命令来保存对主页进行的修改。

2. 预览文档

在 Dreamweaver CS3 的文档窗口插入图片后，在浏览器中才会显示出效果。可以在 Dreamweaver CS3 中预览查看它和浏览器相关的功能，选择【文件】→【保存】命令保存刚才对主页文档进行的修改。按下快捷键 F12 预览网页，网页预览完成后，关闭浏览器窗口。

3. 插入文本

在 Dreamweaver CS3 中可以在单元格内输入内容，也可以通过在其他文档中剪切或复制文本内容然后粘贴到单元格内。

13.7　查看站点文件

上面已经完成了首页的雏形，现在可以使用 Dreamweaver CS3 的站点视图来查看站点结构，也可使用站点视图来向站点中添加、删除文件、改变链接或者给站点生成一个图片文件，然后导出或者打印这张图片。

有一些定义站点主页的方法。最容易的方法是使用【文件】面板中的关联菜单来设置一个主页。

（1）单击【文件】面板的标题栏将它激活（如果【文件】面板是不可见的，可选择菜单【窗口】→【文件】命令）。

（2）在【文件】面板的文件列表中，在 index.htm 文件上单击鼠标右键，然后选择弹出菜单中的【设成首页】命令。

（3）【文件】面板的右侧有一个下拉列表，可以显示列表中的显示内容，选择最下面的【地图视图】选项。

提示：

在右侧的下拉表中，共有4个选项。

【本地视图】：显示本地站点的文件列表。

【远程视图】：当和远程的服务器链接以后，可以显示远程的文件列表。

【测试服务器】：查看测试服务器上的文件。

【地图视图】：更直观的方式显示文件之间的链接关系。

【文件】面板保持打开，就能够看到向主页中添加链接时站点视图的更新。

13.8 链接文档

主页上面的图片将指引访问者到达站点中的特定页面，现在将给导航按钮添加链接。使用 Dreamweaver CS3 有好几种方法来生成链接。首先，将使用【属性】检查器为“更多新书”添加一个到“新书榜.htm”。

（1）在【文件】面板中，双击 index.htm 图标，index.htm 将被激活。

（2）在文档窗口中，单击中间的“更多新书……”来选中它。

（3）如果【属性】检查器没有打开，可选择【窗口】→【属性】命令来打开。【属性】检查器将显示选中文字的信息，如图 13-15 所示。

图 13-15 【属性】检查器中显示文字信息

（4）在【属性】检查器中，单击【链接】文本框右面的文件夹图标。

（5）弹出【选择文件】对话框，选择“我的站点”文件夹中的“新书榜.htm”文件，单击【确定】按钮来选中它。这时文件名将出现在【属性】检查器中。

（6）相同的方法为其他的文字和图片添加链接。

13.9 使用模板

可以使用模板来生成一个有相似结构和外观的文档。当希望站点中的所有网页都享有某些特性时，模板是非常有用的。

一旦对一维网页应用了一个单一模板，就能够通过编辑模板来改变这一组的网页，而对于那些在单一网页中的唯一元素则仍然保持不变。

在网站中有两个列表和两个详细信息，这 4 个页面的框架都是类似的，它们的基本结构都是相同的，只是具体的内容不同，因此正好可以用模板来简化设计过程。下面将用一个已经存在的图书列表页面来生成一个模板，如图 13-16 所示。使用这个模板，可以使所有关于图书信息的页面有相同的外观和格式。

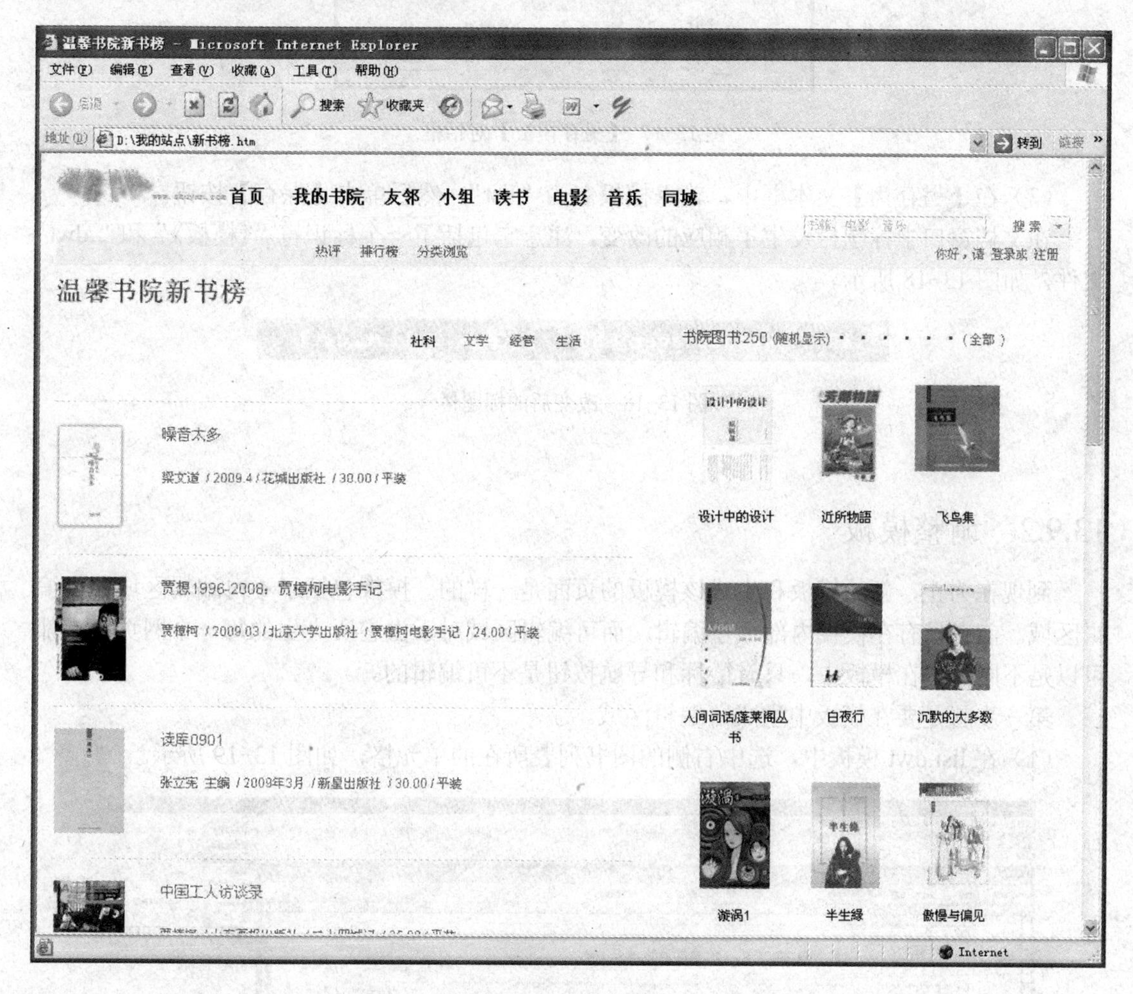

图 13-16　图书列表

13.9.1　生成模板

这一节将从一个已存在页面来生成一个模板，再使用该模板来生成新的公告列表页。

（1）在【文件】面板的文件列表中，双击“新书榜.htm”图标打开该页。

（2）选择【保存】→【另存为模板】命令，将弹出【另存模板】对话框，如图 13-17 所示。

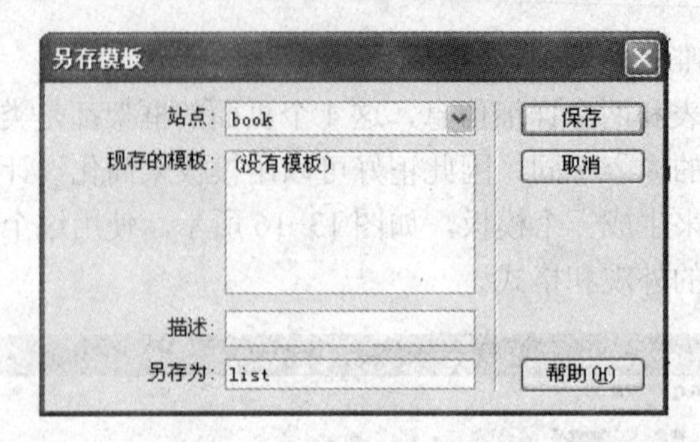

图 13-17 【另存模板】对话框

（3）在【另存为】文本框中，输入模板名为“list”，然后单击【保存】按钮。

在文档窗口中标题栏发生了相应的改变，注意它包括了一个标识符“《模板》”和“.dwt”文件，如图 13-18 所示。

Adobe Dreamweaver CS3 - [<<模板>> list.dwt]

图 13-18　改变后的标题栏

13.9.2　调整模板

到现在为止，新的模板和生成该模板的页面是一样的。模板包括了不可编辑区域和可编辑区域。前者只有在模板内部才可编辑，而可编辑区域对于由它所产生的每一个网页而言都可以是不同的。在模板中，只有徽标和导航按钮是不可编辑的。

第一步就是要在模板中生成可编辑区域。

（1）在 list.dwt 模板中，选中右侧的图书列表所在的单元格，如图 13-19 所示。

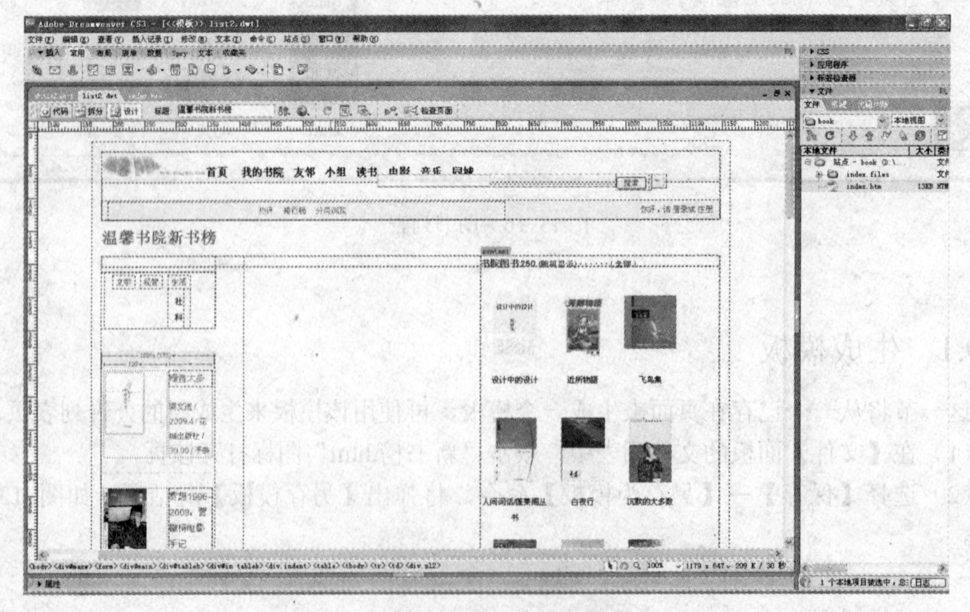

图 13-19　选择单元格

（2）单击鼠标右键，从弹出的快捷菜单中选择【模板】→【新建可编辑区域】命令，将弹出【新建可编辑区域】对话框。

（3）在【名称】文本框中输入“content”作为模板中该可编辑区域的名称，如图 13-20 所示。

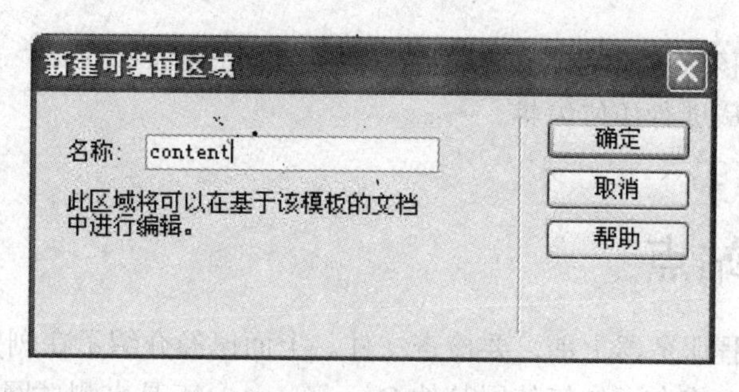

图 13-20　为模板区域命名

（4）单击【确定】按钮，一个模板的可编辑区域生成了。

13.9.3　应用模板

现在已经在模板中设置了可编辑区域，可以用该模板来生成一个公告列表的网页。

（1）选择菜单【文件】→【新建】命令，打开【新建文档】对话框如图 13-21 所示。首先在对话框的左侧选择【模板中的页】，这样将创建一个基于模板的文档。然后在【站点】列表中选择“book”站点，在【站点“book”的模板】列表中选择“list2”模板。

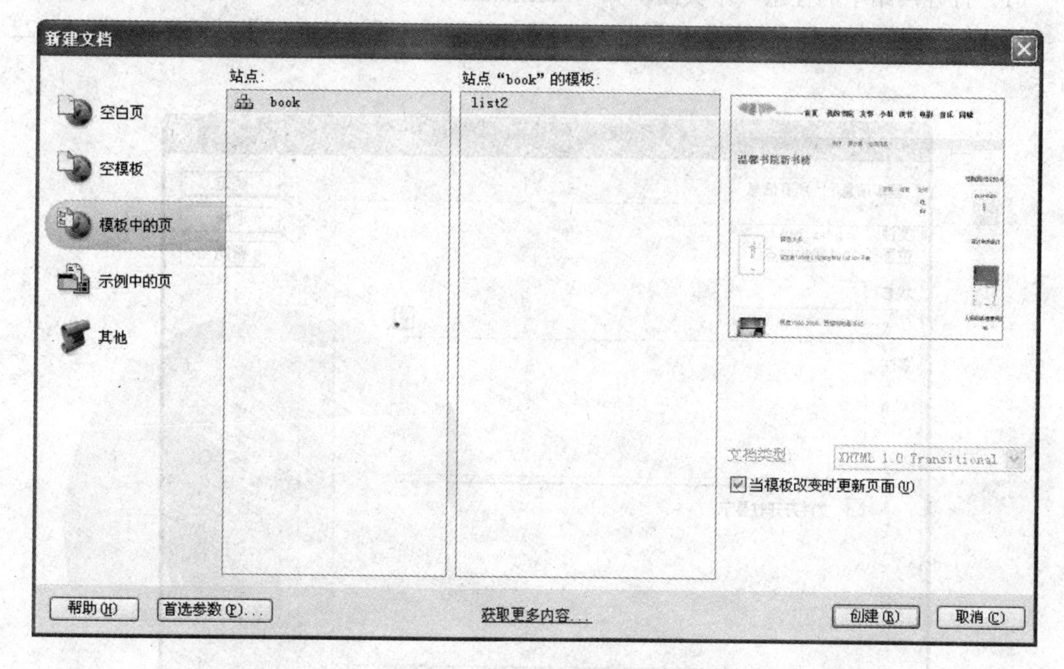

图 13-21　【新建文档】对话框

（2）单击【创建】按钮，这样在文档窗口中就会产生一个新的文档。

这个新创建的页面看起来和“新书榜.htm”一模一样，不同在于它包括了一个可编辑区域，可编辑区域都由浅蓝色的标签表示。

（3）保存文档，将文件命名为“moban.htm”。

提示：

如果将鼠标指针移到不可编辑的区域上。如徽标和导航按钮区域，鼠标指针的变化将指示不能对不可编辑区域进行任何编辑。

13.10　检查站点

在将网页传到远程服务器上前，要检查文件。上面已经介绍了在浏览器中预览网页从而测试文档的方法，现在将介绍如何使用其他 Dreamweaver 工具来测试网页。

首先，介绍如何给一个文件添加设计备注，然后将介绍如何在站点的文件上运行一个站点报告。

13.10.1　生成设计备注

设计备注是一个很好的管理站点的办法，它是在文档的【文件】面板中插入注释，可以用来安排工作计划，在文件中设置跟踪注释。如果用户是工作组中的成员，这将有利于其他成员理解用户的文件。为站点页面的一个变化生成设计备注的方法如下。

（1）打开网站中的任意一个页面，如“index.htm”。

（2）在主菜单中选择【文件】→【设计备注】命令，弹出【设计备注】对话框，如图 13-22 所示。

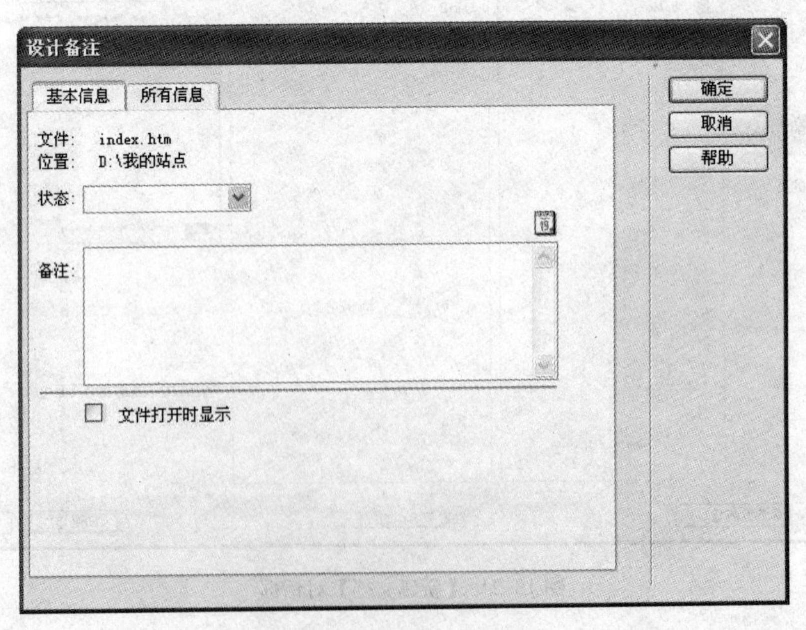

图 13-22 【设计备注】对话框

（3）在【基本信息】选项卡下，选择【状态】下拉列表中的某一个选项，表示该页面所处的状态。例如，草稿、最终版等。对于现在制作的这个网站，由于页面数量很少，因此即使没有这样的备注也不会有什么问题，但在真正的网站开发过程中，由于页面数量要大得多，结构也很复杂，这样的备注对于网站的开发非常有帮助。

（4）单击“日历”图标，在【备注】输入框中加入日期。

（5）在【备注】文本框中单击，输入一些说明性的文字。

（6）如果选中【文件打开时显示】复选框，那么当文件打开时，设计备注也自动打开。

（7）单击【确定】按钮关闭对话框，然后将当前文档关闭。

（8）在【文件】面板中，选中“index.htm”，并打开它。

此时，文档和它相关的时间备注就打开了。

13.10.2　站点报告

可以运行站点报告来检查 HTML 文件管理工作流程，这里说明如何运用报告来查看站点文档中是否存在没有用的空标记。

（1）选择【站点】→【报告】命令，将弹出【报告】对话框。

（2）在【报告】对话框的下拉列表中选择【整个当前本地站点】，表示检查这个站点。然后在【HTML 报告】下选中【可移除的空标签】。

（3）单击【运行】按钮运行报告，会在【结果】面板中列出所有存在空标记的文档，如图 13-23 所示。

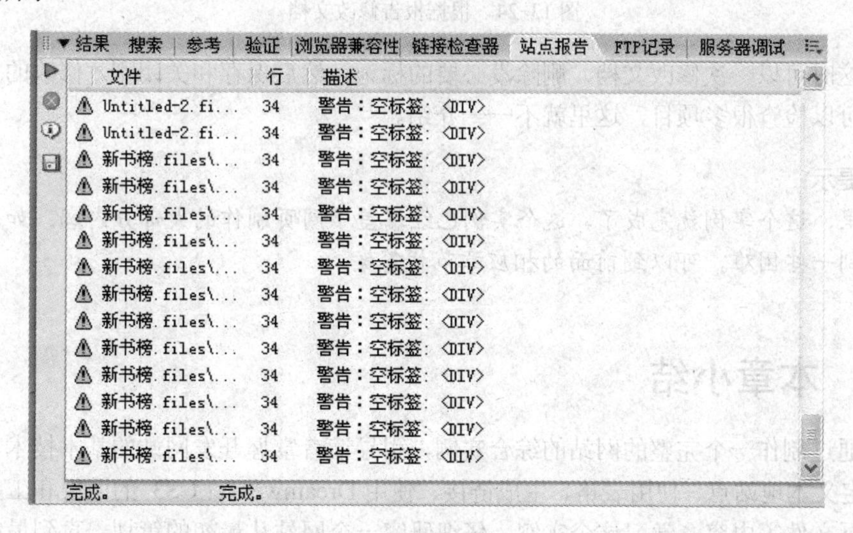

图 13-23　站点报告的结果

（4）用鼠标双击其中任意一行，在 HTML 窗口中，会自动定位到有问题的位置，如图 13-24 中所示，在报告结果的第 2 行中指出有一个<div> </div>标记是可以删除的，双击这一行以后，这对<div></div>标记就被高亮显示了。

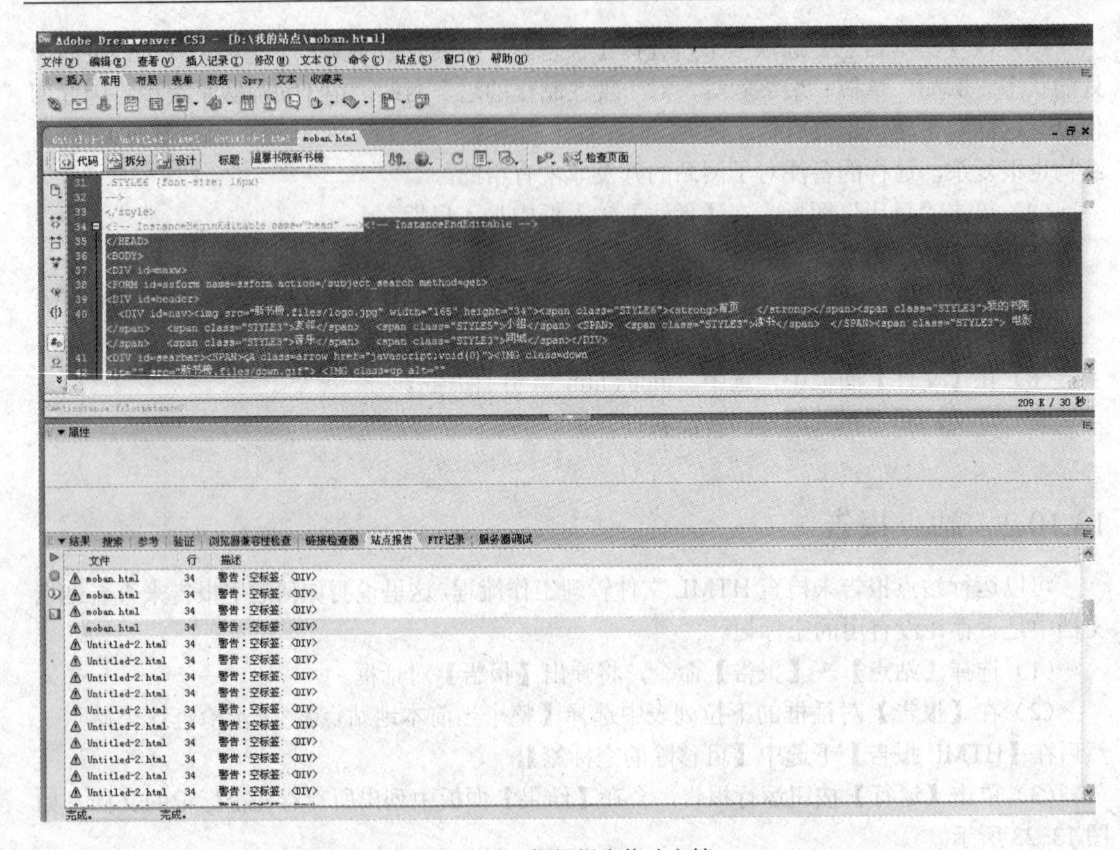

图 13-24 根据报告修改文档

（5）这时可以一次修改文档，删除没必要的标记，然后保存和关闭刚才修改的文件。站点报告还可以检查很多项目，这里就不一一介绍。

提示：

到这里，这个实例就完成了，这个实例已经覆盖了网页制作的大部分内容。如果在制作过程中遇到一些困难，可以到前面的相应章节找答案。

13.11 本章小结

本章通过制作一个完整的网站的综合实例，引导读者掌握开发网站的基本技术，包括策划网站、定义本地站点、使用表格、生成链接、使用 Dreamweaver CS3 的面板和工具来创建和编辑网页文件等内容。学习这个实例，仔细研究一个网站从最初的策划一直到最终完成的各个技术要点。

13.12 本章习题

一、填空题

1．在 Dreamweaver CS3 的文档窗口插入图片后，在浏览器中才会显示出效果。可以在

Dreamweaver CS3 中预览查看它和浏览器相关的功能，选择__________命令保存刚才对主页文档进行的修改。

2．在 Dreamweaver CS3 的生成的模板包括了__________域和__________区域。

二、选择题

1. 为了提高工作的效率，Dreamweaver CS3 通常给每一个新建的站点定义一个________。

A．远程服务器　　B．本地站点　　C．远程站点　　D．数据库

2．在 Dreamweaver CS3 中生成的模板的扩展名为_________。

A．.doc　　B．.html　　C．.dwt　　D．.asp

三、问答和操作题

1．【站点】面板的作用有哪些？

2．站点参数如何设置？

3．如何生成和应用一个模板？

4．如何定义一个文件夹为本地站点文件夹，写出在 Dreamweaver CS3 具体操作步骤？

5．为站点页面的一个变化生成设计备注的方法步骤？

第 14 章　建动态站点的准备

本章要点：

☑　如何安装 IIS

☑　配置 Web 站点服务

从本章开始，将接触到动态网站的建立，而要建立动态网站首先要有一个动态网站的操作平台，现在大多数网站管理系统都是在 ASP 环境下进行制作的。而在 Windows 系统中安装网页服务器方式有 PWS 和 IIS 两种，其中，PWS 适合于 Windows 98 操作系统，目前用户的操作系统大多都是 Windows 2000/XP，因此，本章着重介绍使用 IIS 来架设 ASP 平台的 Web 服务器。

14.1　IIS 安装设置

IIS 是 Internet Information Server 的缩写，是微软提供的 Internet 服务器软件，包括 Web、FTP、Mail 等服务器。因为 IIS 的 FTP 和 Mail 服务器不是很好用，一般用 IIS 只用其 Web 服务器。本文以 Windows XP 版操作系统为例，介绍 Web 服务器的安装和设置方法。

在 Windows 系统的默认状态下，IIS 组件是没有被安装的。在使用 IIS 组件之前，有必要了解一下 IIS 中连接数的概念，这涉及对服务器系统平台的选择。

简单的说，IIS 或 Web 连接数是指在同一时间内服务器可以接受的访问数，可以简单的理解为在同一时间内允许打开多少个浏览器窗口访问网站。在 Windows XP 平台的服务器上，系统最大支持的连接数为 10 个，而在 Windows 2000/2003 Server 平台的服务器中则可以自由设置 IIS 的连接数量。在这里以 Windows XP 为平台，介绍如何安装 IIS。

（1）IIS 是 Windows 操作系统自带的组件。如果在安装操作系统的时候没有安装 IIS，请打开【控制面板】→【添加或删除程序】→【添加/删除 Windows 组件】，如图 14-1 所示。

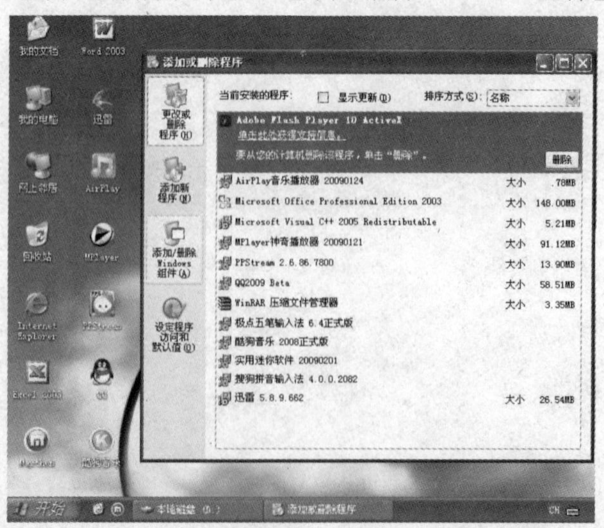

图 14-1 【添加/删除 Windows 组件】

（2）在弹出的【Windows 组件向导】里勾选【Internet 信息服务(IIS)】，如图 14-2 所示。

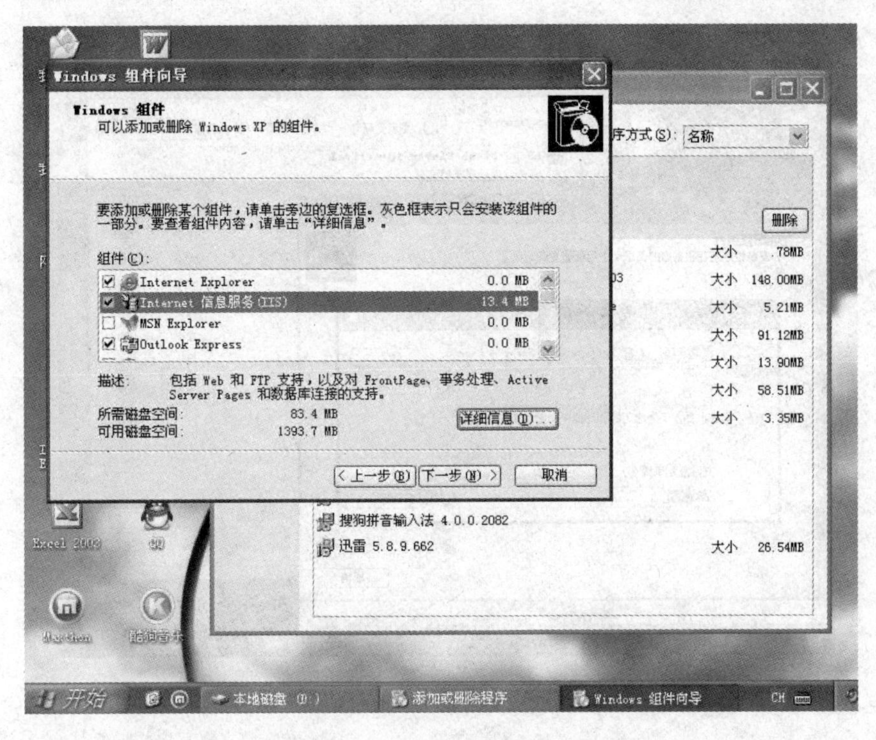

图 14-2 【Internet 信息服务(IIS)】选项

（3）单击【下一步】按钮，开始安装 IIS，会提示【插入磁盘】对话框，如图 14-3 所示。

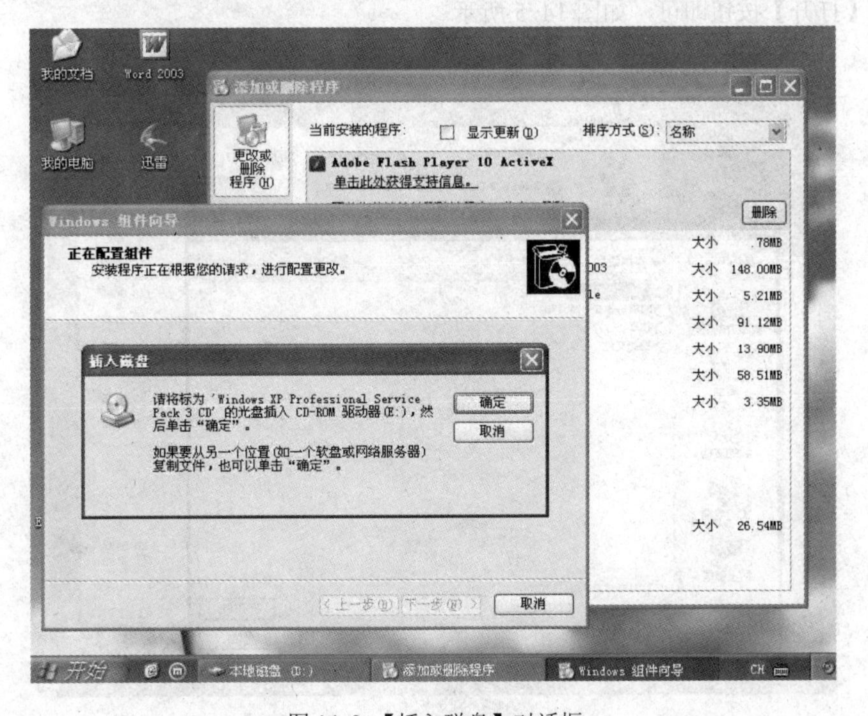

图 14-3 【插入磁盘】对话框

（4）单击【确定】按钮后弹出【所需文件】对话框，如图 14-4 所示。

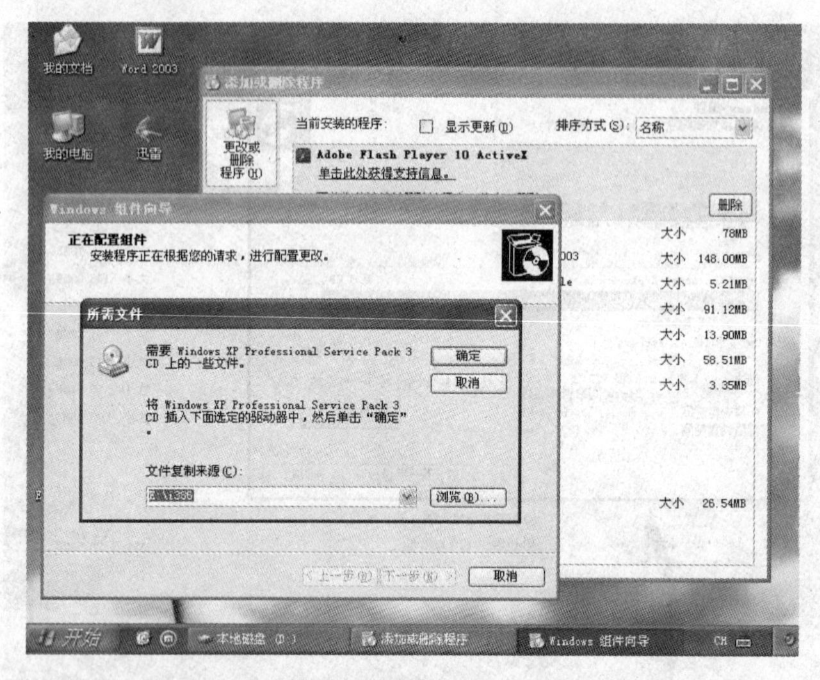

图 14-4 【所需文件】对话框

（5）单击【浏览】按钮，然后选择下载解压后的 IIS 安装包，然后单击【打开】按钮。整个安装过程会弹出数次【所需文件】对话框，接下去只需单击【浏览】按钮，选中所需文件后单击【打开】按钮即可，如图 14-5 所示。

图 14-5 【查找文件】对话框

（6）稍等片刻，IIS 的安装就完成了。

14.2　配置 Web 站点服务

无论用户的 Web 站点位于 Internet 还是 Intranet，都必须将文件放到服务器的目录中，这样才可以建立 HTTP 连接，并使用 Web 浏览器查看文件。此外，除了在服务器上存储文件外，还必须管理站点的配置。

14.2.1　基本配置

（1）选择【控制面板】→【管理工具】→【Internet 服务管理器】，打开【Internet 信息服务】窗口，如图 14-6 所示。

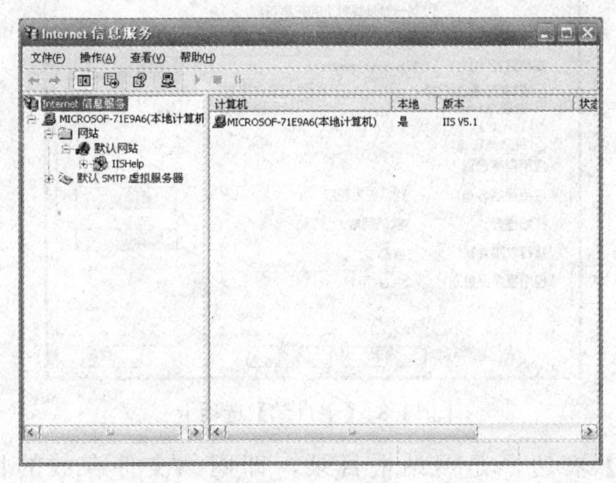

图 14-6 【Internet 信息服务】窗口

（2）在【默认 Web 站点】上单击鼠标右键，在弹出的快捷菜单中选择【属性】，弹出【默认网站属性】对话框，如图 14-7 所示。

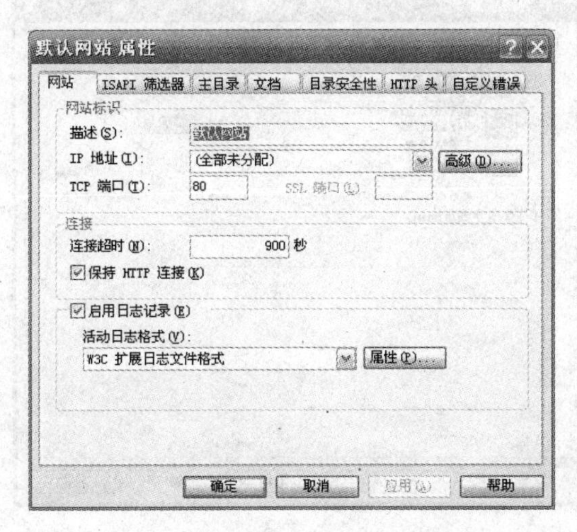

图 14-7 【默认网站属性】对话框

【TCP 端口】是 Web 服务器端口，默认值是“80”，不需要改动。【IP 地址】是 Web 服务器绑定的 IP 地址，默认值是【全部未分配】，建议不要改动。默认情况下，Web 服务器会绑定在本机的所有 IP 上，包括拨号上网得到的动态 IP。

14.2.2 设置站点主目录

（1）主目录是一个站点的中心，也是用户 Web 发布树的顶点，位于发布网页的中央位置。每个 Web 站点必须有一个主目录，它包含带有欢迎内容的主页或索引文件，还包含到站点内其他网页的链接。从图 14-7【默认网站属性】对话框选择【主目录】选项卡，如图 14-8 所示。

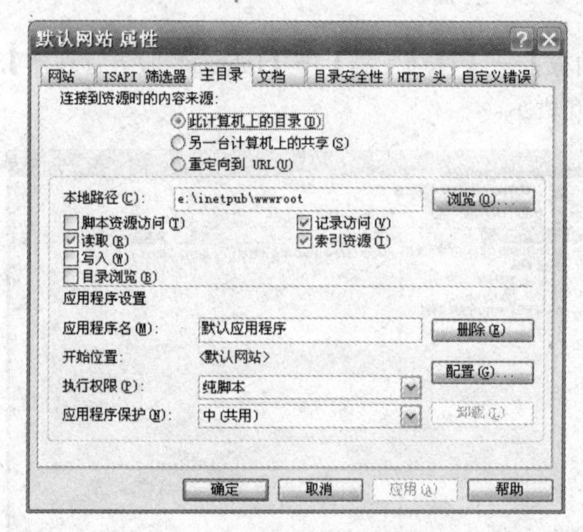

图 14-8 【主目录】选项卡

在【本地路径】右边，是网站根目录，即网站文件存放的目录，默认路径是“e:\inetpub\wwwroot”。如果想把网站文件存放在其他地方，可修改这个路径。

（2）单击图 14-7【默认网站属性】对话框的【文档】选项卡，如图 14-9 所示。

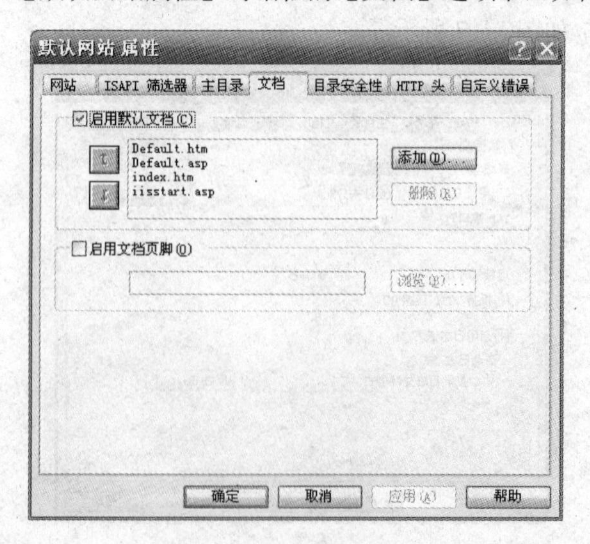

图 14-9 【文档】选项卡

在这里设置网站的默认首页文档。在浏览器里输入一个地址（如 http://user.dns0751.net/）访问 IIS 的时候，IIS 会在网站根目录下查找默认的首页文件，如果找到就"显示打开首页"，找不到就显示"该页无法显示"。请在这里添加所需的默认首页文件名，添加完后可以用左边的上下箭头排列这些文件名的查找顺序。

（3）至此，Web 服务器设置完毕。IIS 已经可以提供 Web 服务了。

14.2.3　其他设置

在网站根目录下，可以建子目录来存放网页。例如，建一个子目录"abc"，里面存放一个文件"xyz.asp"，访问这个文件的 URL 是："http://user.dns0751.net/abc/xyz.asp"。

如果某些文件或目录放在其他目录下，或在其他硬盘分区下，而又希望可以被 Web 访问，这个问题可以用虚拟目录解决。建立虚拟目录有两种方式。

1. 在资源管理器里建立

（1）打开资源管理器，找到要映射的目录，如"d:\Program Files\Tencent"，在"Tencent"上单击鼠标右键，在弹出的快捷菜单中选择【属性】→【Web 共享】，弹出如图 14-10 所示的【Tencent 属性】对话框。

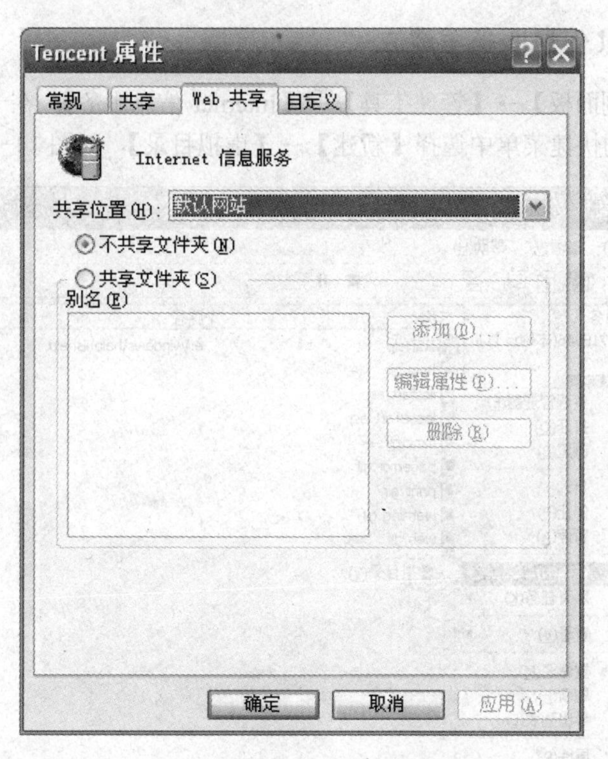

图 14-10 【Tencent 属性】对话框

（2）选择【Web 共享】选项卡，并选中【共享文件夹】，单击【确定】按钮后，弹出如图 14-11 所示的【编辑别名】对话框。

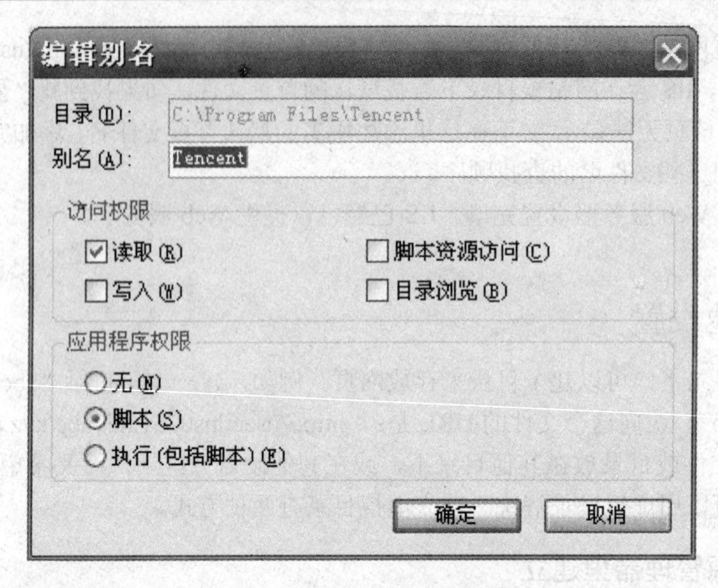

图 14-11 【编辑别名】对话框

（3）在【别名】框输入映射后的名字，再单击【确定】按钮。

要删除映射，可以按同样的方法，在前面窗口里选择【不共享文件夹】。

2．在 Internet 信息服务里建立

（1）选择【控制面板】→【管理工具】→【Internet 信息服务】，在【默认网站】上单击鼠标右键，在弹出的快捷菜单中选择【新建】→【虚拟目录】，如图 14-12 所示。

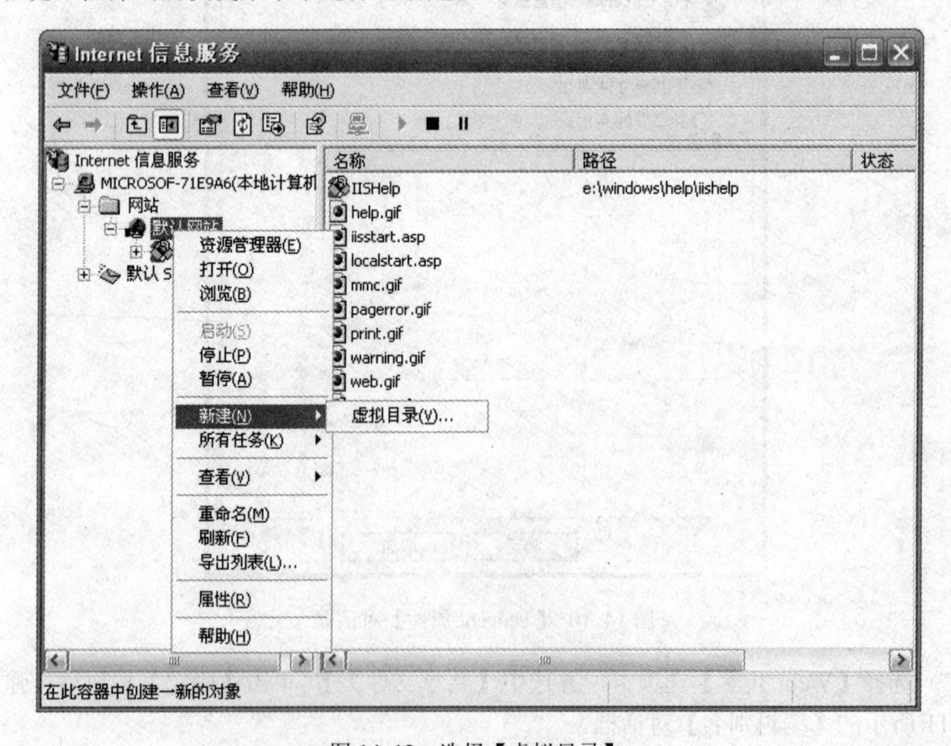

图 14-12 选择【虚拟目录】

（2）弹出欢迎窗口，单击【下一步】按钮。弹出【虚建目录创建向导】对话框。

（3）在【别名】文本框输入映射后的名字，如“download”，单击【下一步】按钮，如图 14-13 所示。

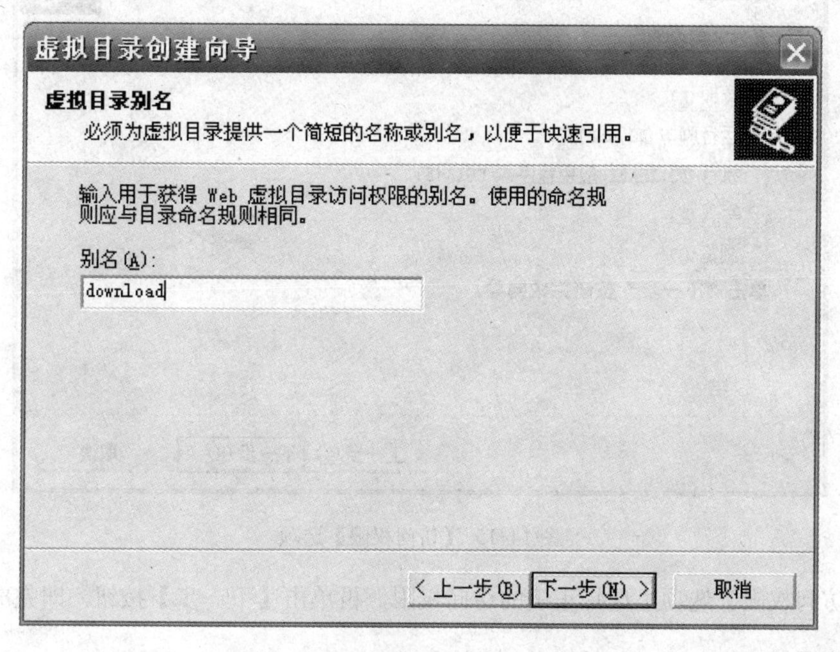

图 14-13 【虚拟目录创建向导】对话框

（4）在【目录】文本框输入要映射的目录，如“d:\software”，如图 14-14 所示，单击【下一步】，如图 14-15 所示。

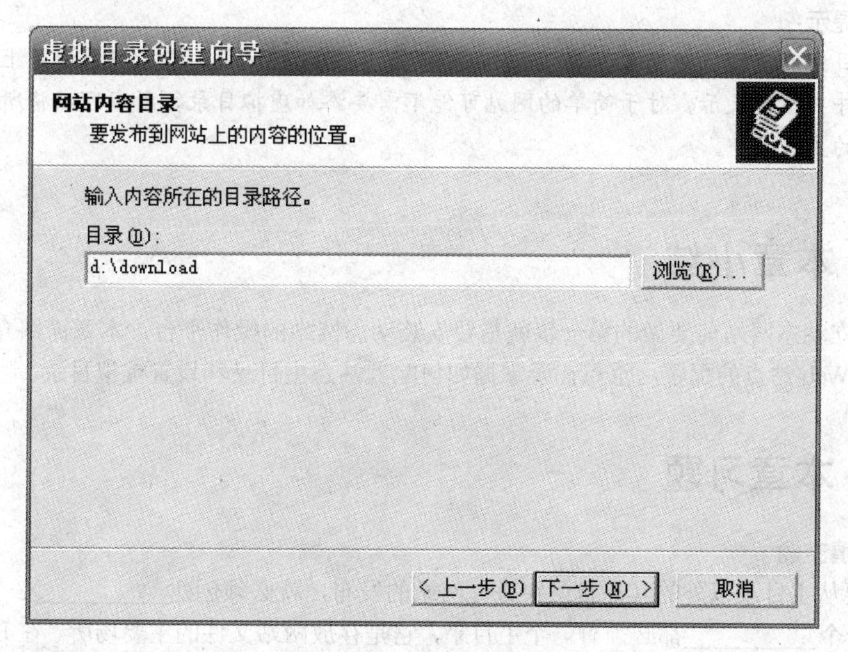

图 14-14 【输入内容所在的目录路径】选项

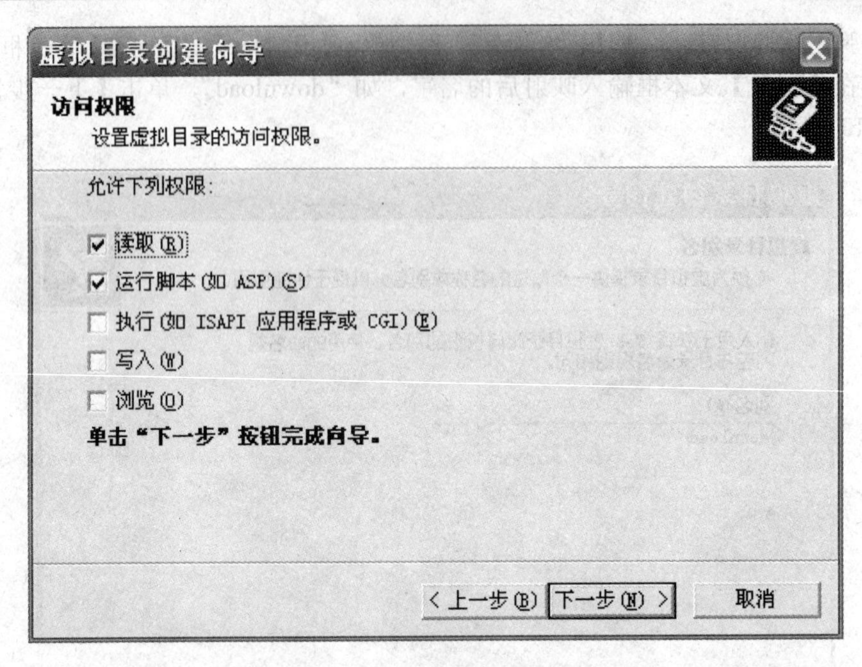

图 14-15 【访问权限】选项

在【访问权限】选项里选择正确的访问权限，再单击【下一步】按钮，即完成设置。

技巧：

删除映射的方法：打开 Internet 信息服务，在虚拟目录别名上单击鼠标右键，选择【删除】按钮。

提示：

虚拟目录和实际目录都显示在 Internet 信息服务管理单元中。虚拟目录由角上带有地球标志的文件夹图标表示。对于简单的网站可能不需要添加虚拟目录，所以可以将所有文件放置在站点的主目录中。

14.3 本章小结

在建立动态网站前要做的第一步就是要安装动态网站的操作平台，本章详细介绍了 IIS 的安装和 Web 站点的配置，重点在于掌握如何配置站点主目录和设置虚拟目录。

14.4 本章习题

一、填空题

1. 要从主目录以外的其他目录中进行网站的发布，就必须创建__________。

2. 一个__________都必须有一个主目录，它是存放网站文件的主要场所。在 IIS 中可以指定主目录的物理位置，设置访问该网站的权限等。

二、选择题

1．IIS 中主目录和虚拟目录的不同之处在于（　　）。

A．只是名称不同，功能一样

B．需要使用不同的地址来访问

C．虚拟目录是从主目录以外的其他目录中进行发布的

D．虚拟目录是为主目录虚拟一个别名

2．一般 IIS 连接数就是服务器的最大并发连接数。在 Windows XP 操作系统上，系统最大支持的连接数为（　　）个。

A．10　　B．20　　C．50　　D．100

三、问答和操作题

1．如何进行 IIS 的设置？

2．如果创建了一个名为“softing”的虚拟目录，访问该虚拟目录下的应用程序在浏览器输入的地址是什么？

第 15 章　数据库及动态网页

本章要点：

- ☑ 服务器连接
- ☑ 创建 ODBC 连接
- ☑ 创建记录集
- ☑ 绑定动态文本
- ☑ 动态化复选框
- ☑ 动态化单选按钮
- ☑ 用 Access 建立数据库

在 Dreamweaver CS3 中加强了与数据库的连接，从而可以轻松地创建记录集，并将其绑定到页面上，创建各种动态化效果。

这里所提到的动态效果不是视觉上的动态及动画效果，不是 GIF 动画、FLASH 动画这些动态效果，而是指页面信息、内容是动态的，是根据人们的需求而建构的网页页面。最常见的动态网页就是搜索引擎，搜索引擎是根据搜索的内容来构建需要的网页和信息的。

15.1　服务器连接

利用 Dreamweaver CS3 开发 Web 网站，需要指定一种服务器软件，即 ASP、JSP 等。只有指定了服务器，才能利用 Dreamweaver CS3 向 Web 页面定义记录集，添加服务器技术。而 Dreamweaver CS3 生成哪种语言的程序代码，取决于指定的服务器软件。

15.1.1　指定服务器

在 Dreamweaver CS3 中指定服务器软件可以在定义站点时指定，如图 15-1 所示。

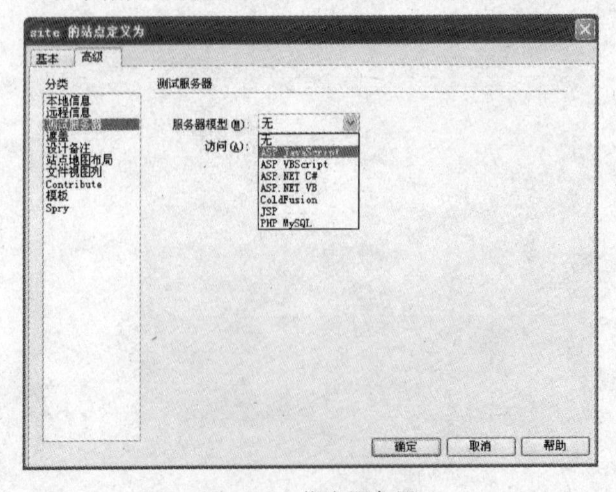

图 15-1　指定服务器

15.1.2　创建 ODBC 连接

要制作动态页面，首先要创建一个指向该数据库的连接。在 Windows 系统中，ODBC 的连接主要是通过 ODBC 数据库资源管理器来完成的。

设置 ODBC 连接的具体操作步骤如下。

（1）在【控制】面板中双击【管理工具】文件夹。

（2）在弹出的【管理工具】对话框中双击【数据源（ODBC）】图标。

（3）在弹出的【ODBC 数据管理源】对话框中选择【系统 DSN】选项卡，如图 15-2 所示。

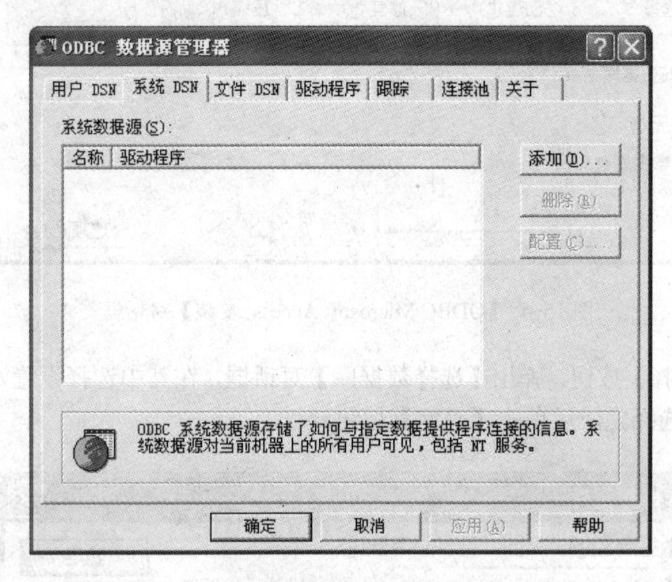

图 15-2　【ODBC 数据资源管理器】对话框

（4）单击【添加】按钮，弹出【创建新数据源】对话框，在其中选择数据类型，如果使用的是 Access，则在其中选择“Driver do Microsoft access (*.mdb)”，如图 15-3 所示。

图 15-3　【创建新数据源】对话框

（5）单击【完成】按钮后，弹出【ODBC Microsoft Access 安装】对话框，【在数据源名】文本框中输入数据源的名称，如图 15-4 所示。

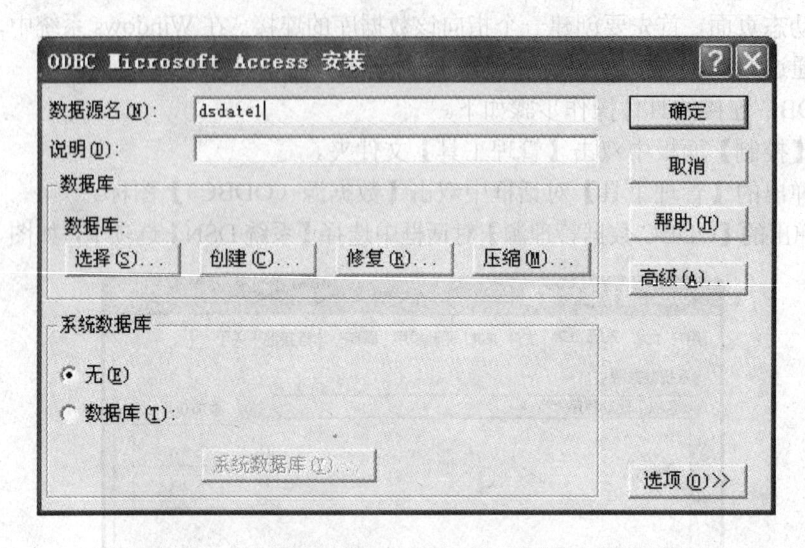

图 15-4 【ODBC Microsoft Access 安装】对话框

（6）单击【选择】按钮，弹出【选择数据库】对话框，在其中选择设置好的数据库文件，如图 15-5 所示，选择完成后单击【确定】按钮。

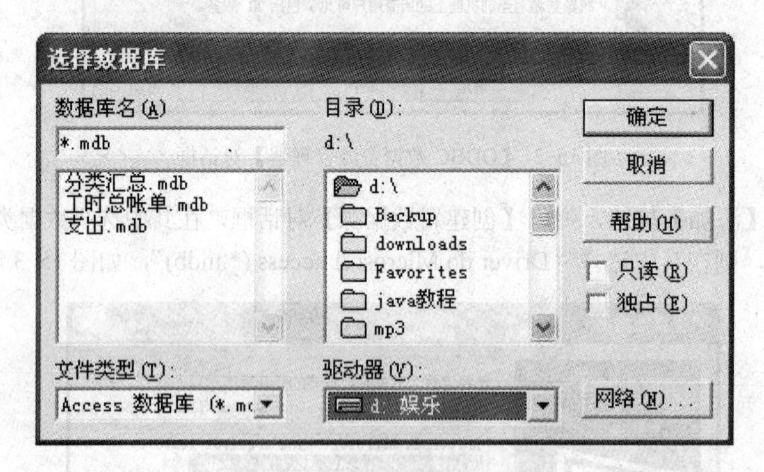

图 15-5 【选择数据库】对话框

（7）此时就会回到【ODBC Microsoft Access 安装】对话框，单击【确定】按钮回到【创建新数据源】对话框，单击【完成】按钮完成 ODBC 的链接。

15.1.3 建立数据库链接

在 Windows 系统中建立数据库的连接的步骤。

（1）单击【数据库】面板的“添加”按钮 ，在弹出的下拉菜单中选择【数据源名称】命令，如图 15-6 所示。

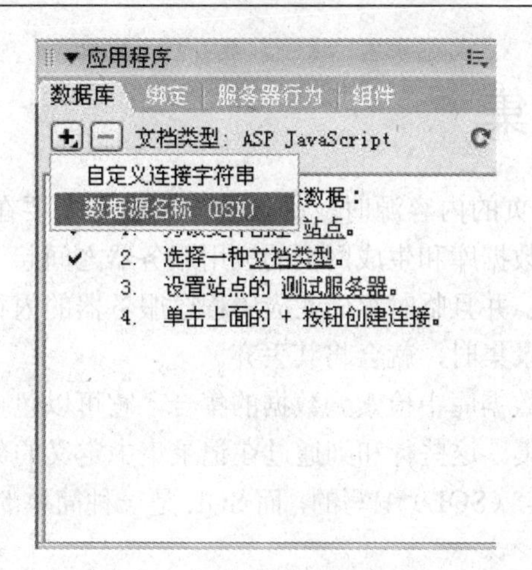

图 15-6　选择【数据源名称】

（2）弹出【数据源名称（DSN)】对话框，在【连接名称】文本框中输入名称，在【数据源名称（DSN)】下拉列表中选择前面设置好的数据库名称，如图 15-7 所示。

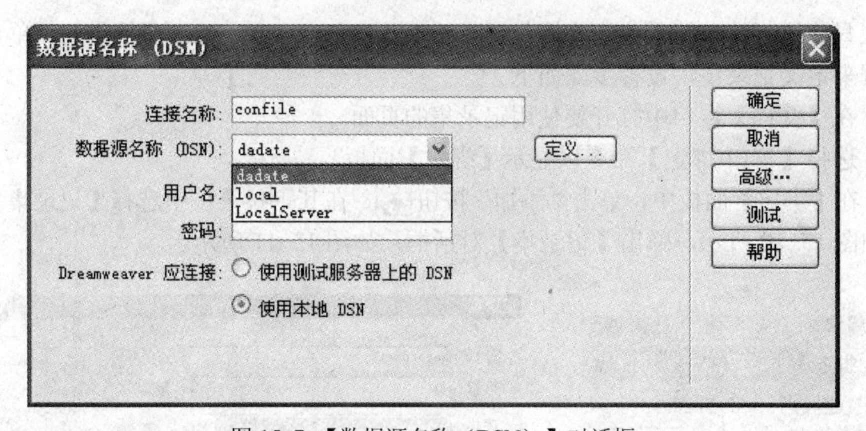

图 15-7 【数据源名称（DSN）】对话框

（3）设置完成后，在【数据库】面板中选择相应的名称，并单击鼠标右键，在弹出的快捷中选择【测试连接】命令，如图 15-8 所示。弹出成功创建连接脚本提示信息后，说明连接已经成功，如图 15-9 所示。

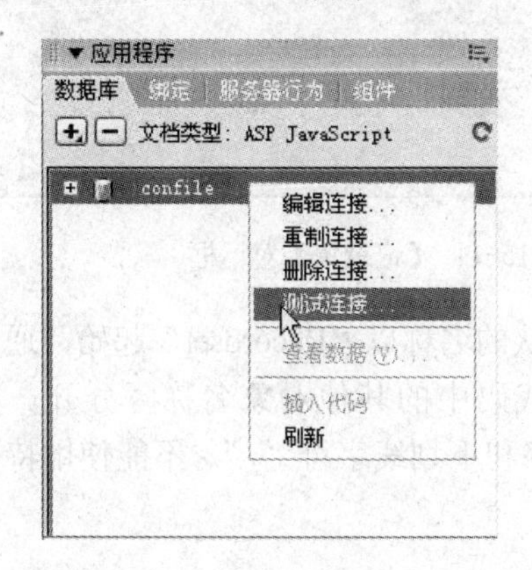

图 15-8 【测试连接】命令

图 15-9　成功创建连接脚本提示信息

15.2 创建记录集

将数据库用做动态网页的内容源时，必须首先创建一个要在其中存储检索数据的记录集。记录集在存储内容的数据库和生成网页的应用服务器之间起一种桥梁作用。记录集由数据库查询返回的数据组成，并且临时存储在应用程序服务器的内存中，以便进行快速数据检索。当服务器不再需要记录集时，就会将其丢弃。

记录集本身是从指定数据库中检索到数据的集合，它可以包括完整的数据库表格，也可以包括表格的行和列的子集。这些行和列通过在记录集中定义的数据库查询进行检索，数据库查询是用结构化查询语言（SQL）编写的，而 SQL 是一种简单的、可用来在数据库中检索、添加和删除数据的语言。

15.2.1 创建简单记录集

如果只想进行简单记录集查询操作，可以使用 Dreamweaver CS3 所提供的简单记录集定义对话框来定义记录集，设置步骤如下。

（1）在【文档】窗口中打开要使用记录集的页面。

（2）选择【窗口/绑定】命令以显示【绑定】面板。

（3）在【绑定】面板中，单击“添加”按钮+，在其下拉菜单中选择【记录集（查询）】命令，如图 15-10 所示，弹出【记录集】对话框，如图 15-11 所示。

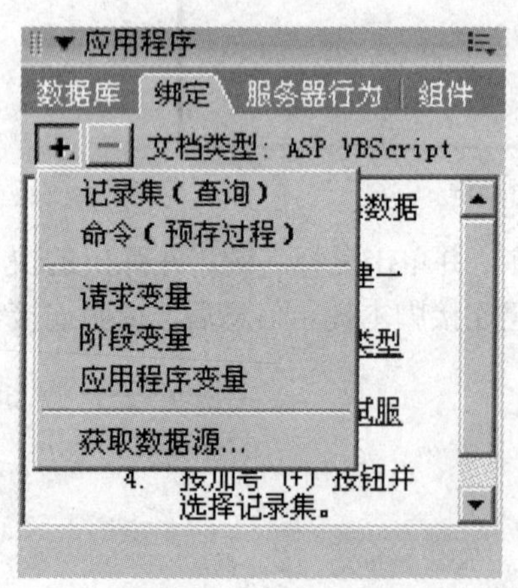

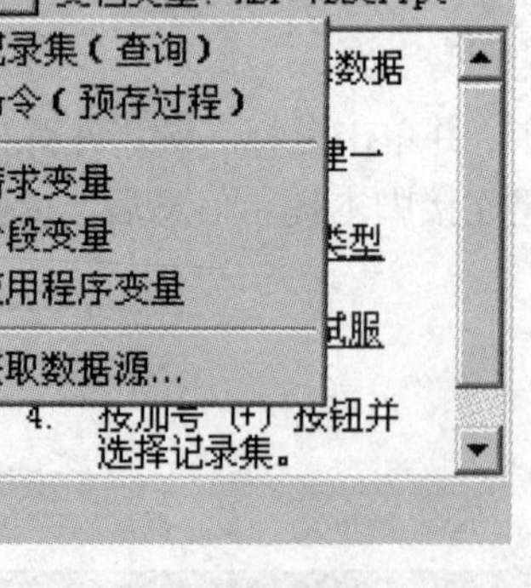

图 15-10 记录集菜单

图 15-11 【记录集】对话框

（4）在【名称】文本框中，输入记录集的名称，默认的名称以“Recordset”起始，通常的做法是在记录集名称前添加前缀“rs”，以将其与代码中的其他对象名称区分开。如“.rspressReleases”，注意记录集名称只能包含字母、数字和下划线字符“_”，不能使用特殊字符或空格。

（5）从【连接】下拉列表中选择一个连接。

（6）在【表格】下拉列表中选取为记录集提供数据的数据库表格。

15.2.2　创建高级记录集

如果简单记录集中所提供的模板内容不能满足需要，网站要求用多个数据库表进行综合查询，就需要使用高级记录集，创建高级记录集的具体步骤如下。

（1）在【绑定】面板中，单击按钮+，在其下拉菜单中选择【记录集（查询）】，弹出【记录集】对话框。

（2）在简单【记录集】对话框中单击【高级】按钮，切换到高级【记录集】对话框，如图 15-12 所示。

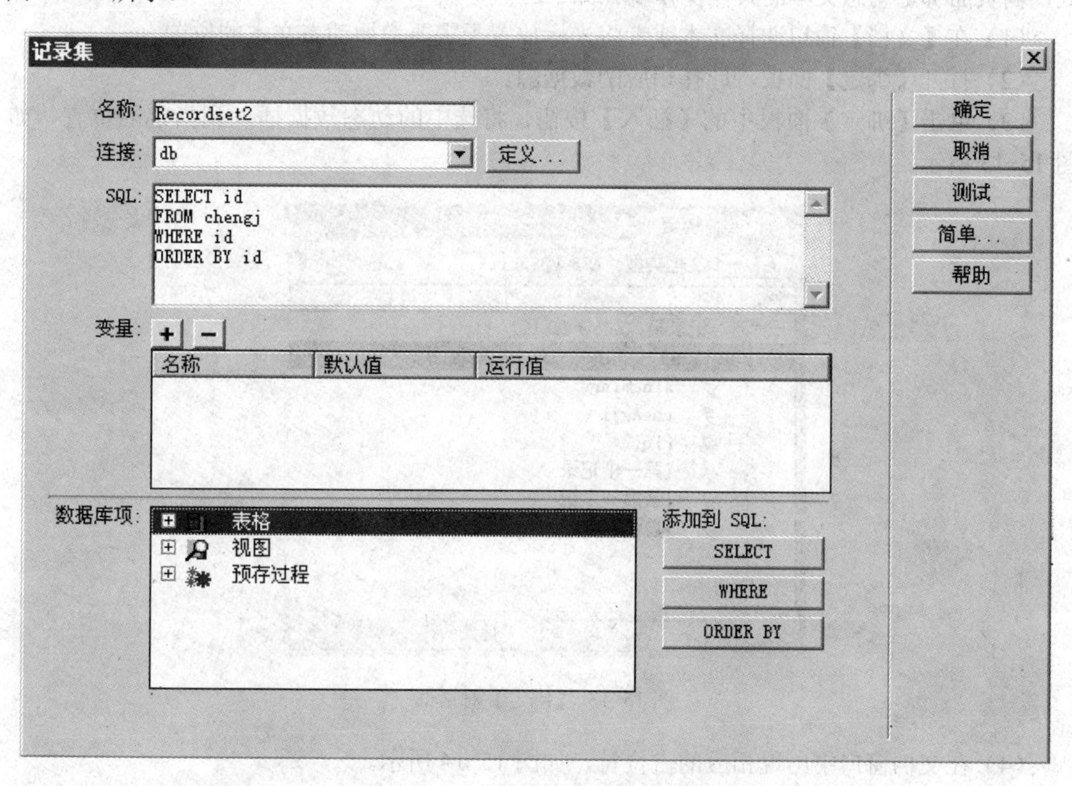

图 15-12　高级【记录集】对话框

（3）在【名称】文本框中为所定义的记录集命名。

（4）在【连接】下拉列表中选择用已定义记录集的数据库链接。

（5）在 SQL 文本框中输入所需要的 SQL 查询语句。

（6）设置完成后单击【测试】按钮，测试所定义的 SQL 语句的正确性。

高级【记录集】对话框中包含【数据库项】，以树状结构显示了所选择的数据库链接中的数据表、视图及存储过程。【表格】列出了所链接的数据库中所有的表；【视图】列出了所链接的数据库中所有的视图；【预存过程】列出了所链接的数据库中的存储过程。

【添加到 SQL：】此项的 3 个按钮【SELECT】、【WHERE】、【ORDER BY】分别代表“字

段选择”、“记录过滤”、“记录排序”。

15.3 绑定动态数据

数据源定义完成后，需要将其绑定到页面上，绑定的位置可以是页面的任何位置。

15.3.1 绑定动态文本

利用面板中列出的数据源可以替代现有的文本，也可以将动态数据插入到页面上的某一处，向页面绑定动态文本的具体操作步骤如下。

（1）在【文档】窗口选择文本或者将光标放置于需要增加动态文本的位置。

（2）打开【绑定】面板，选择相应的数据源。

（3）单击【绑定】面板中的【插入】按钮，将选中的动态数据插入到指定的位置，如图 15-13 所示。

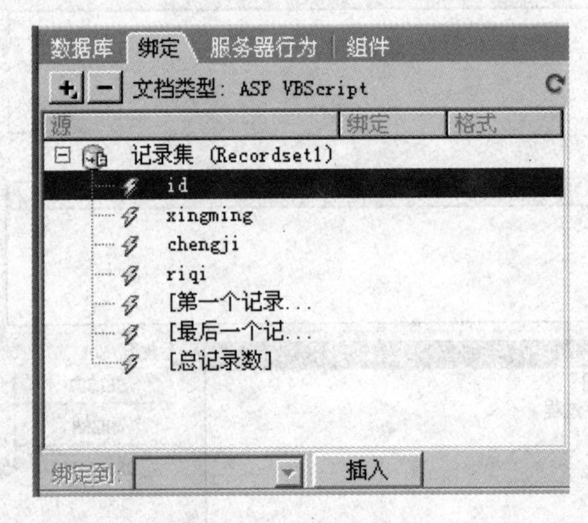

图 15-13 【绑定】对话框

（4）在文档窗口中出现相应的占位符，如图 15-14 所示。

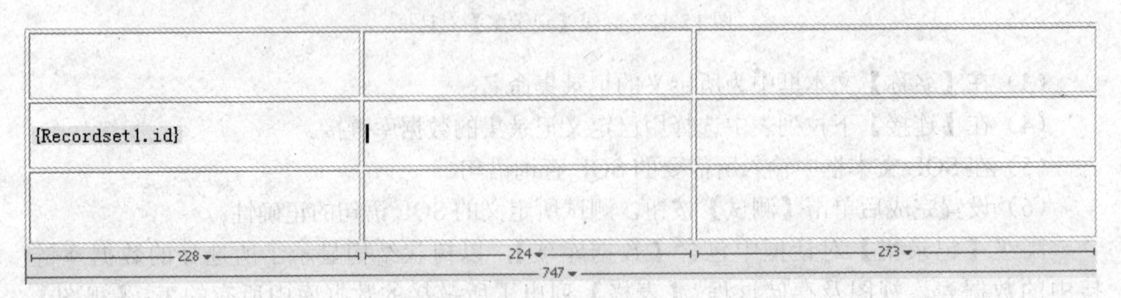

图 15-14 占位符显示

记录集数据源的占位符语法形式为{RecordsetName.ColumnName}，其中“RecordsetName”是记录集名称，“ColumnName”是记录集中选择的域的名称。

动态文本可以指定不同的数据格式，例如，如果项目的数据为“20.24”，则可以将该数据格式化为“20”，设置步骤如下。

（1）选择网页上的占有符。

（2）在【绑定】面板中单击【格式】所在列中的箭头按钮。

（3）在其下拉菜单中选择需要的格式，如图 15-15 所示。

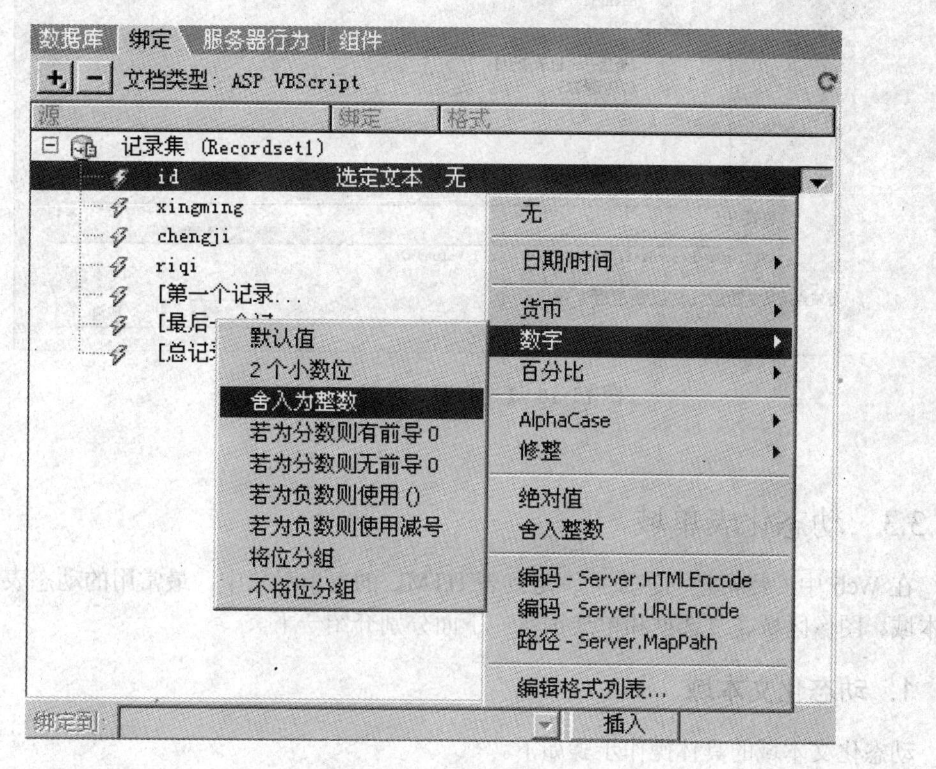

图 15-15　选择格式

15.3.2　绑定动态图像

图像同样可以作为动态数据源绑定到页面，图像在数据库中有 2 种保存方式。

第 1 种方式是将图像直接作为 OLE 对象的形式保存在数据库中的表内。

第 2 种方式是将图像以一定的名称保存在服务器上的指定目录中，然后在数据表的相应字段中保存指向该图像文件的链接字符串。

第 2 种方式的制作步骤如下。

（1）将插入点放置于需要插入图像的位置。

（2）选择【插入/图像】命令，弹出【选择图像源文件】对话框。

（3）在【选取文件名自】项目中选择【数据源】选项，如图 15-16 所示。

（4）选择包含图像路径的记录集。

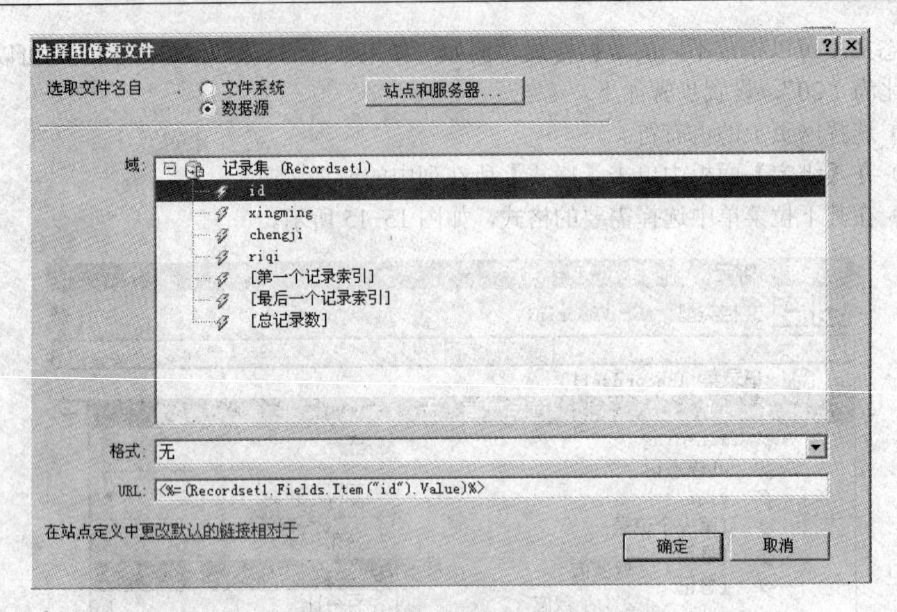

图 15-16 【选择图像源文件】对话框

15.3.3 动态化表单域

在 Web 中，经常把动态数据绑定到表 HTML 的表单对象中，最常用的动态表单对象是文本域、图像区域、复选框和单选按钮，下面分别介绍一下。

1. 动态化文本域

动态化文本域的具体操作步骤如下。

（1）在【文档】窗口的表单域中，选择网页中的一个文本框。

（2）在【绑定】面板中选择需要绑定的数据源。

（3）在面板下面的【绑定到】文本框中确认选择的是“input.value”属性，默认状态下选择的就是此属性，如图 15-17 所示。

（4）单击【绑定】按钮。

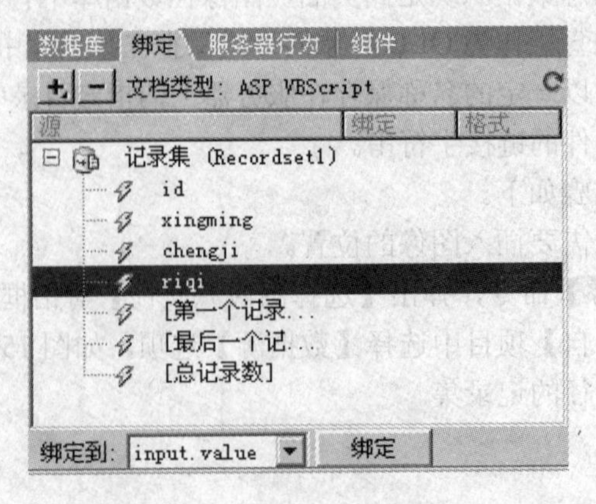

图 15-17 【绑定】面板状态

2. 动态化复选框

动态化复选框的具体操作步骤如下。

（1）选择表单域中的复选框。

（2）单击服务器【行为】面板中的“添加”按钮，在弹出的下拉菜单中选择【动态表单元素/动态复选框】命令，弹出如图 15-18 所示的【动态复选框】对话框。

图 15-18 【动态复选框】对话框

（3）在记录中的一个域等于某一个值时，复选框被选中，单击【选取，如果】文本框后的按钮，从数据源列表中选择一个动态数据。

（4）在【等于】文本框中输入一个值，用来与【选取，如果】文本框中的值做比较。

（5）单击【确定】按钮。

3. 动态化单选按钮

动态化单选按钮的具体操作步骤如下。

（1）将一组单选按钮设置为相同的名称属性。

（2）单击服务器【行为】面板中的“添加”按钮，在弹出的下拉菜单中选择【动态表格元素/动态单选按钮】命令，弹出【动态单选按钮】对话框，如图 15-19 所示。

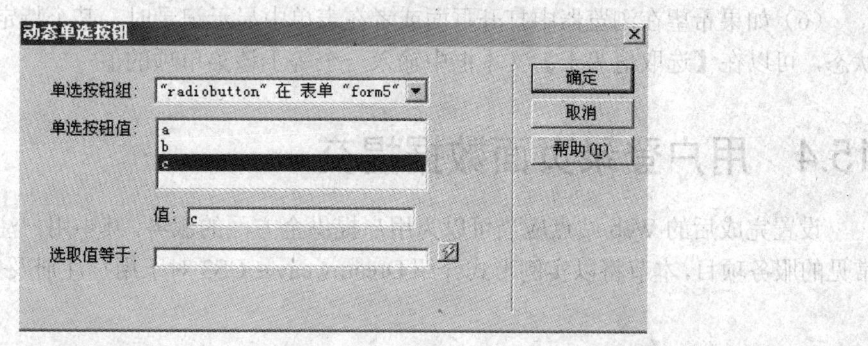

图 15-19 【动态单选按钮】对话框

（3）在【单选按钮组】下拉列表中，选择页面上的一组单选按钮。

（4）在【单选按钮值】文本框中可以为单选按钮组中的每个单选按钮设置值。

（5）单击【选取值等于】后的按钮，从数据源列表中选择相应的域。被选中的域应该包含与单选按钮的值相匹配的数据，即包含出现在单选按钮值列表中的数据。

4．动态化下拉列表

动态化下拉列表的具体操作步骤如下。

（1）选择表单域中的下拉列表对象。

（2）单击服务器【行为】面板的“添加”按钮[+]，在弹出的下拉菜单中选择【动态表单元素/动态列表/菜单】命令，弹出【动态列表/菜单】对话框，如图 15-20 所示。

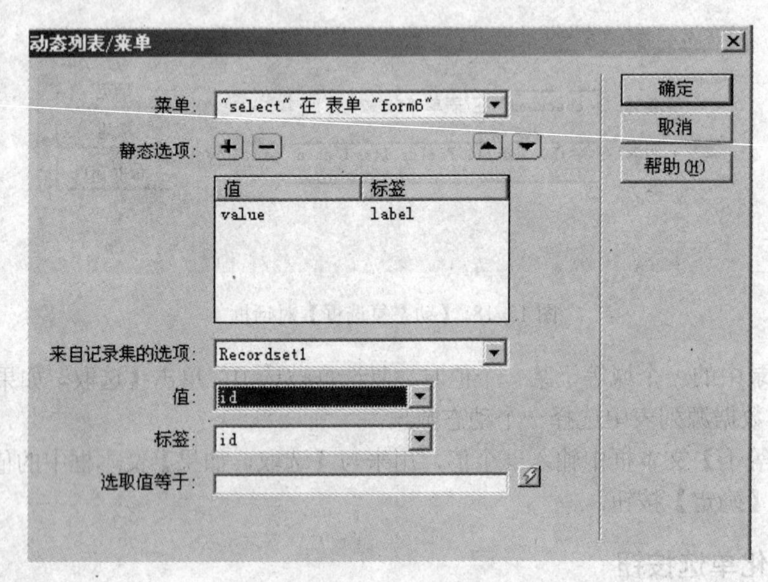

图 15-20 【动态列表/菜单】对话框

（3）在【来自记录集的选项】下拉列表中，选择包含下拉列表各个条目信息的记录集。

（4）在【值】下拉列表中，选择包含菜单项的值的域。

（5）在【标签】下拉列表中，选择包含菜单标签的域。

（6）如果希望在浏览器中打开页面或者在表单中显示记录时，某个特定菜单项处于选中状态，可以在【选取值等于】文本框中输入一个等于该菜单项的值。

15.4 用户登录页面数据提交

设置完成后的 Web 站点应当可以为用户提供全方面的服务，其中用户注册及登录是十分常见的服务项目，本节将以实例形式介绍 Dreamweaver CS3 对于用户注册及登录的特别支持。

15.4.1 用 Access 建立数据库

Access 数据库软件是 Microsoft Office 集成应用程序（其中还包括 Word、Excel、PowerPoint、FrontPage 和 OutLook 等软件）的重要组成部分。简单的说，Access 数据库软件是一个数据库管理系统，它为用户提供了一个数据库管理的工具集和应用程序开发环境。

下面建立一个用户登录数据库为例，来讲述使用 Access 构建数据库的方法及与 Dreamweaver CS3 结合的应用。

（1）打开 Access，选择【文件】→【新建】→【空数据库】命令，给这个数据库取名为“db1”，出现数据库界面，如图 15-21 所示。

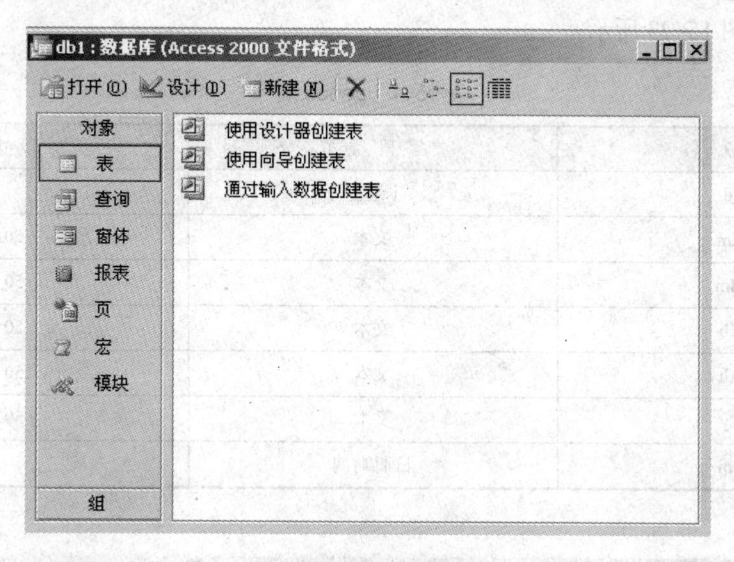

图 15-21　Access 视图

（2）有 3 种创建数据库表的方式，即【使用设计器创建表】、【使用向导创建表】和【通过输入数据创建表】，这里采用第 1 种方法，单击【使用设计器创建表】，打开表窗口，如图 15-22 所示。

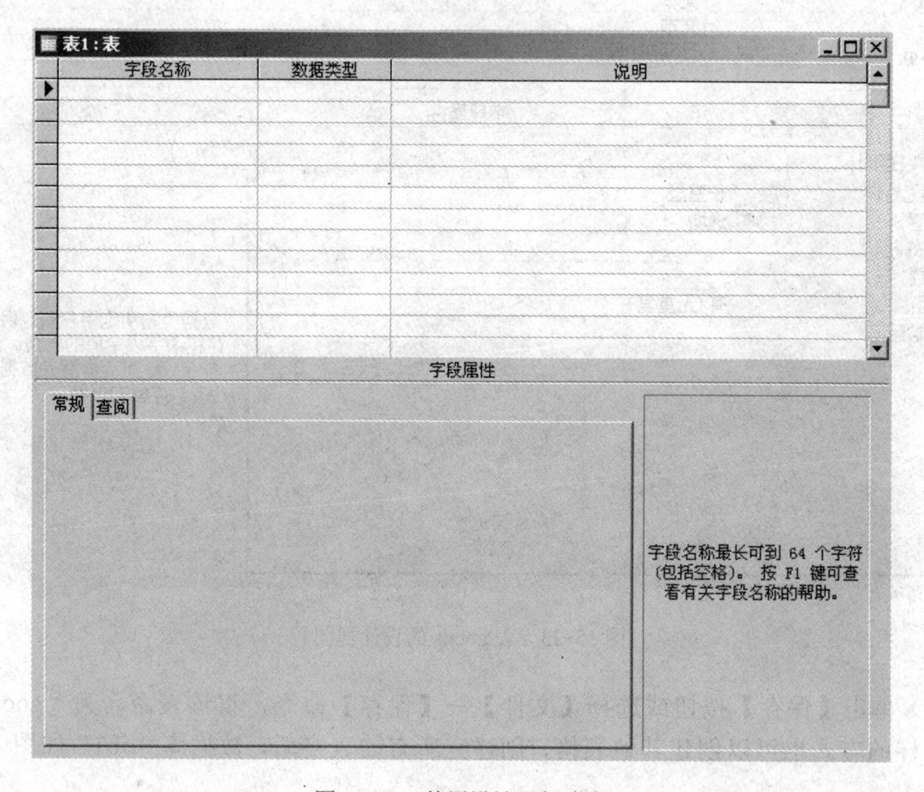

图 15-22　使用设计器创建表

（3）首先创建“goods 表”，将表内容输入到表中，如表 15-1 所示。注意表中所说的字符型，在这里定义为“文本”，在“Id”字段中右键单击，选择【主键】命令，将“Id”字段设成主键，如图 15-23 所示。

表 15-1　goods 表

字 段 名	字 段 类 型	字 段 大 小
Id	长整型	
Xm	文本	50
Mm	文本	50
Xb	文本	50
Ah	文本	50
Zy	文本	50
riqi	日期/时间	

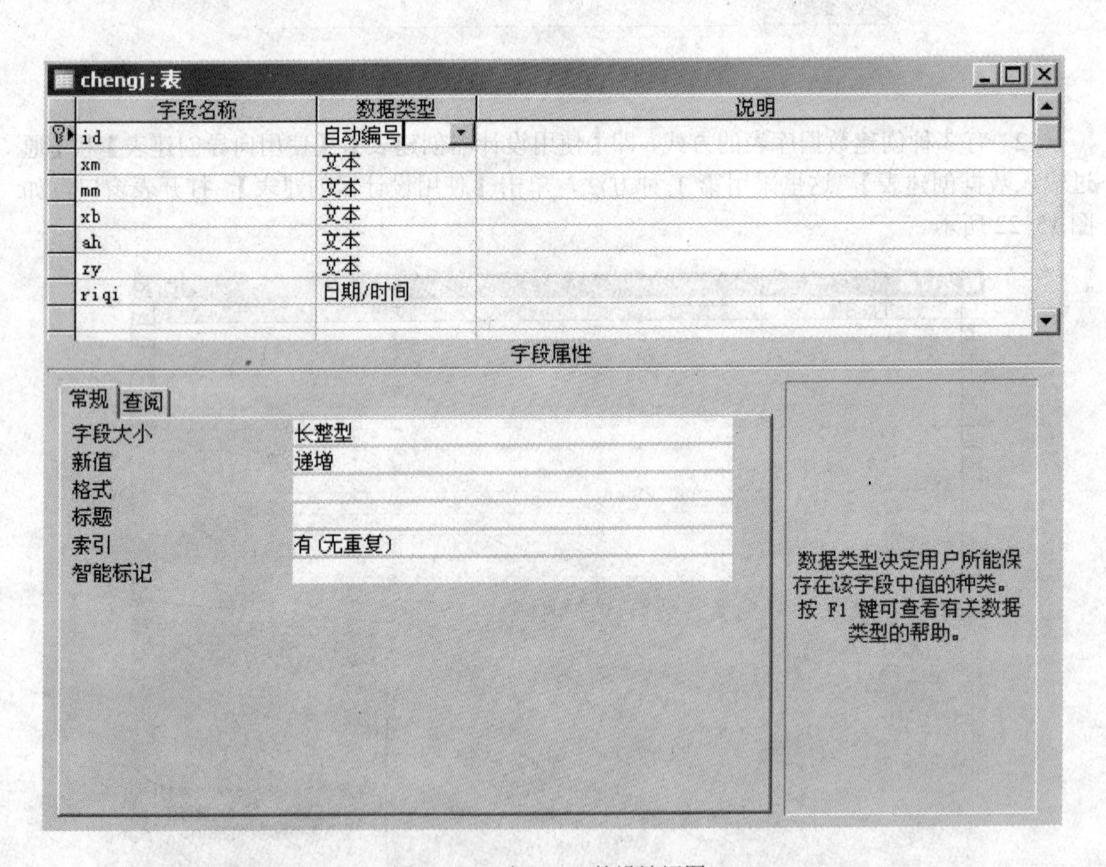

图 15-23　表 goods 的设计视图

（4）单击【保存】按钮或选择【文件】→【保存】命令，将该表命名为“goods”，并以同样的方式也可以创建其他表格，创建完所有的表格后，数据库“db1”如图 15-24 所示。

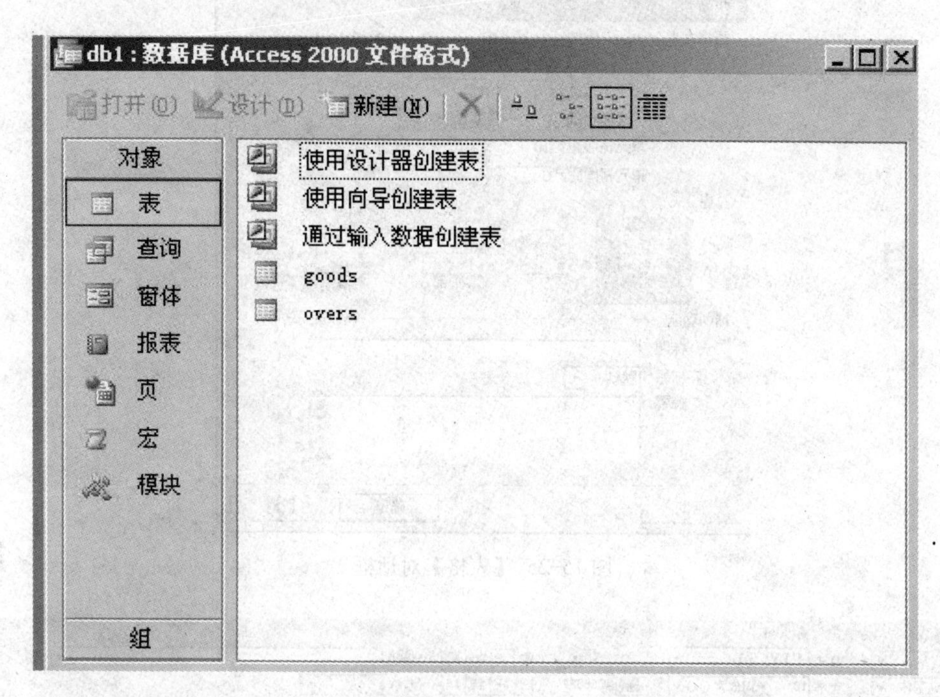

图 15-24　数据库 db1

这样登录界面的数据库就创建完成。

15.4.2　设计登录界面

登录页面的设计包括基础登录页面的制作，以及页面的服务器行为向数据库中记录数据。

1．登录页面的制作

登录页面一般应用表单域制作而成，包括标识用户和用户密码的文本域，提交登录命令的按钮等，首先建立一个前台页面，格式为 HTML，制作步骤如下。

（1）选择【文件】→【新建】命令，弹出【新建文档】对话框，在左侧的【页面类型】项目选择 HTML，【布局】项目中选择【无】。

（2）单击【创建】按钮后，创建新的文档，先进行保存、重新命名。执行【文件】→【保存】，将文件名命名为“aa.html”。

（3）在【插入】面板的【常用】选项卡中单击“表格”按钮，弹出【表格】对话框，将【行数】设置为“7”，【列数】设置为“1”，【宽度】设置为“760”像素，【表框粗细】设置为“0”像素，【单元格边距】设置为“10”，【单元格间距】设置为“5”，如图 15-25 所示。

（4）将插入点定在第一行中输入标题“登录页面”，在【属性】检查器内将文字的对齐方式选择为【居中对齐】，【大小】设置为“18”像素，【颜色】设置为“#0066FF”，加粗字体，如图 15-26 所示。

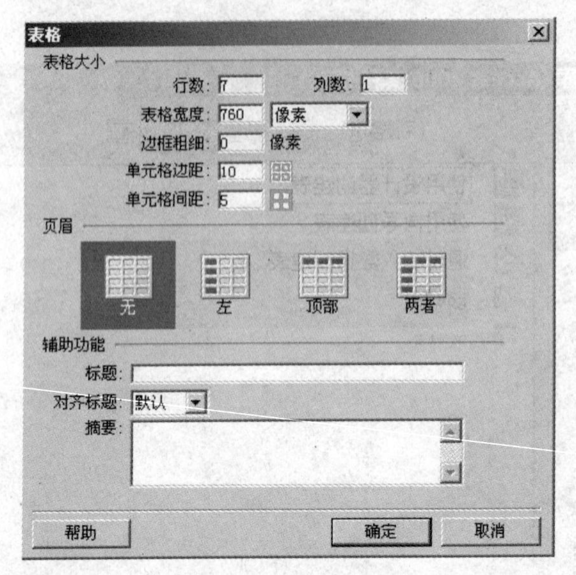

图 15-25 【表格】对话框

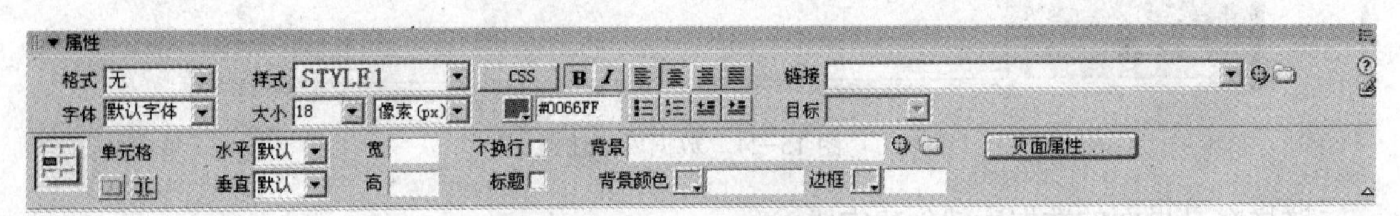

图 15-26 【属性】检查器

（5）将插入点定在第二行中输入“用户:”，属性默认状态，选择【插入】→【表单】→【文本域】，在【属性】检查器的【文本域】中为其命名为“xm”，如图 15-27 所示。

图 15-27 文本域【属性】检查器

（6）将插入点定在第三行中并输入“密码:”，操作步骤和上一步一样，在【属性】检查器的【文本域】中为其命名为“xm”。

（7）将插入点定在第四行中选择【插入】→【表单】→【单选按钮】，在【属性】检查器的【单选按钮】中为其命名为“sex”，【选定值】设置为“男”，【初始状态】设置为【已勾选】，如图 15-28 所示。插入文字“男”，然后再插入一个【单选按钮】，命名为“sex”，选定值设置为“女”，插入文字“女”，【初始状态】设置为【未选中】。

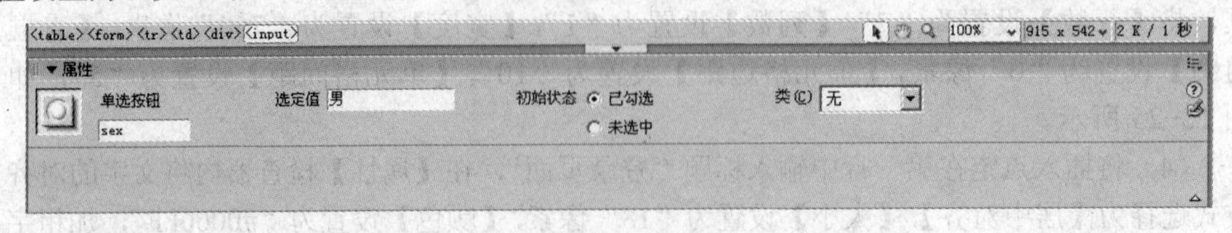

图 15-28 单选按钮【属性】检查器

（8）将插入点定在第五行中输入文字“体育爱好（可以多选）”，选择【插入】→【表单】→【复选框】，在【属性】检查器的【复选框】中为其命名为“hobby”，【选定值】设置为“足球”，【初始状态】设置为【未选中】，输入文字“足球”，选择【插入】→【表单】→【复选框】，在【属性】检查器的【复选框】中为其命名为“hobby”，【选定值】设置为“篮球”，【初始状态】设置为【未选中】，输入文字“篮球”，选择【插入】→【表单】→【复选框】，在【属性】检查器的【复选框】中为其命名为“hobby”，【选定值】设置为“排球”，【初始状态】设置为【已勾选】，输入文字“排球”，其他属性默认状态，如图 15-29 所示。

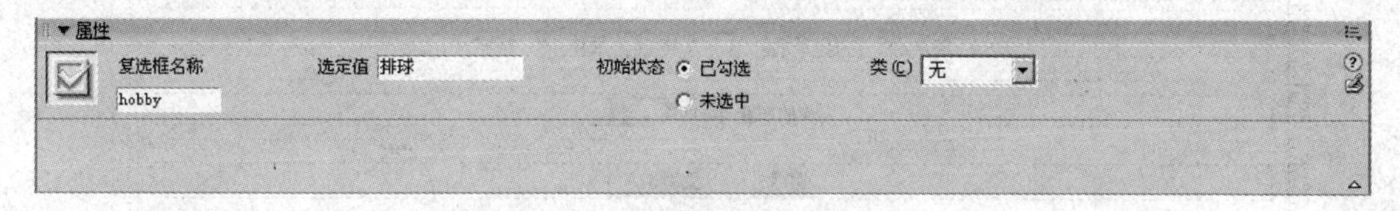

图 15-29　复选框【属性】检查器

（9）将插入点定在第六行中输入文字“你的职业”，选择【插入】→【表单】→【列表/菜单】，在【属性】检查器的【列表/菜单】中为其命名为“xz”，单击【列表值】按钮，弹出【列表值】对话框，单击左上角按钮 + ，在【项目标签】列中添加“请选择”、“学生”、“教师”、“工人”四项，对应的值设置为“请选择”、“学生”、“教师”、“工人”，如图 15-30 所示。

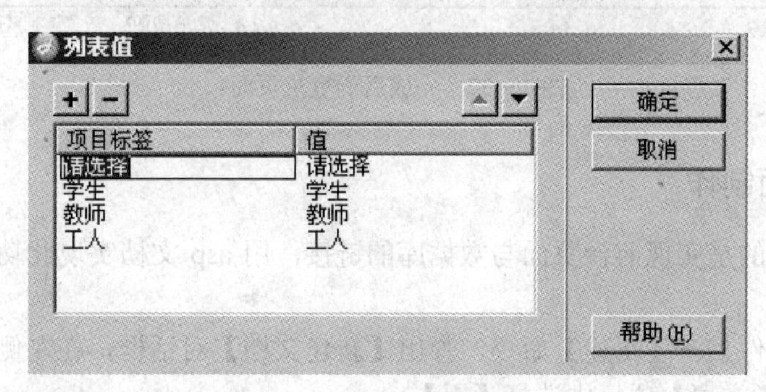

图 15-30　【列表值】对话框

（10）将插入点定在第七行中选择【插入】→【表单】→【按钮】，在【属性】检查器的【按钮】中为其命名为“登录”，【动作】设置为【提交表单】，再选择【插入】→【表单】→【按钮】，在【属性】检查器的【按钮名称】中为其命名为“重新输入”，【动作】设置为【重设表单】，如图 15-31 所示。

图 15-31　按钮【属性】检查器

到此就设计好了登录前台页面，如图 15-32 所示。

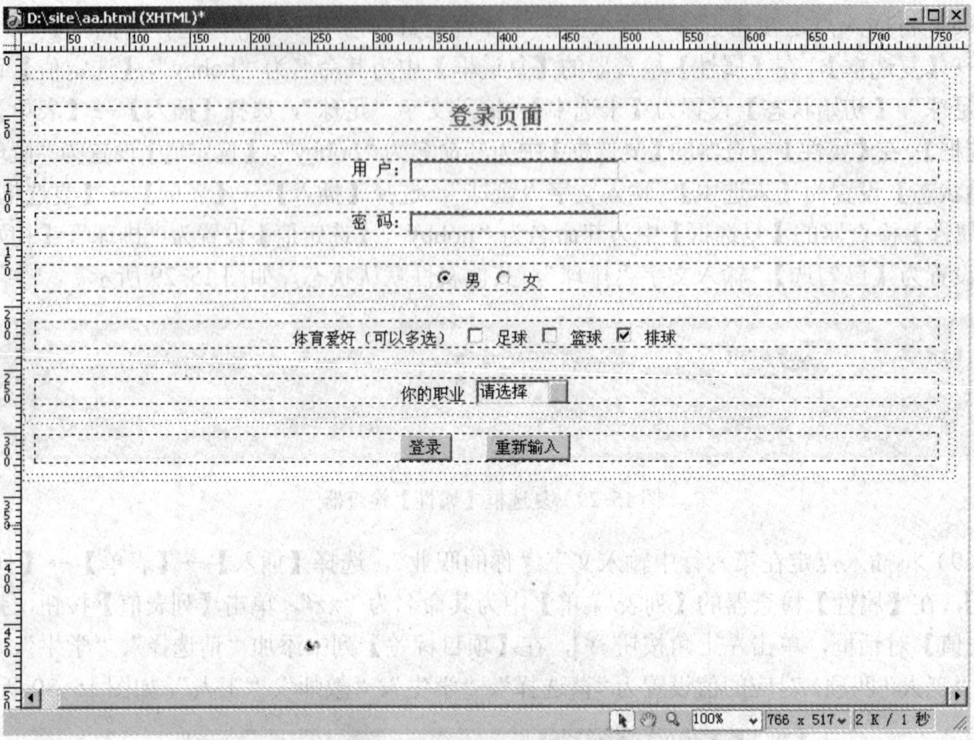

图 15-32 完成后的登录页面

2. 后台页面制作

后台的设计目的是实现前台页面与数据库的链接，用 asp 文档实现此功能。下面是具体步骤。

（1）选择【文件】→【新建】命令，弹出【新建文档】对话框，在左侧的【页面类型】项目选择 HTML，【布局】项目中选择【无】。

（2）选择【查看】→【代码】命令，把所有代码全部删除。

（3）把下列代码输入到代码框内。

```
<%
xm=request("xm")
mm=request("mm")
sex=request("sex")
hobby=request("hobby")
xz=request("xz")
set conn=server.createobject("adodb.connection")
conn.open  "provider=microsoft.jet.oledb.4.0;data  source="  &  server.
MapPath("db1.mdb")
set rs=server.CreateObject("adodb.recordset")
rs.Open "select * from goods ",conn,1,3
rs.addnew
rs("xm")=xm
```

```
rs("mm")=mm
rs("xb")=sex
rs("ah")=hobby
rs("zy")=xz
rs.update
response.write "恭喜你！添加成功"
%>
 <a href="aa.html">继续添加
```

（4）选择【文件】→【另存为】命令，弹出【另存为】对话框，在【文件名】内输入“tj.asp”，单击【保存】。

至此后台页面制作完成。

3．测试页面

上面制作了前台页面“aa.html”和后台页面“tj.asp”，建立一个文件夹取名为“site”，把这两个文件和建立的数据库文件“db1.mdb”复制到这个文件夹下，并把 IIS 主目录文件指定到该文件夹。单击【刷新】按钮就可以看到这些文件在右侧的文件列表中，找到“aa.html”文件，单击右键选择【浏览】，就可以看到效果，如图 15-33 所示。

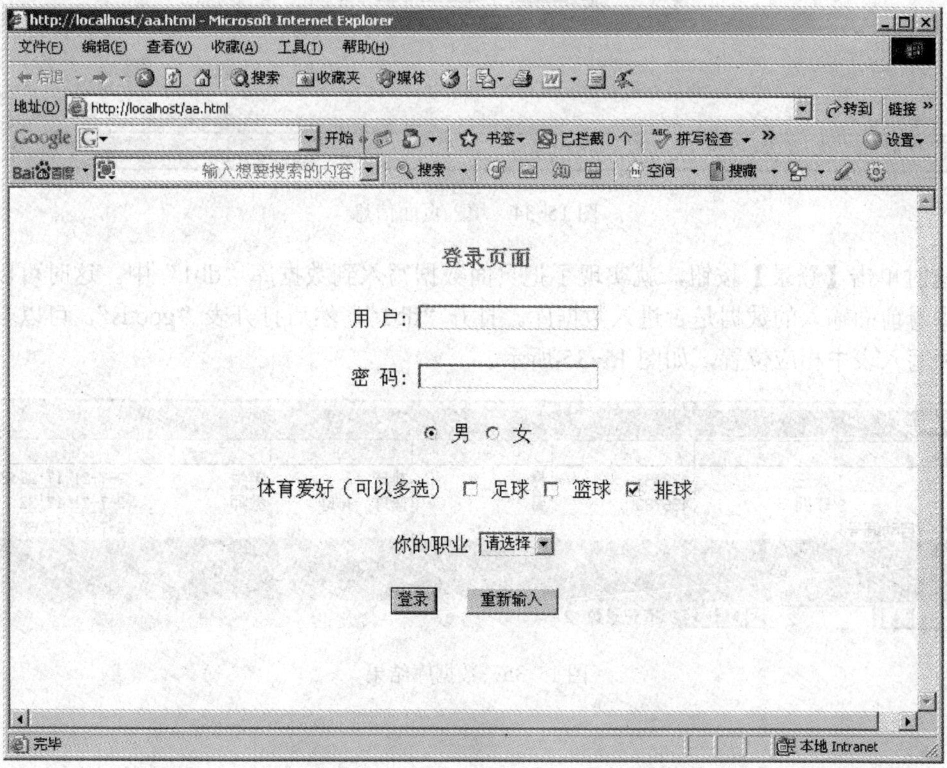

图 15-33　访问前台页面

访问前台页面后，可以在各个项目中填入信息。输入信息后的效果如图 15-34 所示。

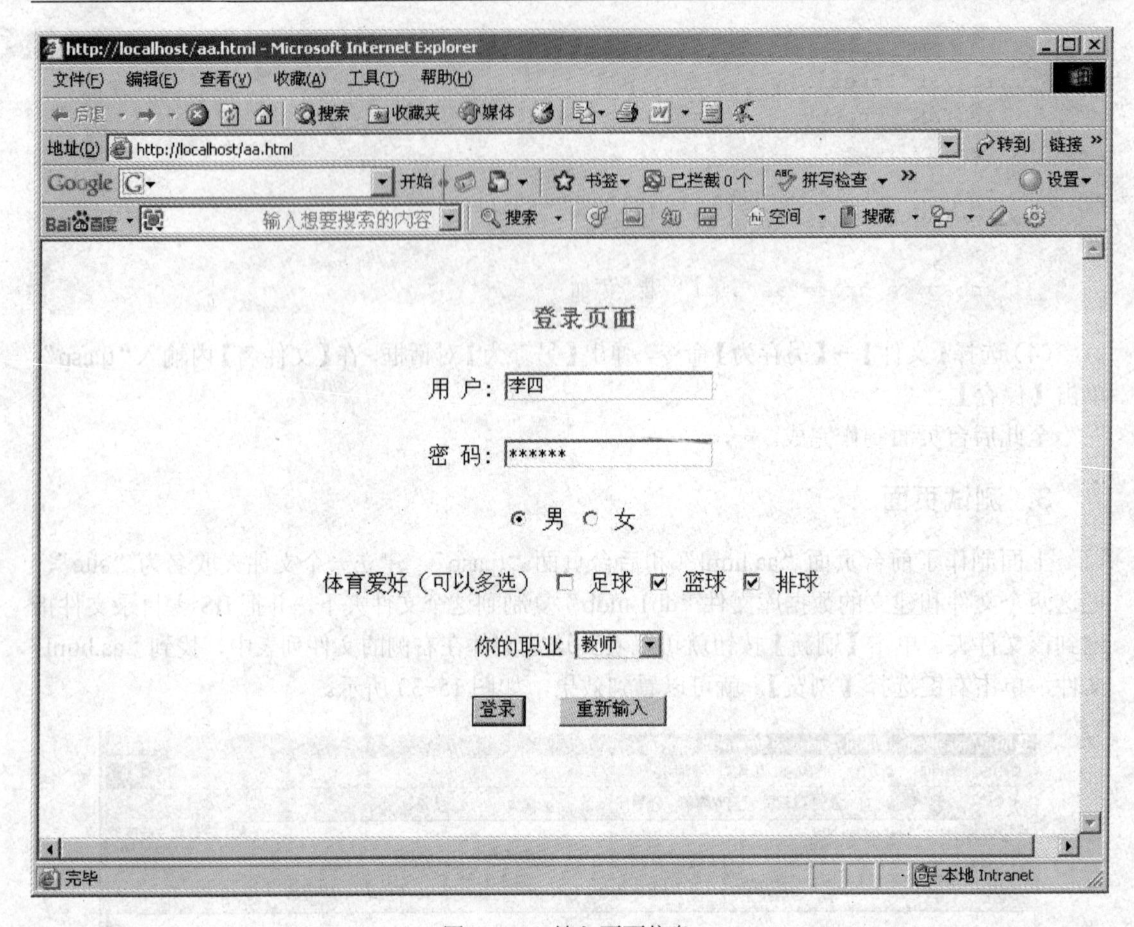

图 15-34　填入页面信息

这时单击【登录】按钮，就实现了把页面数据写入到数据库“db1”中。这时可以到数据库中看前面输入的数据是否进入数据库。打开“db1”，然后打开表“goods”，可以看到数据已经写入表中相应位置，如图 15-35 所示。

goods : 表

	id	xm	mm	xb	ah	zy	riqi
	7	张三	123456	男	排球	学生	3-7-21 17:26:23
▶	8	李四	456789	男	篮球，排球	教师	3-7-21 17:32:29
＊	(自动编号)						3-7-21 17:32:50

记录: 2 共有记录数: 2

图 15-35　数据库结果

15.5　本章小结

在多种动态网页解决方案中都强调了与数据库的连接，因此网页连接后的数据库是当前的热门应用。本章重点学习了在 Dreamweaver CS3 中与数据库的连接，介绍了将数据库用做动态网页的内容源，以及如何创建记录集、高级记录集、绑定动态数据的具体操作步骤。用一个具体实例详细介绍了网页动态数据如何写入数据库的操作。

15.6　本章习题

一、填空题

1．记录集数据源的占位符语法形式为{RecordsetName．ColumnName}，其中“ColumnName”是记录集中__________的名称。

2．如果不满足于在简单记录集中所提供的模版内容，需要用多个数据库表进行综合查询，就需要使用__________。

二、选择题

1．图像作为动态数据源绑定到页面，图像在数据库中有（　　）种保存方式。

A．1　　B．2　　C．3　　D．4

2．在 Access 数据库软件创建的库文件的扩展名为（　　）。

A．doc　　B．mdb　　C．dwt　　D．asp

三、问答和操作题

1．经常把动态数据绑定到表 HTML 的表单对象中，最常用的动态表单对象有哪些？

2．如何绑定动态图像？

3．如何创建 Access 数据库及表？

4．Dreamweaver CS3 所提供的简单记录集来定义记录集，具体的操作步骤方法？

5．在 Web 中，经常把动态数据绑定到表 HTML 的表单对象中，动态化文本域操作步骤？

参 考 文 献

[1] 梁建武，李元林，姚雪祥. ASP 程序设计实用教程. 北京：电子工业出版社，2006.

[2] 张鑫. Dreamweaver 8 技术精粹与特效实例. 北京：中国青年出版社，2007.

[3] 王彦茹. Dreamweaver 8 基础入门与范例提高. 北京：科学出版社，2007.

[4] 杨纪梅. Dreamweaver 网页设计与制作完全手册. 北京：清华大学出版社，2007.

[5] 腾飞科技. Dreamweaver 8 完美网页制作基础：实例与技巧. 北京：人民邮电出版社，2007.

[6] 彭宗勤. Dreamweaver CS3 中文版入门与实战. 北京：电子工业出版社，2007.

[7] 范明. Dreamweaver CS3 中文版入门实战与提高. 北京：电子工业出版社，2008.

[8] 刘贵国，刘永彬，郭瑞燕. Dreamweaver CS3 网页设计自学通典. 北京：清华大学出版社，2008.

[9] 孙素华. DreamweaverCS/FlashCS3/Firworks CS3 网页设计从入门到精通. 北京：中国青年出版社，2008.

[10] 孙良营. 巧学巧用 Dreamweaver CS3 制作网页. 北京：人民邮电出版社，2008.

[11] 胡崧. Dreamweaver CS3+HTML 超炫网页设计与制作. 北京：中国青年出版社，2008.

[12] 尼春雨，李金莱. Dreamweaver 8 中文版网页制作基础与实例教程：职业版. 北京：电子工业出版社，2006.

[13] 李波，谭双. 中文版 Dreamweaver CS3 网页设计半月通. 北京：清华大学出版社，2008.

[14] 周大勇. 中文版 Dreamweaver CS3 从入门到精通. 北京：清华大学出版社，2008.

[15] 孙印杰，牛玲，陈莹. 新世纪 Dreamweaver CS3 中文版应用教程. 北京：电子工业出版社，2008.

[16] 刘小伟，温然，刘飞. Dreamweaver CS3 中文版网页设计与制作实用教程. 北京：电子工业出版社，2009.

[17] 览众，范明. Dreamweaver CS3 中文版入门实战与提高. 北京：电子工业出版社，2008.

[18] 田博文. Dreamweaver CS3 中文版基础培训教程（从零开始）. 北京：人民邮电出版社. 2009.

[19] 许凌云，陈艳艳，刘岩. Dreamweaver CS3 网页设计开发全方位学习. 北京：清华大学出版社，2008.

[20] 薛凯. Dreamweaver CS3 入门・提高・精通. 北京：机械工业出版社，2008.